The Past as Prologue

The Importance of History to the Military Profession

Edited by Williamson Murray and Richard Hart Sinnreich

上

歴史と戦略の本質

歴史の英知に学ぶ軍事文化

［編　者］ウイリアムソン・マーレー／リチャード・ハート・シンレイチ
［監訳者］今村伸哉　［訳　者］小堤 盾／蔵原 大

原書房

歴史と戦略の本質（上）

歴史の英知に学ぶ軍事文化

歴史と戦略の本質（上） 目次

第2部　歴史の英知に学ぶ軍事文化

下巻 目 次

著者一覧

ウイリアムソン・マーレー　オハイオ州立大学名誉教授、防衛問題分析研究所
リチャード・ハート・シンレイチ　アメリカ陸軍退役大佐
マイケル・ハワード　オックスフォード大学名誉教授
ジョン・Pキズレー　イギリス陸軍中将
ポール・K・ヴァン・ライパー　アメリカ海兵隊退役中将
ポール・A・ラーエ　タルサ大学教授
コリン・S・グレイ　リーディング大学教授
ジョン・グーチ　リーズ大学教授
アンドリュー・ゴードン　イギリス統合軍幕僚大学教授
ジョナサン・B・A・ベイリー　イギリス陸軍退役中将
J・ポール・ハリス　イギリス陸軍士官学校教授
クリストファー・C・ハーモン　アメリカ海兵隊総合大学教授
フランシス・G・ホフマン　アメリカ国防総省顧問

1 序論

ウィリアムソン・マーレー
リチャード・ハート・シンレイチ

近年の出来事がなんらかの指標だとすると、国家安全保障決定に携わる文民や軍人の責任者の実に大多数が、暗黙の心証として歴史学は現代の国防政策の立案にとってほとんど役に立たないという一つの思いこみを共有している。著しい変化に苛《さいな》まれる現代の高位の指導者は、過去に目を向けて役に立つなにかを見つけるのに必要な時間や意欲を持てないのだろう。いまや事件は次々と急速に押し寄せ、技術は極めて迅速に発展し、様々な危機が思いがけない時に続々と持ち上がってくる。当面の案件に対処しつつ不穏な未来に立ち向かう文民や軍人の高官には、過去に対して系統だった反省の目を向ける気などまるでないらしい。

こんな意見は手厳しすぎるだろうか。そうだとしたら二〇〇三年のイラク侵攻に際して、現地の歴史を無視し、侵攻後の課題を考慮に入れないまま打ち出された政治的・軍事的見通しを、ほかにどう説明すればいいのか。イラク侵攻に先立つわずか十三年前、マヌエル・ノリエガの腐敗したパナマ政権を打倒するのは難しくはなかったとはいえ、それでもその打倒計画を実施した戦いの後には難題が発生した。にもかかわらず、この問題も忘れ去られている。ベトナム戦争の終結からほんの三十数年しか経過していないにもかかわらず、サダム・フセイン政権の崩壊後に騒乱が起きることを認識し、それに対応するという点ではアメリカの行動は極めて鈍《にぶ》かった。(1) その理由はなぜか。政治家や軍上層部は、自分たちには未来を意のままに動かす手腕があると過信し、故意にせよ過失にせよ、歴史を無視してイラク侵攻の計画を進めたことが原因ではないのか。しかし未来が残念ながら過去をなぞるように動いていくことは明白となった。ヨギ・ベラ*なら次のように述べるだろう。イラクでの出来事は所詮、かつて体験した事件のデジャ・ビュ(既視感)であると。だが、これまた憂うつでありふれた歴史的事象ではある。(2)

ともあれ、軍民の上層部が歴史を軽視する傾向は、目新しくもなければアメリカ特有の現象でもない。有史以来、指導者や組織・機関が過去を頑迷に無視する現象は、際限なく繰り返されてきた。(3) 二十世紀の有名な神話の中に、軍隊は最後に関わった戦争だけを研究して次の戦争では無様に行動するという見解があり、その具体例は一九四〇年の英仏連合軍の敗北に関する旧来の説明である。旧説によると、戦間期のフランスとイギリスの軍隊は第一次世界大戦の経験に基づいて軍事力の開発を行っていた。他方でドイツ軍はその反対に一九一八年の敗北の結果、大戦の経験に拘泥せずにすみ、四年に渡り西部戦線を膠着《こうちゃく》させた状況を再現させない新戦法を模索できた、というのである。(4)

真実はそれどころでない。ドイツ人は、第一次世界大戦の戦術的失敗を体系的かつ極めて率直に検証し、その作業を通じて得た知識を用いて強大な軍事力を編成して、第二次世界大戦初期段階での決

［訳注］ *ヨギ・ベラ(1925年〜)。アメリカの野球選手・戦後の黄金時代のヤンキースの捕手、のちに監督。本名はローレンス・ピーター・ベラ。1972年に野球殿堂入りを果たし、「ヨギイズム(Yogiisms)」といわれる一連の警句で知られる。

定的な勝利*を得た。[5] しかし鷹揚なイギリスは、一九三二年になるまで第一次世界大戦の戦訓を無視し、それ以後も戦訓の採用には無頓着だった。かたやフランスは、第一次世界大戦の最後の年にあたる一九一八年の経験を、先入観によって作為された政治的・軍事的優先課題を満足させるべく恣意的に改《かい》竄《ざん》したのである。[6]

約二四〇〇年前、最も偉大な軍事史家というべきトゥキディデスは、ペロポネソス戦争*を題材とした歴史書『戦史』を著した理由をこう述べている。「今後に展開する歴史も、人間性に導かれて再び過去と相似た過程を辿るのではないかと思う人々が、ふりかえって過去の真相を見つめようとする」[7]時のために著したのであると。

トゥキディデスの傑作が著されてからの数世紀もの人類史を見れば、その予想が極めて妥当であったことは明らかである。ところが、彼の著書で扱われたギリシャの軍人や政治家の後継者は、現在と過去とは別物であり、過去の教訓は他に類のない現状では無意味だと考え続けてきた。[8] どこからそんな考えが出てきたかという点は人類史の謎の一つだが、それについては、世代交代を持ち出すことが最も説得力があり、かつ単純な説明となりえるだろう。つまりは新しい指導者となる新しい世代が、自分たちには前任者になかった能力があるのだから前任者が犯した間違いはしないという傲慢な信条を抱くことが、歴史の繰り返しをまねくのである。ある古言を意訳して述べると、革新的な事柄が必ずしも人々の興味を引くわけではないし、人々の興味を引く事柄が必ずしも革新的だとは限らない。

［訳注］ ＊決定的な勝利　1930 ～ 40 年にかけてドイツ軍がポーランドとヨーロッパ西部で行った電撃作戦による戦果を指す。この作戦によってドイツは開戦後の一年間でポーランド、オランダ、ベルギー、フランスなどを占領した。　＊ペロポネソス戦争　紀元前 431 ～同 404 年にかけ、アテナイが中心のデロス同盟とスパルタが中心のペロポネソス同盟の間で、古代ギリシア世界全体を巻き込んだ戦争。

結局のところ、指導的立場にある政治家や軍人は、その前任者の失態を繰り返す衝動に駆られるのかもしれない。歴史をひもとく人々の意気を損なうのは、軍事史を見渡すと数々の大失態が何回も繰り返される傾向が目に入るということだ。

そんなわけで、一九四〇年から四一年にかけてのヒトラーによるソビエト連邦侵攻の目論見、すなわちバルバロッサ作戦計画に対して、ほんの少しでも不安を述べるドイツ軍の高級将校は誰一人としていなかった。参謀総長のフランツ・ハルダーは並み居る将校の中でも特に分析力に秀でていたが、その彼でさえ過去の不運な結果に終わった侵攻作戦、たとえばスウェーデンのカール十二世*やナポレオンの戦役を省みる分別がなかった。一九四一年一二月にレニングラード、モスクワ、ロストフの戦況が寒冬にみまわれ悪化すると、ようやくドイツ軍の将校団はナポレオンのロシア遠征にまつわる悲惨な思い出をつづったコレンクール*の回顧録に手を延ばしたのだった(9)。

概して言えば、戦争とは人間の活動の中でも最も過酷で結果が求められるということを考慮すれば、実務担当者が戦争研究を実にぞんざいに扱っていることに驚かされる。さらに驚くべきことは、ほとんどの軍隊は歴史研究をせいぜい道楽の類だと見なす態度をもって平時の大半を過ごしている。現代の軍人の日常はむしろ、青少年の募集や訓練、巨大な官僚機構となった軍隊の運営、指揮統制の一環である無味乾燥な役所仕事で占められている。平時の軍人は日々の業務に追われる中で、過去を系統だって研究することなど、多忙な指揮官や幕僚には手の届かない贅沢なことであると短絡的に断を下

［訳注］ ＊カール十二世(1682 ～ 1718 年)。スウェーデン国王。「北方戦争」（1700 ～ 21 年）において、スウェーデン軍を指揮してロシア、デンマーク、ポーランドなどと戦ったが、敗北して領土を失った。 ＊コレンクール（1773 ～ 1827 年）。フランス軍人で、ナポレオン一世の側近。ナポレオンのロシア遠征（1812 ～ 13 年）に同行した際の体験をまとめた『ナポレオン～ロシア大遠征潰走の記』（邦訳版は時事通信社、1986 年）を著した。

しがちになる。

歴史を本格的に研究するのが難しいのは、まぎれもない真実である。軍事行動に関する膨大な記録から研究課題に関連した重要な事柄を選び出す作業は、確かに容易なことではない。しかも、一見すると研究課題に関連しそうな要素が価値のないものであったり、目にとまった時には重要だと思えた史料が活用し難い内容であることは、決して稀な事例ではない。歴史は、今まさに起こっている問題に対する安直で都合のいい回答を提示するものではないのだ。

各々の世代が独自の行動方針を計画しようとする欲求と平時業務との競合を乗り越えようとするときに、人間には生来、とりわけ大事にしている信条を損なう反証を忌み嫌う性質があることを念頭に置かなくてはならない。あらゆる指導者が知的討論を心地よいと思っているわけではないし、まして自らの考えや想定を覆す反論を好ましく思う人はめったに存在しない。(10) そのため歴史に真剣に取り組む場合、有利不利の両面を味わうことになる。歴史は答えを出すどころか逆に疑問を山ほど投げかけ、考えたくもない可能性を示唆すると同時にお気に入りの理論を覆してしまう。歴史を学ぶ指導者はしばしば、その意思に反して、気に入らない真実を知るはめになる。とはいえ歴史は、必ずしも心地良くないとしても、とにかく未来にいたる道筋を示唆してくれる。おそらくは指導者が歴史を学んで得る第一の成果とは、潜在的な敵対者の性格や世界観、さらにその目標や選択肢を偏見なく考察するよう促される点ではないか。

こうして「他者」すなわち対抗者を理解することが、文民や軍人の指導者たちにとっての最大の難事であることは繰り返し証明されているが、歴史が示唆するその理解がなければ、戦争で成功をおさめるのは覚束《おぼつか》ない。だからこそ十九世紀初頭、ヨーロッパの君主たちはフランス革命によって生じた劇的な社会の変化を認識しそこね、また将軍たちもナポレオンが革命から得た軍事的利点の意義を理解しなかったとき、この彼らの認識不足が、一七九二年から一八一一年にかけてフランスの敵国が連戦連敗する理由となったのである。ここでカール・フォン・クラウゼヴィッツの言葉を引用しよう。

政治家たちがフランスに生じた軍事力の本質とヨーロッパの政治に新たに出現した諸関係を正しく理解出来た場合に初めて、そこから生じる戦争の性格に及ぼす大筋の影響を予測できたであろうし、(中略)したがって、フランス革命軍の二十年間の勝利は、主として、フランスに敵対する諸政府の誤った政策に由来する、ということができる。[11]

政策展望が散りばめられている歴史知識を習得して用いる際には、先にあげたのとは別にもう一つの障害がある。それは現代の政府に巣食う官僚機構に見られる性質だ。官僚機構は過去の出来事を記録するが、批判的な精神に基づいて過去を調査することはほとんどない。過去に対する批判は、官僚機構において円滑に遂行される日常業務を妨害することにつながるからだ。平時の業務が、真摯な歴史研究を行うための軍隊の意欲や能力にどのような影響を及ぼすか、という点はすでに述べたとおりだが、この日常業務の影響は現代の政府機関を運営している文民組織の中に顕著に見受けられる。[12] 官僚はいとも容易に日常業務の虜となり、歴史を邪魔者扱いし、ひいては歴史の研究者やその警鐘を官僚の計画にとっての単なる障害物ではないかと思いこむ。これまで幾度も、潜在的な敵に対処するという文句が、将来戦う対手となる実在の人々に備えるためにではなく、単なる予算獲得の言い訳として使われてきた。官僚にとって歴史とは、結局のところ警句の素材というのがせいぜいの用途で、将来の対応に影響を与えそうな複雑な相互関係を読み解くための手段とはならないのである。(13)

以上をまとめてみると次の通りである。軍人と文民とをとわず官僚機構は、彼らが仕えている人々が持っている政治的思惑や偏見にその首根っこを押さえられている。しかし歴史には、人間の政治的思惑や偏見を動揺させるたちの悪い習性がある。この数十年間に限っても、アメリカの国防政策の立案は、政治家からみれば魅力的かもしれないが、戦争の本質とか政策遂行上やむを得ない物的および精神的代償を対象とした歴史研究の点からは是認できない仮定に振りまわされている。こうした仮定は、官僚機構の中を浸透していく内に、たとえ根拠が欠如しているにもかかわらず受け入れられてしまうのである。その結果、残念ながら今日の国防機関に見るように、極度に複雑かつ困難な国策を推進するための安易にして安価な解決策を探し出そうという努力がいつ果てるともなく続いているのだ。

以上の状況に置かれた歴史はよくて厄介者あつかいされ、ひどい場合には完全に邪魔者呼ばわりされてきた。現代の歴史家は、二十一世紀における戦略の立案を阻害するであろうこの問題をあまりにも軽視しすぎている。

このように混沌とした現代世界では、戦略立案に有益となるような未来予測の理論研究は、人間を対象とする他の学問分野の理論構築ほど成果をあげてはいない。物事の傾向は過去から生じるのだから、未来予測に関する理論研究は未来の潜在的成り行きの範囲内において知的推測を可能にする。とはいえ、未来は既知の対象ではない。情報の処理能力がいくら向上しても、歴史の闇の部分を明るみにできるわけではない。原因が似ているからといって、その結末も類似するとは限らないのである。歴史研究を細部に至るまで突き詰めても、複数の原因がどう作用するのかを予知するのは無理である。さらに問題をややこしくするのは、個人は野心や虚栄心、うぬぼれと気まぐれに従って戦略を組み立てることだ。マキァヴェリの『君主論』には、最も単純な戦略的決定においてさえ予想できないほどに絡み合う個人あるいは組織の駆け引きについて、クラウゼヴィッツの『戦争論』よりも優れた解説を随所に見出し得る。(14)

今日のアメリカにおける大いなる皮肉の一つとして、文民の政策担当者の方が、その指揮下にある将校よりも歴史学に不案内な場合が多いとされている。軍人は少なくとも専門家としての教育課程の履修を義務付けられているので、経歴を重ねるにつれて、頻度の差はあれ、様々な形で歴史を学ぶものだ。ところが政治家にはそのような義務はない。それにおそらく当然と言えば当然だが、政治指導者というものは常に彼らが守るべき市民が有する偏見や考え方を反映した存在だ。加えてアメリカ人には伝統的に、その野心の歯止めとなってくれるはずの歴史を忌《い》み嫌《きら》う傾向がある。軍隊においてさえ忠誠心や保身のために、過去を反省したり過去からの警鐘に耳を傾けるのをあえて避ける政治指導者の尊大な考えを率直に受け入れる傾向が散見される。

さらに現状では軍隊においてさえ、精力的だが歴史的な裏づけに乏しい理論構築が、真摯な歴史分析に代わって盛んに行われている。たとえば、軍民の指導者が広く取り組まねばならない「トランスフォーメーション」*の思想は信じがたいほど過度になっている。ある論者は、軍事組織が陸海空の軍種に分かれているから軍事行動の円滑化や資源活用の効率化が妨げられていると述べ立て、この古くからの制度を打破すべきであると唱えている。また、文民が軍隊の業務に及ぼす影響の範囲を拡大せよという意見もある。他方では、戦争に内在する不確定性や摩擦の要素を排除する技術的手段を求めようとする動きもみられる。(15)

前向きな考え方を持つのは必要なことだ。とはいえ、前向きすぎる今日の考え方が生み出した理論が、歴史から得られる教訓とはまるでかけ離れているにもかかわらず、その理論が今まで成功を収めてきた軍の伝統なのだと見なされている状況は一驚に値する。この事態の一因は、この半世紀にわたってアメリカにおける軍民の政策決定の場を支配してきた考え方、つまり歴史学を考察や論証の支えとして利用することに対して著しい嫌悪を示してきた政治学や経営学の態度にある。しかしこの考え方を大局的見地から説明すれば、軍事組織やその指導者たちが、直近の圧力により疲れきってしまい、厳しい批判精神に基づいて過去の事象を検証することができないだけのことなのだ。新たな考え方は

［訳注］　*トランスフォーメーション　アメリカの軍事政策名。世界規模のアメリカ軍配置を再検討し、アメリカ軍の変革を図り世界戦略の転換を進めようとする考えで、ブッシュ政権が2002年頃から打ち出した政策である。

新たな事業に飢えている軍需産業にしてみれば、あまり煩わしい手数をかけないで自分の存在を正当化しつつ市場を開拓するのに役立つ上に、戦時の複雑な問題を少ない資源でもって、また即効性の政策で解決したいと望む政治家にとっても好都合なのである。

前述したように、反歴史学的な理論構築に伴う危険性については再三にわたり警鐘が鳴らされてきた。なかでもクラウゼヴィッツはとりわけ彼の同時代の軍事理論家に対して率直な批判を行っている。彼は十九世紀における幾人かの軍事理論家の著書を批判したが、その批判はまさに説得力を持って今日の様々な理論構築の試みにも適用され得るだろう。

分析的観点のみから見ればこれらの理論的追求は真理の領域における進歩であるといえよう。しかしこの理論上の試みが提示する法則や規則において総合的に見るとそれらはまったく役に立たないのである。これらの理論上の試みは確定的数量上の価値を求めるが、戦争においてはなにもかも確かなものはなく、諸見積もりは可変的な数量でなさなければならない。この種の理論は形而下の数量だけを考察の対象としているが、すべての軍事行動は精神的諸力とその効力と絡み合っているのだ。[16]

なるほど、概念の立案やその試行は、それ相応に用をなすであろう。だが、まぎれもなく歴史学だけが、政策決定や戦争遂行の際に必然的に伴う難題から派生する現実の案件に対して生身の人々がいかなる手を打ったかを教えてくれるのである。ここで再度クラウゼヴィッツの言葉を引用しよう。

理論的観察こそが主題を分析的に研究して熟知させるよう導き、さらに観察から得た理論を経験——我々の場合は軍事史——に適用させることにより、戦争を完全に熟知することができるのである。この構築された理論が戦争の理解という究極の目的に近づくにつれて、ますます科学という客観的な形態から主観的な形態に進展し、この形態から能力に進展していき、事態の性質上決定者ではなくて、才能のみに委ねる諸分野で証明され、ますます有効となるのである。つまりかくして理論は実際に才能の活性的な内容となるのである。(17)

本書の主目的は、軍の指導者にとって歴史を学ぶことが非常に重要な資質であることを、そしてまた歴史を扱う職業を選んだ人々に向けて、その前途がじつに多難にして試練に満ちているという点を理解してもらうために、諸事例を紹介することにある。二〇〇三年四月にバグダードが攻略された際、国防大学の海兵隊出身のある教官が、かつての上官で、イラク戦争時に第一海兵師団を指揮したジェームス・マティス少将に宛てて書簡を送った。書簡の内容は、昇進に益なしと称して歴史を軽んじる士官にあなたならどう返答するだろうか、という質問だったが、それに対してマティス将軍は次のように返信した。

結局、歴史を真に理解することは、陽の下に新しきことはなしと悟ることだ。「第四次戦争世代」*と自称する知識人たちは、現代の戦争の本質は根本的に変化しつつある、戦術も全く刷新されたなどと触れ回っているが、私に言わせれば「まともじゃない」。アレクサンドロス大王なら、我々が現在イラクで対峙している敵を見ても、決して動揺しないだろう。ところが我々の指導者が先人の行いに関する研究(研究とは単に史書を読むのではない)を行わないで戦争を始めたため、将兵はひどい目にあっている。人類は、地球上で五千年にわたり戦いを続けてきた。我々はこの経験を活用すべきだ。「出たとこ勝負」のあげくに遺体を袋に収納し分類する作業をしていると、軍人にとっての職業倫理とは何か、軍人としての能力を育成するには何が必要なのか、という問題に思いをはせずにはいられない(18)。

ジェームス・マティスと面識のある人物なら、彼を象牙の塔に籠もった知識人だとは思うまい。それどころか彼は、常に前線にいて部下を率いる戦闘指揮官の典型である。さらに言えば、アレクサンドロス大王に端を発しジョージ・パットンに至る歴代の名将帥と同様に、マティスは熱心な戦争研究者でもある。マティスやその偉大な先輩たちにとっては、戦争を学ぶということは軍事史を研究することなのだ。

本書は、以上のような考えを反映したものである。本書の論文の執筆者はみな、軍事史の研究は、将来の軍隊、そして民間における指導者の育成に不可欠であると確信している。アメリカ海軍大学の

[訳注] *「第四次戦争世代」(Fourth Generation of War)。ウイリアム・リントなどのアメリカの有識者が1989年に提唱した。政治と戦争、文民と軍人との境界があいまいになるという特徴の戦争を指す。第一世代は滑空マスケット銃時代に発展した横隊と縦隊の混合戦術。第二世代は間接火力に依存する横隊火力と機動戦術。第三世代は近接戦闘で的を撃破したり縦深防御で敵を阻止・撃破するのを避け、迂回して浸透する戦術の時代である。

元校長にして、一九七〇年代前半に幅広い支持を得た教育改革の中心的人物でもある、スタンスフィールド・ターナー提督*は、アメリカの陸・海・空軍大学が学生に何を教えるべきかという提言の中で次のように指摘している。

アメリカの三軍大学は、二十世紀の後半にアメリカが直面するより大きな軍事的そして戦略的課題を担う高級将校を育成する場所である。各軍大学は、入学した将校を、彼らがかつて多忙な職務上求められてきたよりも広い観点で思考させる知的カリキュラムにより教育しなければならない。とりわけ各軍大学に求められるのは、受講する将校の知性と軍事問題に関する視野を広げることである。その目的は将校たちに、軍隊と祖国が直面する戦略上および作戦上の重大課題についての概念を知らしめることにある(19)。

歴史に関心がない人物は、ターナーが望んだような、目の前の業務にとらわれない視野の広い専門家にはなれない。実戦経験は別として、歴史的事実こそが目先の業務や上官たちに対応しようと苦闘する人々の立脚点とならなければならない。多くの異なる観点から書かれた諸論文を収録する本書は、歴史的証拠が並外れた豊富さで明らかにされているだけでなく、歴史研究が平時における軍事改革と戦時における対応に助言を与えることができることを明らかにしている。収録された各論文は、戦争の恒久的な特徴や課題を主な論点として取り上げ、また特定の歴史的事例から得られる洞察を示唆し

［訳注］　＊スタンスフィールド・ターナー（Stansfield Turner、1923～ ）。海軍提督。カーター大統領時代のＣＩＡ長官。

ているほかに、軍事史を形成する人々とその記録者との複雑な関係についても検証を行っている。

本書の論文はいずれも、二〇〇三年の夏から秋にかけて、友好的かつ有意義に行われたアメリカとイギリスの学術的共同研究の成果である。どの論文も、イギリスのサンドハースト市にある陸軍士官学校で開かれたPast Futures《パスト・フューチャーズ》（過去・将来）と題する軍事史研究会向けに書かれたもので、同研究会はイギリス陸軍陸戦開発教義局、すなわちアメリカ陸軍訓練教義集団に相当するイギリス陸軍の部局の後援を受けた。引き続いて、マイケル・ハワード卿を除く本書の共著者は全員、クワンティコ市（米国、バージニア州）の海兵隊総合大学で開かれた同校財団後援の部会にも参加した。本書は、共著者一同の経歴や関心を寄せる問題における幅広い多様性、すなわちイギリス人とアメリカ人、文民と軍人、そして研究者と実務者の混成した成果を反映している。いずれにせよ共著者は、その専門域の肩書きや研究の方向性に関わらず、軍事史研究は戦争の本質とその将来を理解をする上で重要な必要条件であるという認識を共有している。

もちろん軍事史研究のみが必要条件なのではない。他の要素、将来の技術を熟知したり、文化的差異の認知や実戦経験を得ることは、戦争に関する理解を深めるのに有益である。しかしそうした要素も、歴史に対する慎重かつ細心の検証なくしてはいずれ不毛なものに終わってしまう。これが本書の共著者の統一見解である。

共著者一同の論文は、以上の見解を反映した内容となっている。第一回パスト・フューチャーズ研究会におけるマイケル・ハワード卿の基調講演を、卿のご好意により、本書の巻頭論文として掲載できたことは一同の喜びとするところである。ハワード卿は、現代の最も著名な軍事史家にして、本書に寄稿した他の全員が師とすべき研究者の鏡といってもさしつかえない。卿の論文は、たとえ他の多くの研究者が何を言おうとも、軍事史と戦争研究こそが戦争に関して必要不可欠な分析であること、またたとえば最新の歴史学の方法論が幅広い文脈を網羅して正確かつ有効に戦争を研究していたとしても、戦争の研究とは結局、戦闘の研究を意味するのだと雄弁に語っている。古典的な軍事史、つまり諸々の軍事行動や戦役に関係する研究は、いまなお戦争研究の不可欠な要素なのである。

我々は、ハワード卿以外の論文を第一部と第二部の二つに分類した。第一部の諸論は、歴史学と軍事専門職との関係について様々な局面を明らかにしている。その諸論において、専門的な軍事教育と将校の経歴の枠組みの中における歴史学の可能性と潜在的有効性についていかに考察しうるかを解明しようと試みた。第二部の諸論は、特定の史実に焦点をしぼりつつ、軍事的問題が繰り返し起きるという点を明らかにしている。便宜上、各論文を発表年度の順に列記した。

第一部の冒頭は、イギリスのジョン・キズレー陸軍中将が記した論文で、中途半端な軍事史の活用が単純にそれを無視するよりも大きな危険につながりかねないことを警告している。中将の主張は、広範囲で奥の深い軍事史研究のためには専門的な自己鍛錬が重要であり、軍事組織は歴史研究を慎重に進めるべきであるという点に集約できる。二番目は、アメリカのポール・ヴァン・ライパー退役海兵隊中将による自伝的内容の論文である。その概要は、彼が生涯をかけて軍事史に積極的に取り組んで自学研鑽することが、平戦両時において際だった軍歴を築き上げるのにいかに役立ったかの記述である。

第一部の三番目は、アメリカのリチャード・シンレイチ退役陸軍中将の論文である。彼は、アメリカ軍の公的教育機関における歴史研究の発展をたどり、関連するエピソードを紹介しながら、学術上の、そして軍隊の事情の両方に影響された研究の進歩と退歩について考察している。第一部の締めくくりは、オハイオ州立大学のウィリアムソン・マーレー軍事史名誉教授の論文である。同論文は、あいまい模糊とした不確実性を伴う歴史的事象を簡明に解説しなければならない歴史家と、教条主義的な訓話を求める軍人には、一つの好ましくない共通点があるが、これがあまりにも頻繁《ひんぱん》に軍人と軍事史との関係を歪んだものにしてきたと強調している。

簡単に述べればマーレーの主張は、歴史をどんな形であれ活用する場合には、歴史は非常に複雑なのだから懐疑的に問いながら接するべきであって、必然とはいえ単純化された物語が披露する生半可な知識に依存するのは望ましくないとしている。すなわちマティス将軍が提起しているように、歴史学全般にも言えることだが、軍事史は研究されなければ無価値であって本を読むだけでは意味がないということなのだ。

第二部の諸論文は、第一部に比べてより具体例をあげ、軍事的状況がまさに頻繁かつ繰り返し起きている点や、それを解き明かす歴史の価値について述べている。第二部の最初と二番目の論文は、戦争と人間の条件を論じた中でも影響力のある二人の思想家の著書を題材にしたものである。タルサ大学の歴史学教授ポール・ラーエは、トゥキディデスをテーマにした論考を著している。トゥキディデスの著書を読み進めて、彼の戦争研究と現代の戦争研究との関連性を再確認してみると、彼の広範囲な社会的文脈を背景にした戦争研究は現代における戦争研究の方法を先取りしており、また彼は戦争研究および戦争の市民社会に及ぼす影響といった、様々な点で依然として最も重要な軍事史家であることがわかってくる。レディング大学のコリン・グレイ教授はクラウゼヴィッツの熱烈な擁護者だが、彼の論文は、本来あってしかるべきながら、今まで世に出なかった斬新な切り口で、あのプロイセン人の理論家は現代社会の状況下では通用しないと過去数十年に渡って（しかも数例を除いてクラウゼヴィッツの著書を精読もせずに）書き散らしてきた英米の学者に反駁している。[20]

第二部の三番目は、リーズ大学の歴史学教授ジョン・グーチの論文である。彼は、歴史研究とは戦略について述べることだと論じている。グーチは、歴史研究の二つの側面、すなわち歴史が必ずしも信頼に値する原則を見出す情報源ではないという点と、戦略上の行動様式が繰り返して起きる原因を究明して理解する手段としての歴史との間に線引きをすべきことを入念に論じている。この一線は、実際に戦略を練る人々にはなかなか理解しがたいが、トゥキディデスやクラウゼヴィッツならば同意するであろう。

グーチに続く第二部の三つの論文は、ある時代の軍隊が、大きな技術革新に際して直面した問題をどのように切り抜けたか、もしくは対処に失敗したかという点を歴史研究に基づいて分析した内容となっている。

イギリス統合軍幕僚大学校のアンドリュー・ゴードン教官は、海戦の技術が急速かつ大幅に変化する中で、大規模な海戦のなかった長い平和な時代がイギリス海軍にどのような影響を与えたか、その一方で、十九世紀初頭の大勝利をもたらした諸原則がいかにして忘却の彼方に押しやられたかを論述した。イギリス陸軍陸戦開発教義局長であるジョナサン・ベイリー少将は、一九〇四年からその翌年にかけて行われた日露戦争が、その十数年後にヨーロッパを破滅の瀬戸際まで追いやった悪夢のような第一次世界大戦の前兆であったにもかかわらず、ヨーロッパの軍隊がその戦争の教訓を学ばなかった失態ぶりについて調べ上げている。イギリス陸軍大学で教鞭をとる戦争研究部のポール・ハリス教官は、第二次世界大戦の初期におけるイギリスの敗北は、専門職の軍人の近視眼的思考によるものだとする旧説に対して、思慮に富んだ反論を展開している。ハリスは旧説とは異なり、戦前のイギリス陸軍が政治、経済、そして知性の点に関する障害に悩まされたこと、それに加えてそうした障害が軍の発展性を妨げ、現実に生起した諸状況への適応を遅らせたと指摘している。

第二部に収録された最後の二つの論文は、特定の時代を超越した軍事的な挑戦、つまり幾世紀に渡って繰り返し登場しながら決定的に解決しなかった難問を論じている。海兵隊総合大学のクリス・ハーモン教授は、典型的な国家間戦争に代わるものとしてのテロリズムについて分析している。彼の論文は、今日の民主主義が直面するテロリストがなぜ脅威なのかを明確にし、併せて非在来型の敵には餌食となるいくつかの固有の弱点があることを強調している。アメリカ政府の国防関係の顧問を務めるフランク・ホフマンは、アメリカ史における政軍関係を分析して論文にまとめた。ホフマンはこの分析の過程で、繰り返し生起する問題を含む、きわめて重要な関係を醸し出している様々な認識の違いを明示している。

結局のところ、軍事史研究というものは、その研究対象である現象のように人間の属性や欠陥からは逃れられない作業である。軍民のどちらの機関もこの作業の発展や改善、利用に関する何らかの貢献ができるはずだし、またそうする義務がある。しかしながらこの三点の成否は、研究者と軍人の一人一人が、各々の職業や後継者に向けていかなる知的責務を果たすのかに懸かっている。本書の若手の共著者は、マイケル・ハワード卿の、そしてトゥキディデスまでに遡《さかのぼ》る軍事史研究の系譜をになう知的後継者である。それは、ジェームス・マティスのような指揮官が、ポール・ヴァン・ライパーの、そしてクラウゼヴィッツやそれ以前にまで遡ることが可能な知性あふれる軍人の後継者であるということを意味しているのである。

研究者と同様に若手の軍人は、彼らの専門職の指導者を通じて向上のきっかけを学ぶ。現代は、戦略的および技術的変化が加速していく時代である。変化する未来に立ち向かう軍人に必要なのは、戦争が繰り返し生起するという事実をはっきり理解し、また研究者は、軍人たちが前述した理解の基盤となる最良の歴史分析を彼らに提供することが極めて重要である。マティス将軍が指摘した職業倫理および人材を育てられるかどうかは研究者と軍人の両方に等しく責任がある。われわれが共同で世に送り出した本書の狙いはこの明白な認識に他ならない。

[原 注]

(1) 公正に指摘するなら、少数の有識者は一連の障害について警告をしていた。ブレント前アメリカ国家安全保障顧問（former national security adviser Brent)、アンソニー・ジニ（Anthony Zinni)、ウェスリー・クラーク（Wesley Clerk)、ジョン・シャリカシュヴィリ（John Shalikashvili）などの退役戦域軍司令官ら、さらに現役将校としては唯一、エリック・シンセキ（Eric Shinseki）陸軍参謀総長が、アメリカ政府の楽観的な観測を公然と批判していた。だが、不幸にして彼らは無視され、中傷の的となった。

(2) 各時代における戦略の形成に関しての、政軍組織の指導者とその官僚機構の様々な行動については、Williamson Murrey, MacGregor Knox, and Alvin Bernstein, *The Making of Strategy, Rulers, States and War*（Cambrige, 1996）を参照。

(3) 歴史上、大きな成功を収めた軍人のなかには、軍事史を学び、自らの体験を書籍として残した人物も少なくない。具体例としては、トゥーキュディデース、ユリウス・カエサル、ユリシーズ・グラント、ウィリアム・スリム（William Slim）などが挙げられる。歴史に対する無知と軍事的才能の欠落とが逆相関の関係にあるのを、偶然として片付けるのは筋が通らないだろう。

(4) 敗北は、変化をうながす原動力としては、勝利よりも大きな効果を発揮するように思われる。ベトナムでの敗北後のアメリカ軍の対応は、注目すべき一例である。ただし、20 世紀におけるフランス軍やイタリア軍などの各国軍隊の記録は、敗北が必ずしも賢明な軍事的変革を保障するわけではない、と示唆している。詳細については、Allan R. Millett and Williamson Murrey, *Military Effectiveness,* 3 vols.（London, 1988）を参照。

(5) 残念ながら、戦略上の教訓は汲み取られなかった。Holger H. Herwig, "Clio Deceived：Patriotic Self-Censorship in Germany after the Great War," *International Security,* Fall 1987 を参照。

(6) 三冊の文献を参照されたい。James S. Corum, *The Roots of Britzkrieg, Hans von Seeckt and German Military Reform*（Lawrence, KS, 1992)、Harold R. Winton, *To Change an Army：General Sir John Burnett-Stuart and British Armored Doctrine, 1927-1938*（Lawrence, KS, 1988)、Robert Doughty, *The Seeds of Disaster：The Development of French Army Doctrine, 1919-1939*（Hamden, CT, 1986)。

(7) Thucydides, *History of the Peloponnesian War,* trans. Rex Warner（London, 1954), p.48。

(8) ヘロドトスが記したペルシャ戦争の歴史書と、ペルシャ戦争から 50 年後のペロポネソス戦争を描いたトゥーキュディデースの『戦史』は、二つの戦争におけるギリシャ人の言動に大差はないことを明示している。

(9) 1941年にソビエト連邦に侵攻したドイツ軍の作戦は、次の文献で的確に解説されている。Horst Boog, Jurgen Förster, Joachim Hoffman, Ernst Klink, Rolf-Dieter Muller and Gerd R. Ueberschär, *Das Deutsche Reich und der Zweite Weltkrieg*, vol. 4, *Der Angriff auf die Sowjetunion*（Stuttgart, 1983）。

(10) 複数の観点が競合するのを拒絶する行いが、それが完全な否定ではないとしても、歴史上の軍事的破局の先行条件となってきたことは、証拠から見ても無視できない。その例としては、Williamson Murray, *The Change in the European Balance of Power, 1938-1939：The Path to Ruin*（Princetion, NJ, 1984）を参照。

(11) Carl von Clausewitz, *On War*, ed. & trans. Michael Howard and Peter Paret（Princeton, NJ, 1986）, p.609。

(12) 9・11事件委員会報告（9/11 Commission Report）が、9月11日の大災害を予期できなかった最大の理由として指摘しているのは、情報機関が想像力を一様に欠いていた点である。事件の前の時点では、アル・カイーダの詳細な計画は不明だったとはいえ、彼らのおよその意図を物語る証拠ならば十分に揃っていた。

(13) 古典的な事例としては、1930年代後半における対ドイツ宥和政策の支持者の無能ぶりが挙げられる。宥和政策の支持者たちは、ナチスの規範や目標が、自分たちのものとは極端にかけ離れていたことに気づかなかった。

(14) Macgregor Knox, "Continuity and Revolution in Strategy," in Williamson Murray, MacGregor Knox, and Alvin Bernstein, eds. *The Making of Strategy, Rulers, States, and War*（Cambridge, 1996）, p.645。

(15) 遺憾ながら、こうした事例は退役軍人に多いが、その好例は「統合ビジョン2010」（Joint Vision 2010）の中にみられる。この特異な文書は、1990年代初頭に形成された、歴史的な裏づけを持たない数々の公式見解を取りまとめたものである。文書の内容は、文書が編集された後の約15年間に登場する各種の概念の多くと基調を同じくするが、それ以前の軍事的な概念との違いを明確に示すことはできない。「統合ビジョン2010」以前の有名な文書は、the Army' s Field Manual 100-5, "Operations," や、the Marine Corps' 1989 FMFM 1 "Warfighting"、その改訂版である1997年公開のMCDP 1である。こうした文書は、歴史的解析に大きく依拠している。

(16) Clausewitz, p.136。

(17) 前掲、p.141。

(18) 作成者の許可を得て、非公開の電子メールを引用した。

(19) Williamson Murray, "Grading the War Colleges," *The National Interest*, Winter 1986/87, p.13より引用。

(20) イギリスにおいて、クラウゼヴィッツ批判は、B・H・リデルハート（B. H. Liddell Hart）に端を発する長年の伝統だった。アメリカにおける反クラウゼヴィッツ思想は、ごく最近のものだが、クラウゼヴィッツの容赦ない現実主義に対する情緒的な忌避感や、現代の情報システムの力に依存してクラウゼヴィッツが述べた戦場の霧や摩擦を排斥しようとする動きのきっかけとなっている。この動きに関しては、Admiral Bill Owens with Ed Offley, *Lifting the Fog of War*（New York, 2000）を参照。

2 軍事史と戦争史

マイケル・ハワード

我々の研究対象にかかわる教授職がオックスフォード大学に初めて設けられたのは、二十世紀が始まって十年もしないうちのことであった。当時その学問分野は「軍事史」と安直に定義されたが、やがて二度の世界大戦を経て「戦争史」に発展した。とくに確固とした裏づけがあるわけではないが、この変化は、当時の教員が陸軍のみならず海軍や空軍の諸問題にも手をつけないわけにはいかないことが明らかになったからであると考えられる。

同様に研究領域が拡大する現象は、軍事史と密接な関係がある別の学問分野でも起きた。この分野については、イギリスでは第一次世界大戦後に、ロイド・ジョージの天敵とされるフレデリック・モーリス将軍*によってロンドン大学のキングズ・カレッジに教授職が開設されていたのだが、その経緯については消息に通じた筆者が説明することにしたい。第二次世界大戦が終わって、当該の学問分野を復活させる役割を果たした人たちは、軍人ではなかった。その人々とは戦時中は文官として戦争政策の遂行にかかわったロンドン大学の研究者で、中には経済学者のライオネル・ロビンズ*や社会史学者のキース・ハンコック*卿、そして外交の専門家として活躍したチャールズ・ウェブスター卿*の名も挙がる。各々

［訳注］　＊フレデリック・モーリス（1871 ～ 1951 年）。イギリスの軍人・文筆家。第一次世界大戦中、英国の新聞「タイムズ」にロイド・ジョージ首相に対する批判的内容の書簡を寄稿した後、軍を退いた。　＊ライオネル・ロビンズ（1898 ～ 1984 年）。イギリスの経済学者。1925 年にロンドン大学教授に就任した後、新古典派の立場から従来のイギリス経済学を批判した。1944 年のブレトン・ウッズ会議ではイギリス代表として参加した。　＊キース・ハンコック（1898 ～ 1988 年）。オーストラリアの歴史家。バーミンガム大学教授、ロンドン大学コモンウェルス研究所所長、オーストラリア国立大学社会科学研究所所長等を歴任した。環境史の創始的人物としても知られる。　＊チャールズ・ウェブスター（1886 ～ 1961 年）。イギリスの外交官・歴史家。リバプール大学教授に就任した後、第一次世界大戦時には陸軍省に、第二次世界大戦では外務省に勤務。1945 年のサンフランシスコ会議（国際機構に関する連合国会議）ではイギリス代表団員として、また 1945 ～ 46 年には国際連合準備委員会委員として活躍した。

が個人的な経験を通じて、戦争遂行とは軍の高官に任せきりにできない重大な業務であると認識し、それゆえ戦争に関する研究もまた軍事史家に委ねすぎる訳にはいかない重要なことであると確信していた。彼らが考えていた研究領域は極めて広範囲に及んでいたので、当人らでさえどのように定義すればよいのかわからなかった。

ここで一九五〇年代初頭に行われた、ある重大かつ有意義な会議の話を取り上げたい。会議では教授職、つまり講座名をめぐる議論が行われた。最初に、件《くだん》の学問の研究対象が歴史に限定されないという理由から、列席者は使い勝手のよい漠然とした意味の用語である「studies（研究）」を当てた。この用語は当時は初期段階の用語だったし今日では数えきれないほど多種多様な非主語として適用されている。しかし会議で取り上げられた「研究」とはどのような定義だったのだろうか。それが「軍事」研究ではないとしたら、何であろうか。「防衛研究」では婉曲的な表現だと指摘され、「戦略研究」では意味が狭義的にすぎ、「紛争研究」では逆に広すぎると言われる。ある学者は投げやり気味に「論争研究」にしてはどうかと言い出すほどであった。この論争に止めをさしたのがチャールズ・ウェブスター卿である。率直で威厳にあふれたこのヨークシャー人は、特大のハムのような拳で机を叩きながら次のように述べた。「これは戦争に関係するものではないのか。そうであるならば「War Studies（戦争研究）」でよいのではないか」。

このようにして戦争研究という分野（講座）が誕生した結果、現在に至っているのである。そして筆者は、より適任な人物に取って代わられるまで（幸いそのようなことにはならなかったが）、砦《とりで》を守るがごとくに同分野を維持せよと命じられることになった。そして、どのような問題についても戦争研究学の対象であると主張してかまわないという寛大な結論を明らかにしてくれた。筆者としては戦争史を教授するつもりであったし、専門はその分野しかなかったが、他の学問領域からも可能な限り研究対象を補充するということになった。具体的には、国際関係論は当然としても、核兵器の発明によって勃興した戦略研究や経済学、社会科学全般、国際法学および憲法学、人類学、神学などに加えてなんであれ何かの分野の専門家に興味を惹かれれば、そのあらゆる分野に手をのばした。その当時に黒人問題、ジェンダー問題あるいは同性愛者に関しての諸研究があれば、間違いなくそちらにも食指を動かしていたはずである。要するに筆者の仕事は、今まさにローレンス・フリードマン教授*がロンドン大学で手がけている巨大な学問帝国に擬《ぎ》されてもおかしくない、学問領域の基礎づくりであった。

私事になるが、筆者は「軍事史家」として紹介されることをあまり快く思わない。ごく最近まで多くの歴史研究者は、「軍事史とは、つまり歴史学のことではないのか」と、軍事史という用語を軽蔑のこもった意味でしか考えもしなかったのである。同様なことを「軍楽も音楽にすぎないのではないのか」と言った人もいたはずだ。言うまでもなく、このような見解に基づいて軍事史を軽蔑することは不公平である。しかしながら、従来の見解にはそれなりの根拠が二点はあったと思われる。すなわち「軍事史」はかつて「作戦史」と同義語であったが、二十世紀以前、この分野は基本的には軍人がより良い活躍をするための道具であってそれを目的として執筆研究されていたに過ぎなかった。この

［訳注］　*ローレンス・フリードマン（1948年～）。ロンドン大学キングス・カレッジ教授（2008年現在）。安全保障問題や核戦略などに関する研究で有名となり、1982年からキングス・カレッジの戦争研究学教授に就任。1997年にはフォークランド戦争公刊史の執筆責任者に任命された。

作戦史の特質は今日でも明らかに受け継がれている。過去の戦争とは、軍人にとっては自己の職務を遂行するための手段を学ぶ上で役に立つ情報源にすぎない。つまりは何をなすべきか、そしてより重要な点は何をなさざるべきかを知るという意味がある。

人間社会に軍事を専門とする職業がある限り、良質で正確な軍事史は欠かすことができない。クラウゼヴィッツは軍事史の誤用に関して警告を発している。彼が説いたのは、軍事史は「教条的解決法」として用いられることはあっても、予期せぬ事態を先読みする判断力を指揮官に与える教材となることはまれであるということだった。ところが、このクラウゼヴィッツの警鐘は長年にわたって無視されてきた。過去を学ぶ場合、「教条的解決法」の探求をその目的に据えることはありえないし、かつ断じて許されない。このことこそ歴史研究者が学生に最初に教え込むべき「教訓」である。それにもかかわらず、どれほど知的に洗練された研究が行われようとも、また学ぶ側にせよ教える側にせよ、軍事史の明瞭きわまる訓話的性質を奉じないわけにはいかないのである。この点に鑑みると、歴史研究に携わる他の分野の専門家が軍事史に異議を唱えたり、いかがわしさを感じるのは当然の結末と言えよう。

軍事史に見られる二つ目の問題は、この点については強調しておきたいが、視野が狭いという点である。従来の軍事史では、国家を題材とした伝説を作りあげては虚飾をほどこし、さらには若者に対して血気盛んな行動を促す目的から編纂されることが当たり前であった。筆者個人としては、今日の軍事史家はこのような態度から卒業したと言いたい。しかし現実が筆者の思いと異なることは、そこかしこの書店を訪れれば一目瞭然であろう。前近代についての歴史書は別としても、イギリスの歴史書が第一次世界大戦を扱う際には、西部戦線におけるイギリス陸軍の英雄が味わった苦難や功績ばかりに焦点が当てられている。第二次世界大戦については祖国の過去に対する賞賛の材料を供給するために史料がくまなく活用され、書棚はそれに加えて湾岸戦争やフォークランド戦争に関する雑多な資料の切抜きで満杯になっている。

視野の狭さは、われわれイギリス人の専売特許ではない。カルロ・エステ*のような優れた少数の例外を除けば、アメリカの軍事史家はアメリカ合衆国が第二次世界大戦において、ヨーロッパ戦域と太平洋戦域の双方で同盟国と肩を並べて戦った事実を意識しているとは思えない。またロシア人に関しても、アメリカ人以上に正当な理由があるとはいえ、やはり健忘症を患っているのではないかと思われる。多くの書店で、本来の歴史書の棚とは意識的に隔離された場所に「軍事史」という特別コーナーが設けられていても不思議ではない。同僚の中には以上の状況を「ポルノ雑誌」コーナーになぞらえて説明する者もいる。その説明はやや極端ではあるが、趣旨は納得のいくものである。

前述した狭量な精神は、イギリス陸軍自体に特有な内向的性格に鑑みると、とりわけイギリスの軍事史では注目すべき点である。少なくともフランス革命以後、ヨーロッパ列強間の戦争はしばしば自国内で戦われない場合もあったが、国民が武装して戦った正真正銘の「諸国民の戦争」であった。それはアメリカ合衆国を形成する結果になった諸戦争、すなわちアメリカ独立戦争と南北戦争にもあてはまる。二度にわたる世界大戦でのイギリス陸軍は、短期間で規模を拡大して「国民皆兵」といえる

［訳注］　＊カルロ・エステ（1936年～）。アメリカの軍事史家・伝記作家。1978年退役のアメリカ陸軍中佐で、第二次世界大戦を扱った歴史書に加えて、アイゼンハワーやチャーチルの伝記などの著作で知られる。

までに変化したが、その変化は不本意ながらの結果であって専門知識の欠如を伴っていた。しかもその必要がなくなると、陸軍は速《すみ》やかに「本来の軍隊生活」に戻ったのである。イギリス陸軍とは一つの同好会、あるいは複数の同好会の寄り合い所帯であったのだ。その活動は一種の私事であり、国民から遠く離れたところで行われていた。イギリス軍の歴史研究の伝統は、とりわけ連隊史の中に残っており、それはかなりの取捨選択に基づいて連隊の歴史を記すということである。連隊史の研究者は、かつては筆者もそうであったように、勝利の記録を残す一方で厄災を省略する傾向がある。彼らの目的は士気の向上であり、冷静な分析はその眼中にはない。それゆえ連隊史の教訓的価値には制約が見られるのである。

さらに世間はイギリス陸軍の歴史に関して、まったく学ぶつもりがないようである。たとえば十九世紀前半における陸軍の主要な役割の中には、国内の社会的紛争の鎮圧が含まれていたこと、また二十世紀における陸軍の主要な任務の一つがアイルランドでの警察活動だったことなどは、ほとんど知られていない。歴史書は、植民地戦争や海外におけるイギリス帝国の戦いは大きく取り上げるが、イギリス軍が成し遂げた最も重要な成果についてはあまり触れようとしない。その成果とはイギリス軍は世界のどこへでも戦うべき場所に赴き、そしてその地に留まったことである。イギリス陸軍工兵隊が主としてその建設を担った驚くべき兵站のネットワークや港湾、鉄道、補給施設こそが大英帝国の骨格を形成した。数々の探検が行われたインド、アフリカ、中東の各地を図面に書き起こした地図作成の事業も、イギリス軍の功績である。ところが筆者の知る限り、こうした点はフォーテスキュー*を

［訳注］　*フォーテスキュー（1859 ～ 1933 年）。イギリスの歴史家・政治家。*History of the British Army*（イギリス陸軍史）全 16 巻を著したことで知られる。

はじめとするほとんどの歴史家によって記録に留められることはなかった。ダニエル・ヘッドリク*が二十年前にその著書『帝国の手先~ヨーロッパ膨張と技術』の中で言及することにより、ようやく上記の成果は注目された。イギリス国内における陸軍の政治的および社会的意義について、そして十九世紀の兵器の革新に陸軍がどのように対応したのかについて詳しく学ばれ始めているとしたら、それはアメリカの軍事史学界において「新軍事史」と呼ぶ領域を打ち立てた、ヒュー・ストローン*に代表される研究者たちの功績である。

この先に話を進める前に、海軍史について言及しておく必要がある。この分野は軍事史よりもさらに専門化された領域であり、極めて閉鎖的で、不面目にも軍事史からさえ孤立している状態である。しかし全体として言えば海軍史を海事史と無縁のまま学ぶなど不可能であろう。いかなる海軍史家であろうとも、ロンドンの国立海事博物館にある史料を使用しないで業績を上げることはできない。それに加えて海事史を学ぶ場合、政治史や社会史の研究者と同様に平均的な軍事史家の知識の範囲を遙かに超える非常に複雑な理解が求められる。しかしながら海軍史は、狭量な精神や愛国心の影響により、軍事史よりも甚だしくゆがめられてきた。海軍史の研究は、帝国主義者の大掛かりなプロパガンダの一環として十九世紀から二十世紀への変わり目あたりで頂点に達した。

実際、海軍史の教授職はロンドン大学キングス・カレッジとエクセター大学に最近になって開設されたのであるが、それ以前のイギリスの大学における海軍史に関係する講義は、ケンブリッ

［訳注］ ＊ダニエル・ヘッドリク（1941年～）。アメリカの歴史家。19～20世紀の情報管理、技術史、国際関係論等を専門とする。ルーズヴェルト大学名誉教授（2008年現在）。 ＊ヒュー・ストローン（1949年～）。イギリスの軍事史家。第一次世界大戦および近代イギリス軍を対象とした研究で知られる。オックスフォード大学戦争史教授（2008年現在）。

ジ大学の「帝国および海軍史」だけだったという事実は重要である。その講義の内容は、二十世紀の後半になって極めて優秀な経済学者があいついで受け持ったおかげで、ようやく整理されたのである。しかし講義の担当者は事態をより悪化させたのかもしれない。海事史がそうだったように、海軍史は経済史と関連して研究されるまでは実りのない状態だった。旧来の海軍の作戦史を編纂してきたイギリスの海軍史家がネルソンの栄光とその勝利の数々を強調しているという点は、納得のいくところである。しかしジュリアン・コーベット（イギリス最高の海軍史家だが、海軍軍人でも専門の研究者でもなかった）が指摘するように、ネルソンの戦死から十年におよんだ平凡な封鎖作戦や小競り合いにも同様な注意を向けなければ、ネルソンの勝利の重要性は理解できない。

率直に言ってナポレオン戦争におけるイギリス海軍の偉大な活躍の叙述は、パトリック・オブライエン*の傑作小説向きではあるが話としては古臭い。イギリスの歴史家が古い話を信奉すると批判されてきたこととは裏腹に、ごく最近になるまでのナポレオン戦争に関する最良の歴史書は、経済的観点に基づいた研究以外について言えば、いずれも歴史家であるスウェーデンのエリ・ヘクシャー*やフランスのフランソワ・クルーゼ*の手によるものだった。ポール・ケネディが *Rise and Fall of British Naval Mastery*（『イギリス海洋支配の興亡』）を書き起こすまで、イギリス海軍史は経済的事情に対し適切な考察を怠っていたのだ。しかもケネディの先駆的な業績の後は今なお後継者不足である。

いわゆる「制限戦争」の時代であるならば、陸軍や海軍の作戦を他の要素と分離して研究するこ

［訳注］　*パトリック・オブライエン（1914～2000年）。イギリスの海洋冒険小説家。「マスター・アンド・コマンダー」（1970年初版）を始めとする数々の名作の執筆で有名。　*エリ・ヘクシャー（1879～1952年）。スウェーデンの経済学者。経済史を専門とし、国際貿易のモデルである「ヘクシャー＝オリンの定理」の考案者の一人として知られる　*フランソワ・クルーゼ（1922年～）。フランスの経済史家。始めは近代イギリス経済史を専門としたが、やがて中世～近代のヨーロッパ経済史を研究対象とし、パリ＝ソルボンヌ大学名誉教授（2008年現在）。

とは可能だった。もっとも当時の水準から言っても、その研究成果は実りがなく研究手法もお粗末なものであった。しかし世界史を概観すれば当時の状況がいかに単純だったことを想起しなければならない。筆者が以前、キングス・カレッジの古代史学部に所属していた同僚たちに対して、古代ギリシャ・ローマ時代の戦争に関する現代の第一人者が誰なのか教えてほしいという質問をしたことがある。その際、古代史学部の研究者たちは、ある者は驚き、また別の者は面白がりながらも親切にも次のように答えてくれた。古代史を扱う歴史家であるならば戦争に精通していなければならない、なぜならば戦争こそが古代史の真髄なのだからであると。それにより筆者は、中世史を専攻する同僚を前にして同じような失態を繰り返すことを避けられた。仮に以前と同様の質問をすれば、五世紀から十五世紀までのヨーロッパ史を扱う中世史家は古代史家と同じような話をしたはずである。

ルネサンス時代に話を移せば、故ジョン・ヘール*がその著作で明らかにしていたように、戦争は当時の文化を形成する役割を演じていた。ヨーロッパにおける十六世紀から十九世紀までの三百年間に限れば、戦争は専門家集団によって遂行される断続的な活動だったと言えよう。この状況は、戦争史を他の分野から切り離して研究するのを可能とした。しかし二十世紀になり、「総力戦の時代」に近づくと、戦争は単に総力戦となったばかりでなく世界的な規模で展開されるようになった。この時代の戦争が開戦準備、戦争遂行そして戦争防止といった要素を含めて人類史の新しい研究分野となった点は、いかなる歴史家も無視することはできない。トロツキーは「君が戦争に関心を持たないなら、戦争の方が君に関心を寄せるだろう」と述べたそうである。「軍事史」は社会的かつ政治的な要素を

［訳注］　＊ジョン・ヘール（1948～1999年）。イギリスの歴史家。ルネサンス時代の研究で高名となり、ロンドンにあるナショナル・ギャラリー美術館の館長を勤めた。

視野に入れなければ価値のある成果を達成できない戦争史の一分野になった。この点を理解しなければ、軍事史家は戦争に関しては論文一本すら書けなくなったのである。もはや、いかに頑迷《がんめい》固陋《ころう》な軍事史家でも「戦争と社会」という題目なくしては研究成果を安心して世に出すことはできないはずだ。

いわゆる「戦争と社会」という概念は「戦争研究」に劣らず重要である。「戦争研究」が軍事史家による領域拡大の試み、すなわち戦争行為の非軍事的な局面におよぶ研究分野の現れだとするならば、「戦争と社会」とは戦争が社会構造全体におよぼした影響を探求しようとする社会史家の事業であった。当初、この分野の研究は産業化社会や脱産業化社会における戦争を対象としていたが、後には通史的な社会発展を研究するようになった。二十世紀初頭において、この研究領域の拡大に先鞭をつけたのはヴェルナー・ゾンバルト*やハンス・デルブリュック*といった少数のドイツ人だったが、他の国では社会史学は無視されていた。その試みは軍事史家にとっての教訓的価値が皆無だったからである。一方イギリスにおける社会史学の創始者は、戦争には人類の発展に及ぼす否定的な影響以外に何らかの作用があるという考え方に対して感情的な敵意を示していた。両者の研究には大きな隔たりがあったが、やがてそれが豊かな実りをもたらすようになっていく。こうした状況下で「戦争と社会」を触発したのはおそらくは一九六四年に行われた第一次世界大戦の開戦五十周年記念祭と、それに関連したマスコミの祝賀の声であろう。

「祝賀」と記したが、この言葉は往時の心ない発言や、西部戦線でイギリス陸軍が被った史上最悪の試練を表現するには適切とは言えない。一般大衆の観点ではいわゆる「第一次世界大戦」の体験を

［訳注］　*ヴェルナー・ゾンバルト（1863 ～ 1941 年）。ドイツの経済史家。ドイツ歴史学派の代表的人物の一人で、ベルリン大学教授などを勤めた。当初はマルクス主義に立脚した研究を発表し、晩年はナチズムに傾倒した。　*ハンス・デルブリュック（1848 ～ 1929 年）。ドイツの軍事史家・政治家。ベルリン大学教授として軍事史を研究する一方、ドイツ帝国議会議員としても活躍し、1919 年のパリ講和会議にはドイツ代表団員として参加した。

「ソンム」*と「パッシェンデール」*という二つの単語に集約しがちで、イギリスが参戦した理由や最終的にイギリスが勝者となった点にはまったく注意を払おうとしていない。筆者は一九六四年から数年間、よく知られている士気が沈下したソンムの戦いの試練と同様に、一九一八年の「百日戦役」*で得た勝利は国家的祭事とすべきだと提唱した。この提唱については後悔すべきではなかった。しかし当時は、戦争に向けられた思慮浅はかな賛辞を削る行為はどのようなものであれ奨励されたのである。そうは言っても自らの生涯を思い返す限り、戦争に対する賛辞を耳にすることなどまったくなかった。

しかし世人が思い出して当然だと思うことは、戦時中の諸作戦や勝敗ではなく、戦争のために社会全体が動員されたという事実である。戦争遂行の努力の一環として、国民の多くは意欲的に戦争に関わった。さらに、階級や貴賤の別なく人々は悲劇を味わい続けたとはいえ、戦争は大衆に新たな自意識をもたらした。その意識がイギリスのみならずヨーロッパ全体を変革したのである。過去四十年間における著作物の激増は、とりわけイギリスおよびドイツにおいて「戦争と社会」という概念が、民衆の精神に留まらず学界をも揺り動かす大成功を収めたことを示している。

以上のようなことに思い至ったのは、再び私事を取り上げるのだが哲学、宗教、芸術などの多彩な対象を題材にした〈入門篇〉というシリーズの一環として、第一次世界大戦を取り上げる巻の執筆をオックスフォード大学出版部から依頼された時だった。筆者がその依頼に応じて

［訳注］ ＊ソンム　フランスの地名。1916年、第一次世界大戦中の「ソンムの戦い」におけるドイツ軍と連合国軍との戦いでイギリス軍は約42万人の損害を出した。　＊パッシェンデール　ベルギーの地名。1917年、第一次世界大戦中の「パッシェンデールの戦い」において、ドイツ軍とイギリス軍、フランス軍の連合軍とが戦った。別称イープルの戦いともいう。ドイツ軍が史上初めてマスタードガスを実戦使用。この戦いでドイツ軍26万人、イギリス軍30万人、フランス軍8千500人の損害を出したと見積もられている。　＊百日戦役　第一次世界大戦末期の1918年、西部戦線において行われたドイツ軍の攻勢とそれを撃破した連合国軍の反撃を総称する。

匿名の査読委員に投稿の概要を送付したところ、以下のような項目が返送されてきた。

・政軍関係について論述しないのか。
・上流・下層の文化について記せ。
・産業動員についての記述はどうか。
・交戦国における女性の役割の変化について言及せよ。
・戦争史編纂と、その際の国民的偏見の反映について述べよ。
・革命を促す戦争の役割についての説明を入れよ。
・戦争にまつわる記憶について語れ。
・マスメディアの発展と世論への影響について言及されたし。

一連の指摘は大いに参考にはなったが、筆者の担当する分量が四万字にすぎない事情を考慮すると、若干戸惑うほどであった。そこに幸いにも「これは戦争に関する本ではないのか。そうであるならば戦争について記すべきである」というチャールズ・ウェブスターの声を、助言と称する野次を押しのけて聞くようであった。筆者はその声に従った。

査読審査員の批評は、筆者の論文内容から「戦争と社会」という概念がいかに広く受容されたのか、今やそれが成ったことを審査員たちが認めたという点で満足であった。しかし彼らもまた歴史研究における一種の「郊外への脱出」と称されるかもしれないことを例示したのである。つまり、人口が多くて経済的に有利な工業団地のように新興する研究分野が、都市の古い中心部に相当する軍事史の周辺で成長するということだ。社会史や経済史の専門家の有様はロサンゼルス市の住民と同様に新しいものを好む一方、その中心部を訪問する必要も感じず、その存在さえもまったく自覚していないのだ。彼らの古い物への嫌悪感は必ずしも驚くべきではない。これが少なくとも一世代かけて進行した末の出来事である。こうして、まるで「ロバに率いられたライオン」のように学校で調教され、人気のある派手な文筆家に扇動された人々は、篤実な勤労に苦しめられることを避けて手っ取り早い金儲けに走った。彼らは研究対象となる時代の史料を調べることや、実戦に関わった指揮官や参謀が対処を迫られた数々の技術的問題を分析すること、そして軍人の成功や失敗を科学的および学問的な観点から評価するといった退屈な作業を無用と見なしたのである。

そうは言っても、かつての「都心」だった軍事史は真面目な専門家のおかげで徐々に復興してきた。復興の先鋒はトレバー・ウィルソン、ロビン・プライアー、ティム・トラバース、パディ・グリフィス、ゲーリー・シェフィールド、イアン・ベケットら*である。以上の辛抱強い研究者が受けるようになった脚光は、彼らが丹念かつ巧みに史料を活用して、戦争の原因あるいは戦争を遂行しなければならなかった事柄を過去の軍事史家と同じやり方で研究した賜物である。それでも戦争研究に関わった「一般の歴史家」の中の著名な学者でさえ前述した新進の軍事史家の業績を見落とす失態を演じたことは、ジョン・キーガン卿がその点を「無意味な時間の浪費」と評していることからも明らかである。

［訳注］ *トレバー・ウィルソン、ロビン・プライアーら　いずれも20～21世紀に活躍中の軍事史家。ウィルソン、プライアー、トラバース、シェフィールド、ベケットは第一次世界大戦の、グリフィスはナポレオン戦争の研究者として知られる。

いずれにせよ第一次世界大戦がその当時の世代に破滅的作用を及ぼした事情の理解を望むのであれば、かつまた同大戦がヨーロッパのすべての参戦国を破産状態に追い込んで四つの帝国の崩壊*を引き起こした理由を明らかにしたいのであれば、以前は軽蔑されていた軍事史家に再び教えを請わねばならない。世界大戦の破滅的作用とは、当時の軍隊が人員のみならず産業界の動員、さらには平和的な手段ないしは暴力的な革命のいずれかにより、結果的に社会秩序の変革を必要とした点にある。なにゆえ当時の軍隊は貪欲な要求を続けたのか。なにゆえ軍隊の短期決戦志向は修正させられたのか。「シュリーフェン計画*」は実在したのか、実在したのなら失敗した原因は何か。東部戦線における大規模な戦闘の多くがなにゆえ決戦たりえなかったのか。西部戦線における攻勢が長期間に渡り悲惨な失敗に終始した理由はどこにあるのか。イギリス軍の最高司令部は未熟で「学習曲線*」もゆるやかであったが、フランス軍の状況も芳しくなかった理由は何か。また筆者はドイツ軍の方がうまく対処していたと思っているが、その理由は何か。

前述した一連の問いに答える方法は、軍隊に関する史料を地道に読むことしかないはずだ。具体的には訓練用の教範、作戦命令、陣中日誌、上級から下級の各司令部が編集した作戦計画、戦闘詳報、兵站組織に関する書類の山を調べることである。こうした「紙くず」の束はどの国の軍隊にも存在する。文書なしでは兵隊一人集められず、給与の支払い、糧食や装備の支給、訓練、配属、処罰、昇進、前線への配備、負傷に伴う治療、必要に応じた顕彰、そ

［訳注］　＊四つの帝国の崩壊　第一次世界大戦の結果、1917 年には革命によってロシアの帝政が、次いで 1918 年にはドイツとオーストリアの帝政が倒れ、1920 年にはセーヴル講和条約によってオスマン＝トルコ帝国の領土の大半が連合国に移譲された。　＊シュリーフェン計画　一般的には、1905 ～ 1906 年にかけてドイツ陸軍参謀総長アルフレート・フォン・シュリーフェンが記したとされる、対フランス戦争計画に関する覚書を指す。かつてテレンス・ツーバーは、シュリーフェンが記した覚書が戦争計画ではないと主張して「シュリーフェン計画」の実在に疑問を投げかけ、その「計画」は軍拡のための予算確保上の方便にすぎないと論じたことがある。　＊学習曲線　心理学などの学問領域で使用される用語で、ある被験者の行為の試行回数とその行為の成果との関係を示したグラフあるいはその概念を指す。

して戦死の際の近親者への死亡通知などは、書類なしには不可能なことだからだ。このような業務のすべてを理解しなければ戦争の現象やその理由を理解できないとまでは言わないが、知っておくのは有益なことである。史料を調べれば調べるほど、産業化時代の戦争が実に広範に渡って複雑であることが理解できるし、高度に能率的な軍隊でさえ維持管理のため自国の経済を圧迫していた内実が明らかとなる。まして軍隊の効率が芳しくなかった場合、たとえばロシア軍やオーストリア・ハンガリー軍が信じられないほど非効率的だったように、軍隊が社会の寄生虫に甘んじて無能者となる時には、軍隊の維持管理や補充に膨大な労力が注がれるあまり、国家経済は酷使の末に破断界を越えてしまうのだ。少なくとも戦争が長期化してくればそのような展開が見られたはずで、一九一四年から一八年にかけてそれは現実となった。しかしなにゆえ史実のような事態に至ったのであろうか。

こうした疑問についての答えを得るには、何にもましてつつましい軍事史家に教えを請わねばならない。彼らは初めに鉄道と電信の登場が数百万規模の大軍隊が展開するのを可能にした事情を説明し、さらに戦場における軍隊の戦術的統制を行うために必要な無線通信が、大戦以前の五十年間でわずかな進歩しか遂げなかったことを教えてくれるだろう。軍事史家は続けて、元込め式火器の発明により防御側が大いに有利になった点、そして砲兵火力の集中運用によって防御側の利点を克服しようとした工夫について解説しようとするはずだ。ついで説明は、信頼のおける野戦用通信機器が欠落した状態において発生する作戦の要諦である火力と機動との調整をいかに行うかという問題に触れるかもしれない。軍事史家の解説は、西部戦線における連合軍と同盟軍が時間をかけて過ちから学び、しかし時には敵の方が一歩先んじて学習していたと思い知らされる場合も少なくなかった事例を教えてくれる。さらに、少なくとも西部戦線では一九一八年まで兵器システムの進化が継続しており、その四年前なら実用化されておらず現実的でもなかったはずの教義や技術を用いて戦いが行われた事情についても解説がなされると思う。こうした詳細にわたる技術作戦史についての研究を蓄積してようやく、ここまで説明した現象がいかにして起きたのか、この軍事革新は実際よりも加速させたり、能率を上げることが可能だったのではないか、こうして最高司令部の能力を審査することができるならば前述の疑問に対する答が得られるのではなかろうか。

以上のような基本的な疑問をまったく抱かずに戦争史に取り組む歴史家には、研究者となる資格はない。これでも表現としては控えめな方である。その歴史を学ぶ分野にとって、戦争は最初に軍事史家の基本的な研究手法を利用する術を知った上で研究されるべき、極めて重要な対象である。しかし、われわれには旧来の研究手法がほとんど役に立たないような高度の質問をし続けなければならない。たとえば市民社会はなぜ迅速に軍隊の需要に対応し、そしてなにゆえ重圧による崩壊を免れたのか。イギリス海軍による経済封鎖は、イギリス海軍省が思ったほど有効な作戦だったのか。なにゆえドイツは経済封鎖に長年耐えられたのか。作戦上の過大なる負担は、交戦国の政治および社会構造にどんな影響を与えたのか。以上の疑問は歴史家たちを長年に渡って悩ませてきた難題である。しかし仮に第一次世界大戦が史実ほど長く続かなかった場合、こうした疑問は出てこなかったに違いない。この戦争の長期化を説明することができるのは軍事史家だけである。

興味深いことに、第二次世界大戦を考察する際には前述の疑問点は思い浮かばない、あるいは同じような重要性をもつ疑問的は思い浮かばない。第二次世界大戦そのものは交戦国の社会変革を引き起こさなかったのである。第一次世界大戦で起こったオーストリア帝国やロシア帝国の敗北はその国の経済的破局に直接的な原因があり、ドイツのホーエンツォレルン王朝の崩壊も間接的ながらドイツ経済の破綻に端を発している。第一次世界大戦ではタンネンベルクの戦い*をもってさえ、決定的な戦闘は存在しなかった。西部戦線のヴェルダン*、ソンム、パッシェンデールなどはいわゆる「闘い」の結果として、消耗戦による恐ろしい統計上の死傷者数が報じられているが、この死傷者数に関して再検討がされなければならない。

しかし、第二次世界大戦では第一次世界大戦のような事態とは異っていた。ナチス・ドイツと日本の両帝国の破滅をもたらしたのは戦場での敗北であり、国内の革命のせいで瓦解したわけではない。両国とも瀬戸際に追い詰められるまで政治的には堅牢であった。どちらかと言えば、軍事的勝利は勝者となったソビエトの共産主義とアングロ・アメリカの民主主義という政治システムを強化した。イギリスはかなりの窮乏に陥ったが、その議会制度は無傷だった。二十世紀前半の展望からすると、この戦争の最も明白な二つの結果、つまりイギリス国内における社会民主主義の台頭と海外植民地の喪失は信じがたいにちがいない。だがこの二点は、数十年に渡って先行していた避けられない潮流が、その速度を早めたにすぎない。それゆえ、第二次世界大戦の成り行きを理解しようとするならば、第一次世界大戦ほど徹底した研究をする必要はない。したがって軍事史家は第二次

［訳注］　＊タンネンベルクの戦い　1914 年、第一次世界大戦における東方戦場でロシア軍とドイツ軍が激突し、ロシア軍の四箇軍団がドイツ軍によりタンネンベルクで包囲殲滅された。　＊ヴェルダン　フランスの地名。この地に 17、18 世紀における築城の泰斗ヴォーバンが要塞を築いた。当要塞は戦略・戦術上の要衝であった。フランス軍は 1916 年 1 月にこの要塞を中心に 3 線に野戦陣地を構築した。ここにドイツ、フランス軍が激突し、屍山血河の惨烈な戦闘が繰り返された。ドイツ軍の損害 33 万人余、フランス軍の損害 36 万人余と見積もられている。

世界大戦については完璧な回答を提示できるのである。具体的には一九四〇年のドイツ軍の電撃戦、イギリス本土の制空権をめぐるドイツ空軍との戦い、大西洋の制海権をめぐる戦い、日本が行った東南アジアへの侵攻、太平洋における諸々の大海戦、ドイツに対する爆撃作戦、ノルマンディ上陸作戦、そして中でもドイツによるソ連侵攻やソ連軍の反攻作戦などは、積み重なって戦争の終結を導いた出来事であり、軍事史家による分析と解説が欠かせない事柄である。軍事史は第一次世界大戦の歴史を語る上で間違いなく中核を占めるが、それは第二次世界大戦史の叙述においても当然際立っていなければならない。

作戦史が中核を占める歴史は、不確実性や事実に反する要素が混合するために、大抵の歴史家はそれを目立たないポルノ雑誌の陳列棚に放逐したがる。彼らがそうすべきかどうかはおそらく議論の余地があるだろう。おそらくポルノを個人的利用に限り、法的な成人の問題としてなら、厳密な管理下でそれを合法化することを考えてみなければならない。このたとえのわけは、少なくとも軍事史家にとって時により意気込んで作戦史を必要とする誘惑に駆られることがあるからだ。筆者個人としては、一九四〇年に関する問題にとりつかれたことを白状しなければならない。ゲーリングがドイツ空軍を戦術目標から戦略目標に振りかえ、ドイツ空軍が攻撃目標を航空基地から港湾や都市に転換した時期はあまりにも早すぎた。その結果、イギリスのレーダー基地は無傷で残り、イギリスの戦闘機部隊は立ち直りの機会を得たのである。しかし彼がそうしなかったら事態はどうなっていたか。ヒトラーがイギリスへの侵攻計画である「アシカ作戦*」を放棄せず、ソ連への侵攻よりイギリスへの上陸を優先

［訳注］　*アシカ作戦　この呼称はドイツ軍が第二次世界大戦中に計画したが実施にいたらなかった幻の英本土上陸作戦にドイツ側が名付けた作戦名である。ドイツ海軍はイギリス海軍に比し劣勢であったことから、まずは航空優勢獲得の作戦（バトル・オブ・ブリテン）を開始したが、失敗に終わったことからドイツ側はこの作戦を断念した。

していたらどうなっていたか。ドイツが成功裏にイギリスに上陸していたら、その後に何が起きていたのか。その結果、これまた重要な点だが、筆者はどのようになっていたのだろうか。

第一次および第二次世界大戦の歴史と現在および未来の戦争行為との間に、どれほどの関連性があるのかという問題は、指揮幕僚大学における筆者の同僚の間での議論の的となっている。そうした議論をする人々はおそらく関連情報を見つけるために過去をさらに深く掘り下げようとするだろう。ロシア軍によるコーカサス遠征、イギリス軍によるインド北西部国境とアフガニスタンへの遠征、そしてアメリカ軍によるフィリピンでの現地鎮定作戦、さらには第三次十字軍まで議論の俎上に出てくるかもしれない。しかし憶測はこの辺りで止めにした方がよいだろう。ここで再度強調したい点は、研究者が郊外に脱出しようとも、また「戦争研究」や「戦争と社会」が成熟しようとも、そして両分野を刺激し鼓舞すべく自ら尽力を惜しまなかったということも相まって、その成熟を目の当たりにすると子供の成長を見る親の気持ちに似た感情を覚える。にもかかわらず、それでも戦争史の中心は軍事史の研究であるべきだ。別言すれば、軍隊の主要な活動を研究する際には戦闘に重心を置かなければならない。

第1部　軍事専門職に及ぼす歴史の影響

3　歴史と軍事専門職との関連性――あるイギリス人の見解

ジョン・P・キズレー

一般的な歴史知識が、どのくらい軍事専門職*と関わりを持つのか、これは議論の余地のある問題である。原則論から言えば、筆者は軍事史の知識や軍事史への理解は、少くとも何らかの関連性とそして実際に有用であるかという大いなる議論があると思うのである。では、イギリスの軍隊、とくに陸軍において軍事史はどのように認識され、かつ利用されてきたのだろうか。また、たとえ軍事史に何らかの有用性があるとした場合でも、はたして二十一世紀でも軍事史は必要なのであろうか。さらに必要性があるとした場合、どの程度の必要性なのであろうか。本章は、イギリスの一軍事専門家*の個人的見解に基づき、こうした疑問への回答を提示しようとするものである。

イギリスの軍事専門職は過去百年以上にわたって、軍事史に対して非常に変化に富んだ態度をとってきた。もちろんイギリス軍には軍事史の愛好家もいるし、軍事史を理解することが職業上有益だと気づいた者も大勢いる。軍人の中には大学で軍事史を学び、あるいは経歴をつみ重ねながら研究を続ける者もいるが、その具体的な人数を突き止めるのは多分無理だろう。それでも軍事史を研究する軍人の概数を退役現役の区別なく列挙しようと

［訳注］　*軍事専門職（military profession）　後述の軍事専門家との関連用語であり、軍人、防衛官僚、政治家等を含む職業である。　*軍事専門家（military professional）　この用語は主に軍人を対象としている。訳語として「職業軍人」も挙げられるが、我が国で戦前から使われ、軍職で生計を立てる将校及び下士官を含んだ意味だった。ルネッサンス以降兵器の発達、近代国家構造、軍事組織などの成熟により、医者、弁護士等と同じく将校の知的資質が求められるようになり、ヨーロッパでは18～19世紀頃から軍学校が設立されて、将校団の知的啓蒙が図られてきた。現代では核兵器の出現、戦争形態の変化から軍事専門集団として一般社会から独立していた軍隊が社会との関連が求められ、また上・高級の将校に軍事専門知識のみならず視野の広い知識が求められている。詳しくは、Morris Janowitz, *The professional soldier A social and political portrait.* Rev. ed. New York：Princeton Univ. Press, 1971、および、S. P. Hunt ington, *The soldier and the state The theory and politics of civil-military relations.* Cambridge：Harvard Univ. Press, 1957を参照。

する場合、この分野に重要な貢献をなした文献の著作者数を勘定しなければならない。ところが軍事史上の重要文献を著した現役軍人の数は、意外なほど低い割合に留まっている。軍事史の研究を通じて軍人は優れた知性を獲得できる上に、軍事専門職にとっては様々な可能性に満ちた貢献となるのが明白なのにもかかわらず、軍事史に対する軍全体の態度が状況に振り回されて左右してきたことは驚くばかりだ。たとえば、陸軍参謀総長、かつその前身であるイギリス軍参謀総長の地位には、これまで数々の専門家が就任した。ところが一人一人をみると、自らの職業に関連する歴史学を強調し鼓舞した熱心な人物がいる一方で、軍事史に無関心な人物や、なかにはあからさまに反感を示す参謀総長さえいた。一九三三年から三六年にかけて参謀総長だったアーチボールド・モンゴメリー＝マシンバード元帥は、「軍事史の書籍を少しばかり読んだことを頼みにして、他人を無知蒙昧だとあなどる軍人」[1]がいると批判している。もちろん彼の意見は傲慢な人間に向けられた当然の叱責であると言えよう。それにもかかわらず、モンゴメリー元帥が現役だった当時でさえ、軍事史の学習に価値を見出す将校や軍の内部における軍事史研究を促すような働きをした将校が大勢いたとは思えない。この点に関しては、陸軍ばかりが特例だったわけでなく、モンゴメリーが参謀総長になる二十年前、イギリス海軍の軍令部長だったジョン・フィッシャー提督は、「いかなる職業であっても過去は次の世代に引き継がれるが、率直に言って海軍の場合、歴史は使い古された思想の記録である。過去のあらゆる状況は変化したのである」[2]と、軍事史についての淡白な見解を述べている。

しかしイギリス陸軍に話を戻すと、そこには検討に値する多くの問題があるように思える。第一に、二十世紀初期の同陸軍はいかなる意味においても学問を重んじる知的な軍隊ではなかった。余暇の時間があれば狩猟、賭け事、スポーツに使用すべきで、読書などはもっての外というものだった。士官に対する最低の罵声が「本の虫」だったほどである。(3) J・F・C・フラーはこうした陸軍の気風を「軍事的成果は、バイオリンの演奏、絵葉書を書く行為から得られる成果と大して違いはない」と回想している。第二に、軍事教育の一環として軍事史を勉強する機会は極めて少ないばかりか、一つの教育課程が終わると次の課程を受けるまでには大きな時間的空白があった。また陸軍大学に進む士官の割合が全体数から見て一握りに過ぎなかったため、大半の士官にとって士官学校時代の軍事史の授業が最初で最後の正式な教育であった。さらに重要な点は、当時の勉学の本質、厳密な事実に固執する好古的傾向を備えていたことにある。(4) ヴィクトリア女王、次いでエドワード国王が君臨した十九世紀後半から二十世紀初頭にかけての時代、すなわち大英帝国が連戦連勝を謳歌した時代には、科学と名前がつけば何にでも飛びつく反面、内実はリデルハートの分かりやすい表現を借りれば「シェナンドア渓谷*に生える雑草の一枚一枚を数え上げる(5)」ような学問が流行っていたのだ。しかも、フラーやリデルハートなどの軍事史家が重要な問題を取り上げた研究をいくら行なおうとも、彼らの成果は現状の素晴らしい体制や軍の規律を損なう害悪なのだと見下されてきた。そうした見解は陸軍省が国防省に再編された二十世紀の終わりまで続き、少なくともおそらく論争を招くと解釈されそうなことを発表するのは差し止める官僚の検閲によって、将校たちの意欲を甚だしく沈滞させてしまったのである。

そうして三十五年にわたる私の在職期間中に、イギリス陸軍における軍事史は一つの顕著な特徴を

［訳注］　＊シェナンドア渓谷　アメリカ合衆国東部の地名。バージニア州東部からウエストバージニア州にかけて流れる「シェナンドア川」（Shenandoah River）流域を指す。南北戦争時にはこの地域は南軍の穀倉地帯で、南北両軍がこの渓谷を巡って激しい戦闘を行った。

有するに至る。私がイギリス陸軍に入隊した当時、陸軍の士官候補生の多くはサンドハーストにある陸軍士官学校の優秀な軍事史学部の恩恵に浴していた。同学部の教官は数こそ少ないが、学生を啓発することに長じた人々だった。私が士官学校に入った頃の軍事史学部にはジョン・キーガンやピーター・ヤング准将*らが在籍しており、この准将はおりにふれて清教徒革命時代の騎兵指揮官の正装を身に着けていた。士官学校における二年間の授業には軍事史を扱った高等教育の課程が含まれていた。この授業は、教科書を読んでは復習するばかりで士官学校の他の授業と同程度の質だったとはいえ、今日の士官候補生にはとうてい要望しえないほど贅沢な内容だった。陸軍大学には尉官向けと佐官向けに分かれた別々の教育課程があって、双方の課程に軍事史の講座がおかれている。しかしながら陸軍大学に歴史学者が常勤職員として勤務するようになるのが、ようやく一九八七年からだったという事実は指摘しておきたい。同校に軍事史の講座が開設されて八十年後の出来事だ。思い返せば一九八七年前後、私は陸軍大学の教官に就き、次いで同校の高級指揮幕僚課程(6)学生になった後に同課程の長になったのだが、陸軍大学の授業であれ幕僚課程であれ、学生に課外学習のための十分な時間を与えていたという話は聞いた覚えがない。ところで上記の教育課程では高級将校の素養としての軍事史の重要性が強調される反面、その教育課程の期間は現在においても三ヶ月でしかない。ゲルハルト・フォン・シャルンホルストならば、このような教育方法をはたしてなんと評価するであろうか。

従来の高級指揮幕僚課程は、まだ現在でもそうであって欲しいと希望するが、卒業生が軍事史をさらに勉強することを目的として一定の成果をおさめてきた。また過去十年で、陸軍大学には戦争研究

［訳注］　＊ピーター・ヤング准将（1912～1976年）。イギリス軍将軍。サンドハーストの陸軍士官学校を卒業後、1932年に軽歩兵部隊に入隊。第二次世界大戦時には空挺部隊に勤務し、イタリアおよびインドに参戦する。1968年に陸軍を退役する。

に関する修士課程が追加された。ところが同課程を履修したのは、学生の半数にすぎない。陸軍では現地戦術*や参謀旅行*の有用性が高まりつつあるが、軍事史の授業でこうした現地研修に割かれる時間は極めて少ない。また高級将校を含めたほとんどの士官が、継続的かつ系統だった現地戦術の必要性に無関心なのだが、そのような態度には眉をひそめずにはいられない。こうした以上の状況が一つの矛盾の原因となっている。つまり軍事史に対する無理解は階級が上がるほど増大する一方で、世間一般の考えとは裏腹に、この必須の学問に費やされる時間は階級が上がるにつれて減少してゆくのである。軍事史に対する無知は、士官が将官に昇格するまで放っておいても構わない問題とは言えないはずだ。歴史に関する適切な理解を得るには、まず勉強に専念する時間をつくって、継続的かつ系統だった方法で学習するほかなく、それゆえ長い歳月を費やす必要がある。要約すれば軍事教育、少なくともイギリス陸軍における教育は独学の域を脱していないばかりか、この問題がまったく見過ごされてきたということである。

　軍事史の研究を軍事専門家の実務にどのように生かすことができるかについて考える場合、まずマイケル・ハワード教授が一九六一年の講義で行った警鐘に耳を傾けるべきだ。この「the Use and Abuse of Military History（軍事史の利用と濫用）」という講義において、教授は軍事史の研究には慎重さが欠かせないと訴え、「幅広く、奥深く、そして物事の前後関係をふまえた」(7)研究姿勢の大切さを明言した。この態度を欠いた時、研究は間違った結論を導くおそれが多分にある。たとえば軍事史を研究する人物にとっての戦場とは一部の歴史家が描くような理路整然とした場所となり、何がど

〔訳注〕　＊現地戦術　将校学生の戦術能力を向上させる目的で、現地で学生に想定を与え、状況判断や作戦計画などの策案を作成させる。併せて現地の戦史跡研究を行う場合もある。陸上自衛隊では「現戦」と呼称している。　＊参謀旅行　司令部の参謀要員が参謀業務、例えば参謀の作戦諸見積もり、作戦計画・命令の作成能力向上のため、戦史跡などを訪問し、見識を高めると同時に司令部内の親睦を図る目的で実施する。

こで起きたか、またどうして戦いが起きたかについて、常に綿密な結論が引き出されかねない。軍事史を学ぶという行為は、たとえば政治史や経済史、社会史などの幅広い歴史研究の一環として行われてようやく実益をもたらすものだ。軍人が軍事史を効果的に学ぼうとする際に重視しなければならないのは、軍事史とは現代の戦略学や社会学と平行してなされる幅広い戦争研究の一片であるという考えである。

しかしこの議論は極端な方向に進みがちになりかねない。一九六〇年代の後半、戦争研究に関わった軍事専門家の間では、専門職の軍人たる者は己の職業に「関連した」軍事史に限定された研究活動に専念すべきだという意見が持ちあがったが、彼らの意見を要約すると次のようになる。

軍事史は必然的に過去を対象とするが、それは戦術・戦略・政治・経済そして特に技術などの様々な観点から見ると、現代の主要な産業大国がかかえる軍事の現状や将来の軍事問題とは無関係である。……さらに核兵器やその運搬システム、近代的な監視および通信の技術、誘導ミサイル、大国の勃興、そして人民革命戦争と呼ばれる現象の出現などは、一九四五年以前の戦争に関する研究を単なる骨董品に変えてしまった。(8)

同様な意見が二十一世紀の冒頭にも聞こえてくるようになってきている。そのような意見を有している人たちは戦争の性質が技術革新の速さと規模によって根底から変容したと主張しているのである。

彼らは、フィッシャー提督が「過去のあらゆる状況は変化した」と説いたように、歴史はもはや「使い古された思想の記録」になったと説明している。なるほど技術的・社会的・政治的な面での大きな変化は、我々が軍事史から結論を引き出す際にそれ相応の慎重な姿勢をとらざるを得ないように強いているのは確かだ。軍事研究の中にある不変的要因と可変的要因を分別する際には、これまでにも不変的要因の多くが可変的要因に変化してきたという点を理解する心がまえを持たなければならない。

しかし一部の論者のいう通り、たとえ技術変化が、「revolution in military affairs（革命的軍事改革）*」を引き起こすほどだとしても、だからといって軍事史の研究の効果はないとか、その意義が減じているとは、到底考えられない。同様に、過去を学ぶ事は無意味だと主張する方々は、大きな技術革新、例をあげれば火薬の発明、航空機や核兵器の出現について主張しているだろうが、歴史学の立場から見れば、そんな主張はまさに誤った想念に導かれた誤謬に他ならない。長期的視点を持つなら、なるほど戦争が環境に順応することを認めるとしても、戦争の発達は革命的というよりは、むしろ漸進的な変化の産物として解釈すべきであろう。クラウゼヴィッツは次のように述べている。「戦争は一つの有機的全体であり、個々の部分は全体から切り離しては考えられない」[9]。

ともあれ専門職の軍人は、歴史家とはやや異なる観点から軍事史の研究対象に取り組もうとする傾向がある。歴史家は、レオポルド・フォン・ランケ*の有名な表現を借りれば「実際に起きた出来事」[10]に注目する。専門職の軍人は、将来に目を向けて研究対象にさらに踏み込んで研究に取り組も

［訳注］　＊革命的軍事改革（RMA）　軍隊は敵よりも優位に立とうとして戦略・戦術を含む軍事技術、編成装備、戦術等に関して、継続的に軍事改革を行ってきたが、その改革の中でも軍隊内部の変革あるいは戦争形態の変化に影響を及ぼす革命的な改革を指す。例えば16～17世紀におけるオランダのマウリッツ（オラニエ公,1567～1625年）あるいはスウェーデンのグスタフ・アドルフ（二世、1594～1632年）の戦術改革は軍隊の体質を変革したし、現代では湾岸戦争のアメリカ軍の技術革新による兵器システムの変革が戦争形態を大きく変化せしめた事例がある。

うとする。言い換えると、専門職の軍人にとっての軍事史の研究は、戦争に関する洞察や理解を得るため、そして彼らの経歴上自らの専門にとって後々有益となりそうな教訓を引き出すことを目的としている。当然、こうした研究方法は何をおいても批判的かつ懐疑的精神を持って取り組むことが求められる。またそのような研究方法が歴史的観点の純粋性をけがす恐れさえありうることを理解し、また間違った洞察や怪しげな結論、誤った教訓は、軽率な山師がいわゆる「愚者の黄金」こと黄鉄鉱を本物の黄金と勘違いするのと似ていることに注意しなければならない。有益な教訓の取得を目的とした研究は、熟考された分析を経なければならない。フリードリッヒ大王が指摘したように「立派な経験があっても、反省を伴わないなら、それに何の意味があろう(11)」という訳だ。クラウゼヴィッツも同様の見識を以って「上級指揮官に必要な知識は特殊な才能による考察、つまり反省、研究と思考という手段によってのみ獲得することができる(12)」と述べている。

　クラウゼヴィッツが指摘した特別な才能は、努力すれば得られるというほど単純ではない、陸軍大学ではおなじみの「徹夜でガリ勉」して習得するものでもない。山ほどある参考書を速読する方式の学習の効能は限界があるばかりか、場合によっては逆効果だ。有益な結論を導き出す洞察力を獲得したいというのなら、反省、研究、思索のために時間を割く事が欠かせない。ある程度の戦闘経験はこの研究過程において有利となるだろう。時間を費やして考察し経験を得た末に、机上の提案や結論が自分の作戦上の経験とまさに呼応するのだと、あるいは経験に由来する結論が真実だと気がつく。こうして経験は共鳴板となりえるが、無論それなりの危険が伴う。かえって自己の誤った判断や偏見を

［訳注］　＊レオポルド・フォン・ランケ（1795～1886年）。ドイツの歴史家。ベルリン大学教授。プロイセン国修史官、バイエルン学士院史学委員会会長を歴任。彼は史料を厳密に吟味してその信頼と原典性を確かめ、さらに穏健中正な史眼と芸術的叙述を以て歴史批判方法と客観的歴史叙述を確立した。

助長する顛末になりかねないし、状況の変化相違を考慮に入れないまま特殊事例から一般論を演繹する危険性もありえるからだ。こうした問題点を鑑みると、専門職の軍人が軍事史の研究をする際の必要条件とは歴史家に指導され助言を受けことであり、それも通信講座さながらの教育課程で学ぶのではなく、歴史家と顔を突き合わせて教えを請うことだ。通信教育的な講義には極度に単純化された公式、画一的な解答、誤りの多い説明などの欠点が多く見られることに注意すべきだろう。

もちろん、軍事史を学ばずに軍人としての職業に熟達しようとすることの危険性は知らなければならないとしても、生涯かけて軍事の研究に没頭する必要はない。とりあえずは、まずはクラウゼヴィッツが述べた摩擦の問題を知ることが肝要だ。この摩擦とは「戦争においては、計画策定の際に考えも及ばなかったような無数の小さな事態が発生し、所期の計画は崩れてその結果、戦争当事者は目標のはるか手前で留まらざるを得ないことになる。……ある意味で、現実の戦争と机上の戦争とを一般的に区別する概念[13]」を指す。クラウゼヴィッツは「こうした障害を円滑にするための油はないものであろうか」と自問した末、次のように明解な答えを出した。すなわち「ただ一つだけ手はある。この一つの手とは、最高司令官も軍隊も意のままにはできないことであるが、それは何よりも軍隊自身戦闘に習熟するということである」と。しかし戦闘経験とは戦場の難しい問題を扱う直接の経験ではあるが、その経験は次第に乏しくはなってきている感がある。加えて、シャルンホルストが言及した「軍事史が教えるところの戦闘経験を考慮することなく、個人的経験に頼るほど……実に危ういものはない[14]」という忠告を忘れてはなるまい。

そもそも経験の完全な代用などあろうはずもないのだが、軍事史は少なくとも摩擦の現象、具体的には摩擦が指揮官に及ぼす影響や、指揮官が摩擦にどう対処するかを理解する上で参考になるはずだ。あるいはこの問題についての最も有効な教材はシミュレーションおよびオペレーションズ・リサーチだとも思うが、それも軍事史と併用されなければ、著しく浅薄な手法になりかねないことを示唆したい。オペレーションズ・リサーチの専門家にはよくいるのだが、科学的手法に潔癖すぎる人物に注意しなければならない。なぜならその種の人は、軍事史の情報の定量化が不可能ではないとしても困難であるという口実から、軍事史の含意を拒絶してしまうからだ。この問題については、オペレーションズ・リサーチを促進するための軍事史活用に熱心だった旧ソビエト連邦陸軍から教わるところがあろう(15)。

同様の課題は戦時における人的要素、とくに兵士や水兵、飛行士の心理を理解しようとする際にも当てはまる。戦闘経験がなく軍事史も学ばない人物に、どうして軍事専門職における人的要素の重要性を理解できようか。筆者は戦場に関して、中隊勤務時代に戦いについて直接話を聞く以前に知った歴史上の多くの登場人物を思い出した。その人物たちは二十世紀だけでなく、非常に数は少いが、それ以前の兵卒のことでもあった。たとえばナポレオン戦争時代のスペイン戦役におけるエドワード・コステロ(16)、ワーテルロー会戦でのトーマス・モリス(17)、コロンナ*から撤退した際のハリス狙撃兵の例も含まれる(18)。状況は異なっているかもしれないが、戦場で戦った兵士の心理はおおむね似通う。たとえば、ある時代のある戦場で兵士たちが将校をどう評価したか、それを学ぶことは現代の将校にとって

［訳注］ ＊コロンナ　スペインの地名。1809年、ナポレオン戦争中の「コロンナの戦い」においてフランス軍とイギリス軍が戦い、イギリス軍の撤退中に指揮官のジョン・ムーア将軍が戦死した。

無価値とはいえまい。

軍事史はまた、指揮官の肩に加わる重圧や、指揮官が同僚に対して向ける思いやりの度合が著しく低い等々についても警告を発している。指揮官同士の個性のぶつかり合いにまつわる逸話はいくらでもあるが、中でも第二次世界大戦におけるアイゼンハワーとモンゴメリーを題材にしたノーマン・ゲルブの著書[19]はその好例を示した。あえて言えば、この二人の場合に劣らない高級指揮官同士の深刻な対立の事例は、多国籍編成の軍隊の場合を除いても思い出さないでいる方が難しい。まして指揮官同士の関係が良好であった軍事作戦を列挙するのはなおさら困難なのだ。しかし軍事史についての研究がなければ、その実態は明らかにされなかったに違いない。軍事演習は、作戦と同等の圧力を指揮官に課すわけではない。それゆえ指揮官は、同僚の異論や反論があったとしても、前述のさまざまな重圧に自ら屈してしまう可能性を認めなければならず、その上で作戦を失敗に追い込むかもしれない自他の破滅的な行いを未然に防ぐための手立てを講じる必要性も認知しなければならないのである。

軍事史はきわめて重要な役割を担っていると考えている筆者に言わせてもらえば、指揮官に相応しい特性は直感力あるいは洞察力であり、それは、クラウゼヴィッツの言う「単に眼だけに頼るのでなく、よく知られるように心眼に頼ることであり……精神が普通は見過ごしたり、あるいは長い時間の研究と熟慮を重ねなければ認知できない、そういう事実をすばやく看破する力[20]」を意味している。多くの人々は、洞察力により名声を馳せた偉大な将帥には何らかの千里眼の類があったと思い込みがちだが、現実の名将の大半は天賦の予知力なぞ持ち合わせていたわけではない。むしろ偉大な将帥は、実戦経験を重ねる中で洞察力を磨き上げた。ジョン・キーガンによれば「ウェリントンが体験した一八一五年までの諸々の戦いは、数え上げればきりがないが、彼が指揮官として参加した会戦は十八回、攻囲戦は八回あり、部下として参加した戦いとなるとそれ以上になる」[21]ということである。だがそれほどの実戦経験さえナポレオンには及ばないし、ましてアレクサンドロス大王やハンニバル等の将軍とは比較にすらならない。

ロンメルは北アフリカ戦線の砂漠で「私には敵の弱点を感じる能力がある」[22]と語っている。その能力は意味のない自慢話ではなく、二度の世界大戦における多様な状況で指揮官として戦って得た大きな経験の結果である。ロンメル自身がこの話を聞けば、異議を唱えたかもしれない。彼は次のように述べている。「相対する敵味方の指揮官のどちらが最も能力があるのかとか、どちらがより多くの経験があるのかという問題ではないのだ。問題は指揮官のどちらが戦場の状況をよりよく把握しているかである」[23]。もちろん彼の言う状況を把握する能力は、軍事史のかなりの知識と併せて指揮官としての実戦経験の豊富さと奥深さに基づいていた。この点についてロンメルは真面目な研究家だった。広範な実戦経験がない人にとっては軍事史の幅広い研究こそ、戦場における直感力を育成する際の必須条件なのではあるまいか。したがって、そうした研究に見向きもしない指揮官が戦場で戦う時に直感力をいかに発揮できるかどうかは難しいことだと思う。

時勢がどれほど流転しようとも、戦場に赴く軍人にとって、軍事史が継続して有用であることを示す諸例の中でも、歴史家の立場から見れば最も不快なものだとしても、門外漢からすれば最も明白のように見える士気の鼓舞を省いてしまうのは怠慢ということになるだろう。かつて軍事史の多くがこの点を念頭において書かれてきたが、その内容が軍事史的に不毛であったにもかかわらず、実態は士気を奮起させるのに一役買っていた。勝率を度外視して敵を打ち破った英雄譚は困難な状況に置かれた将兵を奮い立たせ、武勲を打ちたてる支えとなっている。イギリス軍における数々の連隊史が実に豊かな描写で解説されている状況は、まるで聖人伝を想起させるほどである。その一方で連隊史の叙述では、聖人伝を維持するために連隊の活躍をけなす内容は厳禁となってきた。同じ様に十九世紀後半におけるフランスの軍事改革について、ある批評家は次のような論述を行っている。「伝説を破壊する者は信条の破壊者であり、信条を破壊する者は誰であれ、あらゆる民族が次々と勝利を追求する中で、その測り知れない力を破壊することになる(24)」。

恥ずかしながら白状すれば、私は戦いの直前に信条を維持し、連隊の名誉を守って戦ってきた我が連隊の幾世代の多くの戦士のことを想い、また天上界にいる英霊が現在の世代に対し自分たちが戦ってきたと同様に、戦うかどうか見守っているに違いないという思いを馳せることから強気を奮い起こした経験がある。とはいえ信条の守護者である伝説を護持するために軍事史を利用することは、長期的な観点から言えば得られる利益を台無しにする大きな害悪を引き起こすだろう。その害悪とは偽りの教訓を広めて進歩を妨げることだ。

歴史の知識や理解が専門職の軍人にとって、常に何らかのかたちで役に立つのは戦場あるいは作戦だけではない。たとえば歴史を知ることや理解することは、行政府において防衛の分野全般をつかさどる政策立案と関連している。詳しく言えば、兵器の調達、戦略、軍事力の開発、軍事理論や軍の教義などに関わっている。もちろん、自分の考えと歴史が提供する経験との比較検討をしないで、こうした分野の政策に関わる意思決定を行うのは、怠惰も同然のことである。言い方を変えるなら、軍事理論と軍隊の教義との間には非常に強い相関関係があるし、またそうであってしかるべきであるのと同様に、そうした事柄と軍事史との関係もまた強固であってしかるべきだ。

軍事史は、教義確立のための共鳴板として、新しい理論を検証するだけではなく、教義の変化を創りだす触媒的な作用も兼ね備えている。この検証と触媒の作用が連動している環境では、軍事理論と軍の教義は活発に発展する見込みがある。その実例は、十九世紀のプロイセン王国の陸軍大学と軍事協会、他にはソビエト陸軍における一九三七年の粛清*以前や二十世紀後半の状況が、そういう時代環境の下にあった。反対に二つの作用が連動しない場合は、逆の結果となる。二十世紀のイギリス陸軍では、上述した軍事史の二つの作用の関係は芳しくなかった。それが改善されたのは今から十年前、教義開発総局が創設された後である。一九八八年に高級指揮幕僚課程が設置されて慶賀に値するという向きがあるようだが、むしろ、イギリス陸軍の教義が一九八八年になるまで戦争の作戦面の存在さえも認知していなかったことは何故なのか自問しなければならない。さらに今後とも我々は、将来において確実に立ち遅れのないようにするには、十分な措置をとったかどうかだけでは不十分なのである。

以上の点を踏まえると、歴史知識の重要な貢献とは、我々固有の軍事文化を理解するのに役立つと

［訳注］ ＊1937年の粛清　赤いナポレオンと称せられた赤軍元帥だったミハイル・ニコラエヴィチ・トゥハチェフスキー（1893～1937年）は数々の武勲によりスターリンに疎まれ、秘密裁判により1937年6月11日死刑を宣告され、当日中に銃殺刑となった。これを皮切りに翌年までの間に赤軍の旅団長以上の者の45パーセントが殺された。

いうことになる。つまりそれは軍隊の性質や気風、それに軍人が任務を遂行したり、自己の専門職について考える際の特徴を理解するのに有益であるという意味である。我々の軍事文化は、軍人として軍事問題を扱う際に、また軍事問題の見方を形成するプリズムとして機能している。軍事問題を明確に、また客観的に把握しようとするならば、軍隊はこのプリズムを知らなければならないし、時にはそのプリズムが軍隊の物の見方を歪曲する影響を察知しなければなるまい。たとえばイギリス陸軍の軍事文化は過去、それもそう遠くない昔は狭量で生来の保守主義、そして戦いに対する方法は消耗戦を好む特徴を含有していた。現在の軍事文化がどうであれ、軍事問題の判断をする際に、軍人はいつでも軍事文化を考慮してうまく対処してしかるべきであろう。なぜなら軍事文化とは主に伝統によって影響を受けるから、歴史研究は軍事文化を理解する上で重要なのである。(25)

ところで軍事史研究は、平和支援活動とはどの程度関連しているだろうか。平和維持や平和執行の諸活動が軍事行動の主要な任務となっている時代において、軍事史はまったく価値がないと主張して、研究活動に関わらないことを正当化する面々も確かにいる。だがこれは危険な近視眼的態度であろう。過去の平和支援活動の研究を怠るのは、まさに戦闘任務の作戦に関する過去の誤りを繰り返す危険を冒すことになろう。何といっても、平和維持活動と戦闘任務の作戦との間には、概観からしてもさまざまな類似点がある。たとえば、敵対者を理解して相手を心理的に出し抜く最善の方法を考案するということは、戦闘任務よりもはるかに必須とされる事柄なのである。

だが思うに、未来の紛争の形態は、これは戦闘任務である、あれは平和維持活動だと様々な軍事行動をきちんと分類することは許さないだろう。アメリカ海兵隊の元総司令官であるクラーク大将が唱えた「三区分の戦争*」という概念のように、単一の軍事行動がひょっとしたら一つの戦域の中で別々の地域で同時に、戦闘任務の遂行、平和維持活動、そして人道支援活動を包含する事態も起こりえる。こうした事態は、未来の指揮官たちが幅広い学識を必要としていることを明確に示している。そのためには軍事史を研究する必要があろう。さらに歴史研究は、指揮官に対し軍事力行使に際しての社会や政治的背景を知ることを、また兆候だけを見て対処する軍事力行使を過度に普及させることは、兆候の原因をさらに悪化させる風に作用する危険があると理解することの必要性を指摘するであろう。

軍事行動の性質がどう変化しようとも、我々は連合して軍事行動をとるはずだ。ここに、軍事史が貴重な教訓を提供するわけがある。多国籍軍の中で共に勤務した私の体験による限り、他国の歴史に関して学ぶことにまるで関心のない者たちは、味方にせよ、敵にせよあるいは他のグループに所属しようと関係なく、作戦に従事した当事者の心情を汲み取って理解するのに重要な必須条件を把握することは不可能であろう。歴史から何も学ばない人間は、短絡的な発想に執着するものである。筆者は陸軍に入隊間もない頃、北アイルランドでの任務に従事したが、そこにいたのは善意に満ち溢れてはいるが、ほんの四ヶ月の勤務期間で三百年続いた紛争の歴史を解決できると信じている指揮官ばかりであった。この想い出には、中には聡明な人物もいたにせよ、彼らの行動は実際には作戦の長期目標の達成に逆効果であったという残念な気持ちが伴っている。

そこで本章の結論を述べれば、軍事史を、軍事専門家のために魔法のお守りの類であるかのように

［訳注］　＊三区分の戦争　1990 年代にチャールズ・クラーク将軍が提唱した概念を指す。クラークは、将来の低強度紛争における軍隊は「戦闘任務」、「平和維持活動」、「人道支援」の三区分の任務を並行する必要があると指摘した。

提示することはしたくないのである。モンゴメリー元帥が「軍事史の書籍を少しばかり読んだからといって、そうでない人々を無知蒙昧だと侮る軍人」がいると指摘したような事態は、避けねばならない。生半可な軍事史の教養は無知以上に危険である。同様に軍事史の研究を幅広い専門的研究の代わりにしようと考えている人々を慎重に扱わなくてはならない。軍事史は、たとえばバランスよく行われる食事療法と同じく、軍事理論の研究、オペレーションズ・リサーチ、訓練のそれぞれを併せて追及しなければならない分野である。この見解はなにも目新しいわけではない。ジョミニ男爵は、約一世紀半前の昔に「正しい原理から発し、戦争での事実で裏づけられ、かつ正確な軍事史で補備された立派な兵学理論が、将軍のための真正の教育の場を形成する」[26]と断言している。

以上のように軍事史は、戦争を研究する学問のための基礎理論を提供するのに貢献し、大きな技術的および社会的変化の時代にあってもその機能を継続している。軍事史はさらに、軍事専門家の判断の支えとなり、新しい理論や新兵器、新装備の有効性および実用性を試験する際の手段としても機能する。歴史に対する感覚や理解が乏しい人物は、インチキ薬を売るセールスマンの正体に気づかず易々と騙されてしまうであろう。したがってイギリスの軍事教育および訓練を担当する組織は均衡がとれ、また知的な厳格さが求められる教育課程を提供する必要がある。

ともあれイギリスの統べての軍組織における教育課程は時間的制約を受けており、ますますその傾向は強くなっているのだが、どうすれば前述した均衡を確立し維持しながら、幅広い、奥の深い、そして歴史的背景をふまえた軍事史の研究を実施できるのだろうか。人はこういう問題に出くわすと、研究の幅広さや奥の深さ、背景の一部を削減し、丸い円を四角くするように余分な箇所を削ってしまいたいとついつい思ってしまう。しかしそこには必然的に、軍事史研究を教育から訓練へと堕落させてしまう危険が伴う。軍事史研究の「出力結果」が定量化できないこと、かえって利用可能な資料が限られてくる状況下では定量的にできない研究が矮小化されかねないという危険が生じる。しかし最終的には、正規の授業に割きえる時間が不十分だとしても、軍事史に必要な教育はほとんど自学研鑽の問題であることを受容せざるを得ない。このことを認めた上で軍事史教官の主たる職務は、自学研鑽を熱を込めて語り、鼓吹することである。この方法が軍事史教育の過程の中で触媒として作用し、目的を達成するよう努めなければならない。

[原　注]

(1) J. F. C.Fuller, *Memoirs of an Unconventional Soldier* (London,1936), p. 434。
(2) Jay Luvaas, *The Education of an Army* (London,1965), p. 275。
(3) Ibid。
(4) J. F. C.Fuller, *Generalship: Its Diseases and Their Cures* (London,1938), p. 81。
(5) B. H : .Liddell Hart, *The Remaking of Modern Armies* (London,1927), p. 170。
(6) アメリカ陸軍のSAMS (School of Advanced Military Studies「上級軍事研究学校」) 課程や、アメリカ海兵隊のSAW (School of Advanced Warfighting「上級戦闘学校」) に相当する。
(7) Michael Howard, "The Use and Abuse of Military History," *Journal of the Royal United Services Institution,* vol. cv II, no. 625, 1962, p. 8。
(8) Lt. Col. (later Major General,and Director of the Royal Army Education Corps) A. J. Trythall, "What Are War Studies? " *British Army Review,* no. 35, August 1970, pp. 21-4 。
(9) Carl Clausewitz, *On War,* ed. and trans. Michael Howard and Peter Paret (Princeton, NJ, 1976), p. 606。
(10) Howard, "The Use and Abuse of Military History," p. 5。
(11) Fuller, *Generalship,* p. 79。
(12) Clausewitz, *On War,* p. 146。
(13) Ibid., p. 119。
(14) Charles White, *The Enlightened Soldier. Scharnhorst and the Militärische Gesellschaft 1801-1805* (New York, 1989), p. 9。
(15) この件については、次の論文を参照。Christopher Donnelly, "The Soviet Use of Military History for Operational Analysis," *British Army Review,* no. 87, December1987。
(16) Peter Young, ed., *The Peninsula and Waterloo Campaingns*: Edward Costello (London, 1967)。
(17) John Selby, ed., *The Napoleonic Wars : Thomas Morris* (London, 1967)。
(18) Henry Curling, ed., *Reflections of Rifleman Harris* (London, 1848)。
(19) Norman Gelb, *Ike and Monty - Generals at War* (London, 1994)。
(20) Clausewitz, *On War,* p. 102。
(21) John Keegan, *The Mask of Command* (London, 1987), p. 92。
(22) David Fraser, *Knight's Cross. A Life of Field Marshal Erwin Rommel* (New York, 1993), p. 227。
(23) Richard Simpkin, *Race to the Swift* (London, 1985), p. 235。
(24) Michael Howard, *The Franco Prussian War* (London, 1981), p. 37から引用。
(25) Williamson Murray, "Does Military Culture Matter?" *Orbis,* Winter 1999,

pp. 27-42, and J. P. Kiszely, "The British Army and Approaches to Warfare Since 1945", in Brian Holden Reid, ed., *Military Power: Land Warfare in Theory and Practice* (London, 1997) を併せて参照。

(26) A. Jomini, *The Art of War* (London, 1992), p. 321。

4　歴史と軍事専門職との関連性――あるアメリカ人の見解

ポール・K・ヴァン・ライパー

筆者がアメリカ海兵隊に入隊した一九五六年当時、アメリカ軍は科学技術を除いて専門的な教育をほとんど重視していなかった。第二次世界大戦の指導者たちにすばらしい貢献をなした歴史研究に基づくカリキュラムはもはや存在していなかった。その後釜に座ったのは、政治学と経営哲学の講義であった。そのことは高い代償を払うことになったけれども、アメリカにとって幸いにも、この状況は筆者が入隊した後の四十年間でかなり変わった。四十年の時を経て一兵卒から中将まで昇進する中で、筆者はまず軍事教育の被害者に、次いでその受益者となったのである。

著者が始めて体験したのは、浅薄で何の変哲もない教育システムであった。このシステムは、もしベトナム戦争の悲劇が起こらなかったなら、長きに渡って存続していたであろう。ベトナムの戦いとその結果は大きな変革をうながす触媒となった。その変革の核心となったのは、軍事史研究に対する関心の復活であった。「砂漠の嵐」作戦や「イラクの自由」作戦の主要な戦局においてアメリカ軍がイラクで成し遂げた成果、またアフガニスタンにおける最近の業績は、一九七四年から一九九一年にかけてアメリカ軍が遂行した改革の意義に対する動かぬ証拠を示している。そしてこの改革とは、軍の専門教育における抜本的な変革であった。

以下の本文では、まずは百二十五年間に渡るアメリカ軍の教育システムの歴史と、それが冷戦時代の初期になって失墜した経過を簡潔に説明し、筆者自身が受けた専門教育とその後筆者が指揮官として成長していくなかでその専門教育がいかに重要だったかを、時系列にそって解説する。そして過去二十年間に得られたものがその以前の時代と同じようにいつの間にか失われてしまうかもしれない、という懸念をこめた警鐘で締めくくりたい。

第二次世界大戦後における軍事専門教育

十九世紀から二十世紀にかけてのアメリカ軍は、多くのヨーロッパ諸国の軍隊と同じように、自軍の将校が明らさまな知的活動を行うことに対して軽侮の目を向けていた。ほとんどの士官は、軍人に期待される男らしさを反映して、そのような知的関心は不十分なままであった。士官にとって、同僚からの敬意を勝ち得る方法とは、度を越すほどに戦い、馬に乗り、酒を飲むことであって、本を何冊も熟読することではなかった。我が国の軍事専門職の最近の研究に関して今日のある解説者は次のように述べている。「精巧に構築された縮図の中に、アメリカ軍がその建軍当初から今に至るまで継承した反知性主義の傾向を垣間見ることがある」(1)。専門職の軍人に対する軍事教育を改善しようと、数々の改革者が数世代に渡って努力してきたにもかかわらず、この反知性主義の種子は残っている。

アメリカ陸軍軍人エモリー・アプトン*は、その生涯をかけてアメリカ軍の改革を強く訴え続けてアメリカにおける将校の軍事専門教育の基礎を構築した。一九世紀の前半には、他にもステファン・B・

［訳注］　*エモリー・アプトン（Emory Upton, 1839～1881）。アメリカ陸軍軍人、軍事戦略家、最終階級は准将。南北戦争で活躍、死後の1904年に出版された、*The Military Policy of the United States*（アメリカ合衆国の軍事政策）は、初めて米国の軍事史を体系的に調査、分析したものであり、その後の陸軍に多大な影響を与えた。

ルイス、タスカー・ブリス、アルフレッド・セイヤー・マハン、エリフ・ルートなどの人物が、アプトンの初期の成果の上に、将校の軍事専門家としてのさらなる成長の進展を図る彼らの試みを積み重ねた。こうした人々は、つねにその時代において抵抗を受けたが、一九二〇年代の半ばになるまでには彼らの考えが三軍の士官学校、幕僚学校、陸軍大学校における戦争研究を主導していた。特に作戦と戦略に重点が置かれたこれらの軍学校の過程において、歴史は多くの授業の中心的役割を果たした。一九二〇～三〇年代には、ジョージ・C・マーシャル、ドワイト・D・アイゼンハワー、チェスター・W・ニミッツ、レイモンド・A・スプルーアンスなどをはじめとする第二次世界大戦の指導者らは、軍事史の充実した授業を履修していたのである。彼らの多くは後年、歴史に支えられた教育の重要性を立証したのである。アイゼンハワーは自叙伝のなかで、陸軍の「指揮幕僚学校」で過ごした日々は「我が生涯の岐路」だったと述べている。[2] 彼は一九二六年に同校を首席で卒業している。

一九四五年の勝利は、大戦前における軍事専門教育の内容が有効であったことを証明したようなものであった。したがって、大きな変化が起こり得るわけがなかった。にもかかわらず国防関係者の多くは、核兵器が出現した以上は過去を学ぶ意義はなくなった、と結論づけたのである。その翌年以降、著名な軍事史家でさえ、自らの専門分野の妥当性に疑問を呈するようになった。一九六一年、ウォルター・ミリスは次のように述べている。「軍事史はその役目をおおむね終えようとしている。これが現代の執筆者の通念である…。若者たちはすでに今日の巨大で統御しがたい軍事組織を運用すべく訓練されているのに、なぜ彼らがネルソンやリー、あるいはブラッドレーやモンゴメリーの戦略や戦術を学ばなければならないのか。その理由はただちに明らかにできないのである…」(3)。

そのような見解の影響力は、計画的と無関心という二つを通じて、そして一九五〇年代と六〇年代初期の間にアメリカ軍の専門教育機関における必修科目から歴史の要素を事実上駆逐してしまう。かつての歴史学の講義に、核戦争のみならず、システム工学、オペレーション分析、業務管理をテーマとする講義が取って代わった。軍の高級将校たちが、新しく登場した定量的方法こそ核戦争時代における軍の新たな需要に必須なのだ、と考えていたのは明白である。このような第二次大戦後における指導者の近視眼的性向によって、私もその一人であったのだが、ベトナム戦争世代の軍人が下級将校として受けた専門科目の授業は、著しく歴史的要素が欠落した教育となった。指導者たちに先見の明がなく、戦争術の弊害をもたらすほど軍事科学技術を過剰に重視した結果、アメリカは高い代償を支払うことになったのである。

軍事史に対する最初の関心

筆者が軍事史にはじめて触れたのは、一九五〇年代後半に海兵隊のある予備部隊の分隊長として勤務していた時であった。筆者は当時大学で行われていた歴史を主体とする教育課程を受講しており、その授業を通じて、過去を学ぶ楽しさを知ると同時に、歴史知識は自分が望んでいた将校の地位に任命されたときに役に立つかもしれないと思った。そこでありきたりな話であるが、軍事史を扱った手ごろな値段の書籍を広告で目にするたび、その本を購入した。学んでいるこの期間に購入した二冊の有名な書籍からは、長年に渡る影響を受けている。その二冊のうち、一冊はS・L・A・マーシャルの*Men Against Fire : The Problem of Command in Future War*（「火力に立ち向かう兵士たち——将来戦の指揮の問題」）を紹介しよう。当時のペーパーバック版の価格は、たった一ドル三五セントであった。(4) 筆者はこの本を熱心に読みふけり、マーシャルの近代戦に関する分析に基づく歴史の箇所にこまかく注釈を書き込み、その内容は、もちろん完璧ではないにせよ、かなり的確なものだと直感的に感じていた。野外演習になると、筆者は指揮官としてのリーダーシップや小部隊戦術についてマーシャルの洞察を参考にしながら考察を重ねるのが常であった。

次にあげるのは、T・R・フェーレンバッハの*This Kind of War*（「この戦争の性質」）である。この本は、朝鮮戦争の初期に準備不足のアメリカ軍が被った不利益を写実的に詳しく解説している。この本を読んだ筆者は、軍隊では教育訓練や厳格な規律を要求することが絶対に必要なのだという、決して忘れられない強い感銘を受けたのである。筆者の勝ち得た不屈の指揮官としての世評の原点は、「海兵隊募集所（Marine Corps Recruit Depot）」で教官からしこまれた厳しい訓練と、フェーレンバッハの本から得た教訓の賜物である。筆者は「この戦争の性質」の引用文をあれこれ書き写しておき、発想するときはこの引用文を読み返したのである。そのなかで今でも気に入っているのは、次のくだりである。「一九五〇年の海兵隊では、将校は昔と同じく将校でありつづけた。下士官はカエサルの時代の優れた下士官と同じく、理不尽なことはなにも考えず、許さずに行動した。そして海兵隊の高級将校は、海兵隊の主要かつ唯一の任務、すなわち戦うということを片時も忘れなかった」(5)。

一九六四年初頭、筆者は少尉に任官して、海兵隊将校初級課程の学生になった。その課程では歴史が、単に海兵隊の慣習や伝統を補強するための手段として用いられていた。基本課程の教官が口にするのはありきたりの訓話で、それも話が細部にまで及ぶと間違ったことばかりであった。後になって本を読んでいた際に気づいたのだが、いわゆる「真紅の縦縞」として有名な、将校や下士官のズボンの生地の縫い目に沿って赤い筋がデザインされているのは、メキシコ・アメリカ戦争における「チャプルテペックの戦い*」で海兵隊が強いられた甚大な死傷を記念して付けられたわけではなかった。明らかに制服の赤い縦縞模様は、ただ将校の制服を派手に装飾するために導入されたのであった。本質的には当時の将校向けの初級課程は、海兵隊という組織の遺産である「宣伝向け」の軍事史を、狭量な視点にそって教育していたのである。この教育訓練は、その目的にはかなったものであるが、軍事の専門分野を啓発する教育ではなかった。

一九六四年夏、初めて実戦部隊（第二海兵師団の一歩兵大隊）に着任した時分には、軍事史に対する筆者の関心は消えかけていた。当時の将校は、過去の戦闘や作戦に関する文献を読んでいたとしても、その事実をめったに人には話さなかった。その訳は、多分彼らは読書を専門の学習というよりも趣味として考えていたからではないかと思う。それでも若干の明るい点もなくはなかった。月刊誌の *Marine Corps Gazette*（「海兵隊ガゼット」）は、定価より割安な軍事史関係の書籍を紹介したり、古来の戦いに関する解説記事をたびたび掲載していた。この月刊誌の一連の記事は、*The Guerrilla—And How to Fight Him*（「ゲリラ戦——ゲリラと如何に戦うか」）という一冊の本に編集され、かなり

［訳注］　＊チャプルテペックの戦い　1846～48年に行われたメキシコ・アメリカ戦争において、1847年9月13日からアメリカのスコット軍がメキシコ市の郊外にあるチャプルテペックの丘陵要塞を攻撃したが、メキシコ軍の砲撃でアメリカ軍に多数の死傷者が出た。

人気がある雑誌である。さらに理論的な本であるロバート・オスグッドの *Limited War : The Challenge to American Strategy*（「制限戦争――アメリカ戦略への挑戦」）も、人々に注目されていた。上掲の月刊誌が、箱にまとめられて手ごろに購入可能な「古典軍事史」のセットとして提供されていた。第二次大戦を取り上げた新刊書のなかには、著者と同世代の人々の関心を呼んだものもあった。とりわけ *History of the U.S. Marine Corps in World War II*（「第二次世界大戦におけるアメリカ合衆国海兵隊の歴史」）という公刊書の最初の二巻分と、ケネス・デービスの *Experience of War : The United States in World War II*（「戦争の経験――第二次世界大戦におけるアメリカ合衆国」）はかなり有名だ。とはいえ、著者の主たる個人的関心は、非正規戦や小規模な戦争を扱った本を読んで研究することだった。なぜなら、著者を含めた当時の人々は、近い将来に起こるかもしれない戦争はそうした性質のものだろう、と思っていたからである。だが、それ以外の戦争に関する文献にもきっちり目を通しておこうとする努力は怠らなかった。多分何にもまして有益だったのは、手元にいつも専門書を置いていて、思いがけず空き時間ができたら時を無駄にせず読書に使うという習慣を長年維持してきたことだ。この習慣は、最初に実戦部隊に配属された頃に始めたものである。

しかし、小部隊の戦闘に関するものとしては「火力に立ち向かう兵士たち」に記された英知に勝るものはない。一九六五年春、ドミニカ共和国での戦闘で砲火の洗礼を受けた筆者は、帰国後にマーシャルの前掲書を再読して、最初の読後感が適切であったことをあらためて思った。それからの三十年間、戦闘を経験するたび、この本を読み返すことを習慣にしているが、いくら読んでもこの本に対する評価は変わらない。「火力に立ち向かう兵士たち」の著者である歴史家マーシャルは、近接戦闘に対する並はずれた理解力を備えていた。そしてその洞察は、彼の先にも後にも例のないほど明解かつ簡潔な文章にまとまっている。

我が同僚たる海兵隊将校のあいだで軍事史の本を読むことに関心が高まったのは、ベトナム戦の暗雲が立ちこめた時期であった。インドシナにおけるフランス軍、マレー半島でのイギリス軍の体験をつづった書籍を読むのが流行になったほどだ。バーナード・フォールの *Street Without Joy*（「喜びのない街」）を机の上に置いていた将校は珍しくなかった。とはいえ大半の軍人は、戦術的および技術的練度を高める方が、戦争に備えて知性を育むよりも有意義だと信じていた。この点に関しては、私も軍隊生活の中で心情の葛藤を覚えたことをここに白状する次第である。著者もまた、南ベトナム軍海兵隊のとある歩兵大隊に対する顧問任務の命令を受けて、靴やナイフ、地図一式にサバイバル用品などの個人装備の調達に忙しく、専門書の購読よりも肉体の鍛錬に多くの時間を費やした。とはいえ、もちろん「火力に立ち向かう兵士たち」を読み返しながら。

著者のベトナム勤務は、腹に一発の銃弾を受けたせいで中途に終わった。その後の軍の病院で過ごした数ヶ月は、近年の出来事を熟考する機会を与えてくれた。自分の戦闘経験を分析したいという願望が高まるにつれ、読書の再開と強い関心が募ってきたのである。前年の夏に合衆国から旅立つ直前、筆者は以前に集めたのよりもはるかに広範囲で、緻密な内容の文献リストを心の中で創りあげていた。戦争史の研究材料として手始めに読んだのは、リン・モントロスの *War Through the Ages*（「時代を超えた戦争」）である。やがて私は、バーナード・フォールの *The Two Vietnams*（「二つのベトナム」*）を通じて、東南アジアの情勢を再検討した。また、デビット・リーズの *Korea : The Limited War*（「朝鮮——制限戦争」）を読んでは新しい戦争の様式を理解しようと努め、B・H・リデルハートの『戦略論』*（*Strategy*）、ヴァルター・ゲルリッツの『ドイツ参謀本部興亡史』*からは、戦争上の大問題に目を向けることを学んだ。読書に際して、確たる予定表や合理的計画を作成したわけではない。それどころか、ベトナムに赴任する前の自分が戦争についてほとんど何も知らなかったという欠落感を満たそうと試みただけであった。

退院後の筆者を待っていたのは、クワンティコ市にある初級術科学校（The Basic School）に教官として赴任せよとの辞令だった。海兵隊の初級将校は、将来の兵科に関わりなく、この学校で訓練をうけた後に歩兵小隊長となる義務がある。ベトナムに赴任する準備期間に直面していた当時の将校学生は、どのような心構えが必要なのかという助言を切実に求めた。彼らから、戦闘態勢を整えるまでにどの程度の時間を要するのかという質問を受けるたび、筆者はだいたい決まって「最低百年！」と答えた。そして、成功するために必要な技能や知識を獲得する機会をことごとく無為にして自分の命や指揮する部下の命を危うくすることを欲する者はいないと説いた。したがって、人間に与えられた時間はいつだって短すぎる。非常に多く求められた質問は、使える時間をどう活用すべきか、というものだった。その質問になると必ず初級将校に、本を読んで数世代の兵士が培った総体的な英知を論理的かつ効率的に明白にすることである、と勧めた。著者はリデルハートの著作から次の記述を何度

［訳注］　＊『二つのベトナム』 1966 年、毎日新聞社　＊『戦略論』上下　2010 年、原書房（新訳）『ドイツ参謀本部興亡史』1998 年・学習研究社

も引用している。「読み書きができる人間にとって、三千年の歴史を覚えきれないことはどんな弁解も許されない。」(6)。当時、私は自身で読破すべき推薦図書のリストを所有していたけれども、後から考えるとそれらは多くの点で、とりわけ戦争の性質および性格に関する点に欠陥があった。

やがて、他人に与えていた助言に従うべきなのは自分自身の方だ、ということに思い至ったのは、一九六八年の夏のことである。当時、教官勤務を終えた後、「水陸両用戦学校」に入校していた筆者は、ベトナムに復帰せよとの命令を受け、歩兵中隊長に任命されたのである(7)。二度目になる東南アジア行きを前にして、まずは自由時間を専門書の精読に費やし、個人用の装備や肉体の鍛錬をほどほどにして過ごした。そしてそのとき専門職の戦士とは一体どういう意味があるのかについてさらに知りたくなった。そこでモーリス・ジャノヴィッツの *The Professional Soldier*（『専門職の軍人』）やサミュエル・ハンチントンの『軍人と国家』*の二冊と格闘することになり、マーティン・ルースの *The Last Parallel*（『最後の平行線』）を夢中になって読んだが、この本から実際の歩兵戦闘を認識した。サミュエル・B・グリフィスの英訳による毛沢東『遊撃戦論』*からは、不正規戦についての教訓を求めた。「火力に立ち向かう兵士たち」も再読したが、ここでも収穫は大きかった。後に名声を博する歴史家にして予備役海兵隊大佐となるアラン・R・メリット大尉の論文 *Military History and the Professional Officer*（『軍事史と専門職将校』）は、歴史の重要性についての筆者の見解を裏づけてくれている。そのため筆者は、この論文を今日でもファイルしている(8)。

歴史は、軍人に対して何らの「教訓」も提示してはいない。けれども、歴史は過去・現在の戦争の

［訳注］ ＊『軍人と国家』上下 2008年、原書房（新装版） ＊『遊撃戦論』2001年、中央公論新社（中公文庫）

恐ろしい現象を、そしてそのような戦争が未来にも存続し得ることを理解するために多くの状況を提供するのである。歴史研究を通じて得られる自分が経験するような感覚は、戦争の実行者に対し作戦行動には類似点があることを示し、さらに戦術的および作戦上の問題について迅速に有用な解決策を習得する作用がある。たとえば、筆者は数年にわたって専門書を読み続けたおかげで、初めてベトナムに出征したときよりも戦場で自信を覚えるようになった。この自信という言葉がベトナムのような戦場において意味することは、敵の砲火に曝されながらすぐさま戦術上の決定を下すよう強いられた場合でも、心持ちは楽になるということである。我が第七海兵連隊第三大隊マイク中隊の戦闘における成功や独特な難題を解決する能力は、たちまちにして師団中に知れ渡った。

当時のベトコンは、長距離射程ロケット弾でダナンの飛行場を攻撃していたが、マイク中隊が配置されたのはそのダナンだった。マイク中隊の任務は、北ベトナム軍の浸透攻撃を阻止することだったが、死傷者が出るのは避けられず、部隊の指揮は理想通りにはうまくいかなかった。その頃の筆者は、自分が戦闘中に下す命令と、かつて読んだ本との間にあった直接の因果関係を確認することはできなかったけれども、両者には相互に関連する要素があるのは明確に意識していた。軍事史をつづった数千ものページを読破した末に手に入れた受け売りの知恵は、時が経つにつれて心中で合成し、やがてドミニカ共和国での、そして最初にベトナム戦争に従軍した時の銃撃戦の経験と融合した。こうして実体験および歴史から学ぶ自己経験の感覚とが合わさって、戦争に固有の緊張に屈することなく、幅広い根拠に基づく判断を下せる能力を得ることが可能となった。

専門研究における広い世界を発見して

南ベトナムにおける軍事援助のために二度目のベトナム赴任の後、八年間に渡って南ベトナムに対する軍事援助のアメリカ陸軍における教官、海兵隊司令部参謀、大隊や連隊の作戦参謀、第八連隊所属大隊の副大隊長として勤務する合間に、筆者は軍事史に関する文献を読む自由な時間を十分得ることができた。筆者は、継続していた努力の価値を疑うことは決してなかったとはいえ、自分のやり方を十分に系統だったとは思っていなかった。一九七七年夏、海軍大学の指揮幕僚課程の学生として選抜され、この問題は同課程を履修することで一気に解決したのである。スタンスフィールド・ターナー提督は、ベトナム戦争が始まる前に、軍事面の専門教育がもたらす弊害をすでに認識していた。そして一九七二年、彼は海軍大学校長に任命されると、カリキュラムを完全に刷新した。歴史学は、戦争に関連するあらゆる講座の大黒柱となった。学年度の始めには、学生たちは古典の重要性や現代史との関わりを理解したいという希望をこめて、トゥキディデスが著した『戦史』の全巻を通して読んだ。人文科学の価値を確信していたターナー提督は学生に対して、毎週すくなくとも九〇〇ページ分の文献を読めと指導した。学問の振興についての提督の主張には、これまで比較的独学で勉学していた筆者を含めて多くの学生が心酔した。提督が学生をいわば「イバラの園」に追い込んだせいで、大学に入った各々が歴史学の恩恵にあずかり、寸暇を惜しんで歴史の勉強をするほど好きになっていった。(9) ところが、その次の教育課程がナポレオン戦争に関するものだと知った時、学生の間には若干の失望感が広がる。なぜなら『戦史』が扱った古典ギリシャ時代からナポレオンの時代までの二千年の時の流れを、その月日が存在したことを認めただけで飛び越えてしまったからである。もっともわずか三ヶ月間の教育課程で歴史をまるごと学ぶ必要から見れば、大幅な譲歩はやむを得ないことではある。

筆者はその数ヶ月の間、独力で二千年におよぶ軍事史の空白を追究するのもさりながら、ギリシアやローマ帝国などの古代史を極めるべく、とことん読書を続けようと決めた。家族の頭数が増え、それに付随して家計費も増大する中で、筆者はペンギン社が刊行したソフトカバー版のクセノポンの『アナバシス』*、アッリアノスの『アレクサンドロス大王東征記』*、リヴィウスの *The War with Hannibal*（「ハンニバルとの戦い」）を喜んで購入した。出だしの筆者の努力はなかなかものにならなかったけれども、ギリシア・ローマ文明、さらにその技術や建築をより良く理解して知識の範囲を拡大したいという好奇心と飽くなき欲求に突き動かされて新天地に魅了された。しかし、すぐに「本業」つまり現代の問題につながる努力に注意を戻した。

ターナー提督が有名なクラウゼヴィッツの『戦争論』などの古典的な戦略家の著作物を導入したことは、海軍大学の学生にとって、歴史学に基づく授業の再開に劣らない重要な出来事だった。第二次大戦から二十年以上を経た時点でのアメリカ軍の教育機関が、学生に対して戦争の基本的な原理を教え込んでいなかった。学生のほとんどは、戦争に関する基礎的な理論について理解を欠いたままだったのである。歴史に関わる概念の基礎知識だけでなく歴史の文脈さえ欠落したまま、二十世紀のアメ

［訳注］　＊『アナバシス』2002年、岩波書店　＊『アレクサンドロス大王東征記』2001年、岩波書店

リカの将校団が祖国を泥沼のベトナム戦争に導いたのは不思議ではない。一九五〇～六〇年代の軍事指導者たちは、戦時動員の方法、兵站、人事管理、およびそれ以外の関連業務には確かに秀でていたが、戦争術に関する認識をほぼ完璧に欠いていたのは疑う余地がない。

ターナーが説いたのは、知識の偏りを均衡のとれた状態に戻すことであった。マイケル・ハワード、ピーター・パレットの英訳版『戦争論』（*On War*）が一九七六年に出版されると、クラウゼヴィッツの傑作に関する研究を大いに促進した。すなわち、戦争の研究が大きく促進されるということでもある。『戦争論』に収録された理論は、他のなによりも完成され、永続的な内容である。クラウゼヴィッツが複雑な文体で書き綴ったせいで、その著書に記された知識は、通り一遍の読書では到底把握できないほど難解なものになっている。彼の書を理解するには、細部に注意を払いながら、しかも熟練した教師の指導のもとで読み進める必要がある。そこでまずターナーがとりくんだのは、アメリカ軍の知的土壌を長きに渡って確固たるものに成し得る才能をもった一流の教授陣を集めることだった。以上のような教育課程を受けた筆者は、さらなる高度な研究を行うのに欠かせない基礎知識を得たばかりか、同時に重要な高度の運用能力を備えたのである。

筆者は次の任務として、パレスティナにおける国際連合の停戦監視団に配属された。戦争の再発を防がねばならない監視員という立場ではあるが、再び実戦を目にする機会を得た。任地に向かうための準備をしながら、筆者は読書の対象を理論的なものから実践的なものに再び集中させた。次第に利用可能な軍事文献の宝庫への知識の幅を広げるにつれて、筆者は先駆的な軍事史家だったアルダン・

ドゥ・ピック*の *Battle Studies : Ancient and Modern Battle*（「戦闘の研究——古代と近代の戦闘」）に目を向けた。この本はS・L・A・マーシャルの前掲書とは様々な点で類似している。しかし、筆者は *Marine Corps Gazette*（「海兵隊ガゼット」）誌が提供していた軍事史古典シリーズを以前に購入した際、ドゥ・ピックの本もその中に入っていたにもかかわらず、それを読む気を起こさなかったという大きな誤りを犯していた。戦闘中における兵士の士気の影響や団結心の重要性に関するドゥ・ピックの観察は、過去の事例から見ても自明の理のように思えるが、それでも彼はあえて同時代の兵士のために所見をまとめて本としている[10]。マーシャルは、このドゥ・ピックの考えを受け継いで軍事研究と執筆を行ったが、自ら求めようとした幅広い研究をするまでは至らなかった。しかし、戦争に関する詳細な検証をするどく突き詰めた成果は、一九七六年になってついにジョン・キーガンの *The Face of Battle*（「戦闘の様相」）として出版された。すると同様のテーマを対象とした本が次々と刊行されるようになった。その代表は、パディ・グリフィスの *Forward into Battle : Fighting Tactics from Waterloo to Vietnam*（「戦いに進め——ワーテルローからベトナムに至る戦術」）（ただし改訂版の表題は *Forward into Battle : Fighting Tactics from Waterloo to the Near Future* に更新されている）、その他イギリスのサンドハースト市にある陸軍士官学校の「戦争研究学部」に所属する教授陣の著作類がある。

筆者は、キーガンの著書を読んで、ある重要な教訓を学んだ。それは、軍務についた経験がなく実戦経験もない人物が、戦いについて意味深長な著作を編み出すその才能を過小評価してはならない、ということである。「戦闘の様相」の冒頭、キーガンは「私には実戦経験はない。戦場の近くにいた

［訳注］　*アルダン・ドゥ・ピック（1831—1870）。フランス出身の軍人。サン‐シール陸軍士官学校卒業後クリミア戦争に参戦し、セバストポールでロシア軍の捕虜となる。その後シリア、アルジェリアに勤務する。普仏戦争においてメッツで連隊の戦闘指導中に戦死した。彼の著書には兵士の戦場心理が強調して記述されている。

ことも、遠くから戦闘騒音を耳にしたことも、遠くから戦いを目にしたこともない」と記しているが、私はあやうくこの文をまともに受け取りかけた。冒頭の二ページ目で著者が一度も軍役についたことがないと知った途端に、この本を読むのを止めようかと考え直したのである。幸いにも偏見を無視して読み進めたおかげで、私は現代における高名な軍事史家から多くのことを学んだ。軍隊において学ぶことは、場合によりけりだが、たとえ軍服を着ていても思慮分別に欠ける生涯を過ごしてきた人々以上に、いろいろな手段を通じて学ぶことが可能であるということも知ったのである。

総じて中東における任務は、筆者の継続的な専門書の読書を維持することを可能にした。この任務のおかげで筆者は新しい展望が開けた。それは戦場の視察のことだが、あるいは今日普通に用いられている参謀旅行である。中東には数え切れないほど古戦場があることを知った筆者は、どこを訪問先として選ぶべきかという大きな課題に取り組んだ。まずはメギド*をあげよう。紀元前一四六九年、エジプトのファラオであったトトメス三世が勝利を獲得し、かつ史上初めて文書に記載された会戦の場所であり、軍事史の年表の冒頭をかざる地名である。それとは別に一九七三年に起きた第四次中東戦争におけるいろいろな戦場が存在する。メギドが再び戦場となるのは、一九一八年夏にアレンビー将軍*が行った攻勢の際である。この戦いは、アラビアのロレンスたちが往来したメギドやその周辺の地域を研究する上で、新しい可能性を提示してくれた。一九七九年にこの地を訪れた当時、私はこう考えていたのだ。いつの日かソビエト連邦とアメリカ合衆国との間に戦争が始まるなら、その時はイスラエル国防軍を支援すべく中東に派遣されるアメリカ軍は、ゴラン高原から南下するシリア軍の後詰

［訳注］　＊メギド　イスラエルの地名。現イスラエルの北部にある都市ハイファの南東約 29km に位置する地域を指す。メギドとその周辺は、古代から現代までの多くの戦いの舞台となった。　＊アレンビー将軍（Edmund Alleenby, 1861 ～ 1936）。イギリスの陸軍軍人。第一次世界大戦（1914 ～ 18 年）において、イギリスの「エジプト派遣軍」を率いてトルコと戦った。

としてやって来るソビエト軍と、まさにメギドの地で決戦するのではないか、と。それは、当時としては本当に不気味な考えであった。なぜなら現地名「ハラ・メギド（メギド丘陵）」の場所こそが、聖書に示されたハルマゲドンの現場であるからだ。

一九四八～四九年、一九五六年、一九六七年に起きた第一次から第三次までの中東戦争は、検証の材料となる多くの戦場を生み出した。パレスティナのあちこちの書店に並んでる中東戦争を題材とする大量の出版物は、他の地域では思いもよらない視点を伝えており、その一部は今も私の書斎を飾っている。中でも、ハイム・ヘルツォーグの *The War of Atonement*（「贖罪の戦い」）およびモハメド・ハイカルの *The Road to Ramadan*（「ラマダンへの道」）には、大いに役に立った本であった。そうした書籍の読書の成果は、一九四一～四二年の北アフリカ戦役、とくにエル・アラメインの戦いを研究する機会を通じて補完された。地図を読み解く技能を磨けたおかげで戦役の舞台、つまり地平線から地平線まで、見渡す限りの光景がいずこも同じ砂漠に思える北アフリカを旅する際に我が身の助けになったのだった。

英国のように海外の戦場跡に戦死者の墓地を設ける慣習の国は少ない。エル・アラメイン共同墓地に足を踏み入れ、延々と続く墓標に沿って歩いていくと、各々の墓石には本国の愛する人たちが記した文が刻んであるのが目にとまる。この墓石の列を歩いた著者は、戦争に付随する恐ろしい犠牲に、そして軍務を果たす軍人に課された重い責任という問題について真摯に思いを馳せずにはいられなかった。「パパお休みなさい。ちっちゃいジョンより」、ある幼い息子が亡くなった父親を偲んでつづったこの簡潔な文章ほど胸を締めつけた文言はない。こういう喪失は、戦争における一般的な計量計算では考慮の外に置かれる。将校としての道を究めんとする男女が思い巡らさねばならないのは国民の安全、それに大きな、時には究極ともいえる代償なのだ。

一年近く続いた国連での勤務は、一週間働いては次の一週間は休みをとるというスケジュールだった。そこで筆者はかなりの時間を割き、共通の関心をもつ様々な国から来ている少数の将校と連れ立って参謀旅行に出かけた。古戦場を調査する旅はしばしば通常のパトロール任務で周回する行路と重なった。筆者は常々、このような行事があるときは、事前に行き先の土地に関係する戦闘を題材とした文献を細かく読むように努めた。国連での任務の始めの頃、筆者はエジプトのカイロに出向したが、その地の監視団ではソビエトの軍人が多数を占めていた。そうしたわけで、私がパトロールに加わる場合、だいたい三回に二回の頻度でソビエト軍の監視員が同行した。

筆者とソビエト軍人が一緒にパトロールに出かける状況は、砂漠を車で踏破し、小さな宿営地で一休みする間に潜在的敵性国の人々と自由に対話できるという、世にも稀なる機会をもたらした。我々の話題は、政治、宗教、そして互いの専門的な関心の分野にまで及んだ。ソビエト出身の同僚はみな陸軍出身だったが、時折ロシア語で書かれ、あるいは英語に訳出された歴史書を贈ってくれた。ソビエト政府がそうした歴史書を利用できるように無料配布していたのは明らかだ。筆者がもらった書籍には、純然たるプロパガンダの本も少し混じっていたが、大半はソビエト軍の過去の実績を題材にした信頼に値する文献だった。彼らとの軍事専門の問題に関する議論は、過去、そして将来の作戦に関する展望を与えてくれたが、それは当時の他のどこでも得ることが出来ない好機であった。海軍大学の教育で十分に鍛えられていた筆者は、あれこれの大論戦にあっても自己の意見を守り通すことができた。パトロール任務中、一九七三年に戦闘があった現場を通過した折には、よくその場で車を止めて辺りを歩き回り、破壊されたソビエト製の装備を調べた。時にはアメリカ製の戦車の残骸を目にすることもあった。またいつも個々の交戦がどのように行われたかを理解しようと努めた。このような行動中に幾度か我々に同行していたエジプト側の連絡将校が、その現場あるいはその近くで当人の戦闘経験について話をしてくれたり、現場で起こった戦闘に関連した書籍の英訳版を推薦してくれた。

国連での任務の後半期、筆者の任地は南レバノンに移った。南レバノンでは様々なゲリラ組織とイスラエル国防軍との間に戦闘が継続していたせいで、しばしば困難な監視任務がつきまとった。丸腰の時に攻撃を受けたり、あるいは小規模であるが致命的な戦闘に遭遇したりと、決して快適になることはなかった。それでも仕事の報酬は多かった。監視団は通常、イスラエル軍やパレスティナ解放機構（PLO）から派遣された部隊の近くか、あるいは彼らの部隊と同じ位置で交代制による任務を遂行した。このような環境で再び、敵対する二つの陣営に属する人々の間で専門的な議論を行う状況が生まれたのである。いくぶん驚いたことには、PLOに対するアメリカ政府の態度にもかかわらず、PLOのメンバーからは筆者に対する敵意をまったく感じられなかったことである。こうした環境の中での軍事に関連する会話は、自然に非正規戦の様々な局面に関する傾向になりがちであった。ソビエト軍の将校の場合と同じように、PLOのメンバーもただでパンフレットなどの刊行物をくれた。

彼らがくれた刊行物のうちの約七十五パーセントは単なる扇動的な内容の宣伝広告だったが、それ以外は現地の歴史を詳解した特集記事であった。

この地域の不安定さに加えて、双方が固定した持ち場を出る冒険には気が乗らないせいで、古戦場を見学する機会は制限された。その代わりというか、監視団員はほんの数分あるいは数時間前に起こった紛争の現場に駆けつけることになる。監視団員の責務は紛争の現場で、交戦中のグループを引き離し、戦闘状況を検分することであった。とはいえ一部のPLOの拠点は、十字軍時代の城砦、あるいは古代都市ティルスの周辺にあったので、制限された範囲ではあったが、古戦場を見学できた。筆者は、長い時代に渡って行われてきた戦争についてより深く学ぶことができ、また世界各地の軍隊には多くの共通項があることを学び、やがて中東を離任した。海軍大学での経験に合わせて、国連監視団員の経験は特別な教育を与えてくれた筆者にとっての専門学校であった。

勉学の努力を定式化するにあたって

帰国した私は、フロリダ州ジャクソンビル市に近い海兵隊基地の司令官に就任した。海兵隊では、指揮官である以上、あらゆる業務をこなせることが求められる。とはいえ、勤務時間が一定で、さらに野外演習に幾日も費やす必要がないことは、これまでの職務に比較すると、専門的な勉学に多くの時間を割くことができた。正規の教育に加えて海外勤務、さらに戦闘地域に四度の赴任を体験した二十四年間の我が人生は、読書に対する関心を大いに広げた。戦闘指揮に関する自分の理解を深めると共に、戦術的な教育を継続するために、エルヴィン・ロンメルの *Attacks*（「攻撃」）の改訂新版（一九七九年）、そしてジョージ・C・マーシャルの監修下で一九三四年に出版されていたU.S. Army Infantry Journal（「アメリカ陸軍の歩兵ジャーナル」）中の名作 *Infantry in Battle*（「戦う歩兵」）の再版に目を通した。この二つの影響力のある著作は、重要な新知識を豊富に与えてくれた。戦略的思考についての考察を深める手立てとしては、エドワード・ミード・アールの『新戦略の創始者～マキアヴェリからヒトラーまで』*（*Makers of Modern Strategy : Military Thought from Machiavelli to Hitler*）およびマイケル・ハワードの *The Theory and Practice of War*（「戦争の理論と実践」）を読みふけった。

一九八一年夏、筆者は陸軍大学で勤務することになった。同校の教育要綱を一通り見直したところ、当時の同校は学生が真面目に勉強しているかどうかの審査があまり行なわれていないことに気がついた。この頃の陸軍大学は、戦争を学ぶ機会はほとんど無いように思えた。実例を示すと、第一次と第二次の両大戦に関する授業はそれぞれ八時間分だったが、アメリカの移民政策に関する講義は約二十時間ほどだった。歴史学を教育課程に再導入する事業は依然として継続中だったが、それが重要な変化をもたらした形跡はまるで見られなかった。ある学者は、以前に「軍事史を選択科目にした結果のうち、最も顕著な問題点は、おそらくはそれを履修する学生が少なくなったことに対応できなかった点だと思います(11)」という所見を洩らしたが、それも驚きにはあたらない。

結局、一九八一～八二年度の学年は、その最初の授業として、筆者が海軍大学の厳しい教育を経て満足を覚えた文献であるクラウゼヴィッツの『戦争論』を導入することになった。大学が自習の時間

［訳注］　＊『新戦略の創始者』上下　1978 年、原書房刊

として指定していた多くの時間の枠、それは明らかに教室外でのどんなささいな仕事からも解放される時間なのだが、その時間をどうすれば最も充実して過ごせるか、この当面の課題を筆者が担うことになった。大学の図書館や書店に通うのが、この時間を消化するのに一番ふさわしい方法だったことは、すぐに気がついた。そして、個人的な読書や研究の可能性について目論んだとおりに、今後の数ヶ月間はかなり明るい見通しが見えてきた。そのほんの数日後、著者は陸軍大学の本年度に達成すべき二つの目標を設定した。第一の目標は、ベトナム戦争後になって軍の内外からの批判により浮上してきた問題である軍事史の専門的研究を成し遂げるための最適の方法をあみだすことであり、また第二の目標は、将校自らの専門教育の継続や自己研鑽が将校の責任であるという認識は稀であるといえ、その責任を感じるように将校を導いていくような、自己啓発的な学習計画を策定することだった。

マイケル・ハワード卿が一九六一年に出した名論文の"The Use and Abuse of Military History"(「軍事史の利用と濫用」)は、専門教育における軍事史の役割について研究を始める上でのよい契機になると思う。[12] この論文には、助言の貴重な資料がこめられているが、中でも取り上げるべきは、研究とは幅広く、深く、歴史の前後関係に踏み込んで行うものだというハワード卿の説明だろう。同様に「アメリカ陸軍戦史センター」の *A Guide to the Study and Use of Military History*(「軍事史研究とその用法に関する手引き」)も価値ある文献である。[13] この本は、学生がどう軍事史を学ぶべきかを明細に、そして各時代における著名な軍事史家や軍事史に関する書誌目録の手引きなどが記述されている。筆者は書斎でこの本を頻繁に読み返し、歴史研究に際しての数々の示唆、たとえば「戦闘には永遠の真実がある」、「問題は繰り返し起こる」、「連続性は筋道をともなう」を学んだ。これらの概念的構成は将校に特定の時代的背景の下に戦争の特別な局面や特例があることへの理解を深めてくれる。トレバー・N・デュピュイは、彼の著書 *The Evolution of Weapons and Warfare*（「兵器と戦いの進化」）の中で、戦闘における永遠の真実の活用方法に言及している。海軍大学と陸軍士官学校は遅くとも一九八二年には、問題は繰り返し起こる、連続性は筋道をともなう、という観点に沿って独自の軍事史研究を組織化した。著者は研究に努めた結果、学生がよりよく歴史を学ぶ際に応用できるような手法を解説する小論文を書くことになった。筆者はその後の経歴においてこの小論文の考え方を数名の士官と共有することになった。

筆者は、陸軍大学において研究を始めた頃、本校の専門誌 *Parameters*（「パラメーターズ」）に寄稿された文章に注目した。デヴィッド・W・グレー退役陸軍少将によるその記事の趣旨は、「あらゆる士官は、自己の経歴を通じて意図する指針とは何であるかを明らかにしなければならない。この指針とは、軍事専門上の適合性に基本的な技能と実践の原則を含むのは当然であろうし、純粋な物理的またはは技術的問題にとどまらず、精神をどのように鍛え、いかに律していくか、という問題をも包含していなければならない。思うに、ここでいう将校の技能は、昇進を重ねるごとに改善され、あるいは拡大されてしかるべきである」(14) というものであった。筆者は、近年行われてきた士官教育から生まれた研究内容の再検討に着手し、将校の教育について各界の有識者と議論をすすめながら、こうした問題を扱った諸文献に目を通した。この努力を通じて、これまで筆者が勧めてきた自己啓発的な学習計画を三つに分割するのが最も望ましい、という結論に達した。その三つとは、人文科学の全般を学ぶ講座、軍事史を集中的に学ぶ講座、さらに意思疎通、つまり読み書きに加えて人に話をし、かつ相手の話を聞く術を学ぶ講座である。この計画を普及させる事業を通じて、著者は「完全な人間」とはどんな人物だろうか、軍人の特性の中核とは何なのか、という問題に行き当たった。そして数ヶ月を費やし、この三つの講座のそれぞれが、将校が自学研鑽を行う折にどれほど大切であるかを解説した論文を執筆した。つまりこのような状況の中で将校が自学研鑽という問題を如何に取り組むかという論文である。意外だったのは、この論文は軍の大学が個人の研究論文に求めていた条件を満たすものだったことだ。したがって論文の執筆は一石二鳥だったわけである。[15] さらに重要だったのは、論文は、その後の十五年に及ぶ自分の専門知識の進展の努力と、海兵隊における軍事面の専門教育の改善に向ける筆者の仕事に知識を与えることになったのである。

On Strategy : The Vietnam War in Context（「戦略について～ベトナム戦争の重要な分析」）の著者ハリー・G・サマーズを含めた教授陣の講義は、陸軍大学で私がすごした時間の中でもとりわけ目立つ事柄である。サマーズは著書と授業を通じて、自由主義的なメディアや反戦活動家の問題を始めとするベトナム戦争の様々な失敗を数え上げ、そして真の失敗は戦争の本質を理解できるような戦略的思考と現実主義が欠落していた点にあるとして、敗北を引き起こした要因を正しく見定めている。ターナー提督と共にサマーズは、自分たちの専門教育が十分であるかどうか注意深く将校学生たちを観察して再検討を行っていた。

ロバート・バロー大将は、筆者が陸軍大学に在席していた頃の海兵隊司令官だったが、この学者的な気風の人物がいたことが当時の状況に一条の光をもたらす。並外れた巨体と存在感の持ち主だった彼は知性の点でもずば抜けており、歴史を真剣に学んでいたこともあって、対談や演説の際にはよく歴史上の出来事を取り上げた。彼は年に一度、陸軍大学を訪れたが、その時の講演ではトラファルガー海戦でのネルソン提督にまつわる魅力的な物語から話を始めた。この講演があった週末に海軍大学の学生だった筆者の双子の兄弟と電話で連絡を取ったのだが、こちらはバローがうちの大学に来た時の好意的な歓迎振りを伝えたところ、向こうからはその同じ週に将軍がニューポート市の海軍大学を訪れた折も同じく歓迎されたと返してくる。筆者の方から、バローが歴史上の事例を話題にしたことはみんなにどんな影響を与えたかと尋ねてみると、その答えは、学生は明らかに感銘を受けた、というものだった。それから我々兄弟が少し話を続けるうち、始めのうち筆者はバローが海軍大学でも同じ話題、つまりネルソン提督の話をしたのだとてっきり思っていたが、しかし海軍大学の聴衆をまえにバローが説明したのは、ワーテルローの戦いにおけるウェリントン将軍の物語だった、ということを聞かされた。高級将校の中でも珍しい部類の人物である海兵隊司令官は、陸軍の学校では海軍の話題を、海軍の学校では陸軍の話題を提供したのである。

自分の構想をいよいよ試す

陸軍大学での日々の後、作戦部隊に復帰した私はそれから六年間、まずは第七海兵連隊の先任将校として、次いで第七海兵連隊第二大隊の大隊長として過ごす。そして筆者は日本の沖縄に赴任して第四海兵連隊の連隊長に就任し、さらに第三海兵師団の作戦参謀を務めた後に参謀長を兼務した。こうした一連の仕事は、自らがつくりあげた自己啓発的学習計画を実地にやってみる機会でもあった。作戦部隊での期間中に、多くの本を読んだが、とりわけマーチン・ファン・クレフェルトの*Command in War*（「戦いにおける指揮統御」）ほど強い印象を受けたものはない。この書の冒頭部で著者は、各時代で実施された指揮統御に対する道理にかなった観点を提示した上で、その各章では歴史上の有名な諸事例を、著者の意見を添えて挙げている。クレフェルトは、その研究活動の出だしから一貫して、現代戦においては不確実性は固有の要素であるという認識を持っている。実のところ他の文献では明記されていないこの見解は、現在のまた以後の勤務先の各部隊において指揮統御を現状に適応させる際の、筆者流のやり方の基礎となった。筆者は部下の指揮官や参謀に対して、クレフェルトのこの本を読み、加えて自ら主催する司令部要員の研究会に出て彼の考えを批評するように勧めてきた。内心では*Command in War*（「戦いにおける指揮統御」）は出版当初から名作の地位を獲得することは間違いなしと思っていた。一九八九年の学会でクレフェルトに出会った折、彼の数々の著作をどう評価しているのか尋ねたところ、驚いたことには、彼は「戦いにおける指揮統御」は最高傑作だとは思っていないが、いずれ公刊される*The Transformation of War*（「戦争の変遷」）はいつの日か栄冠を勝ち取るだろうと答えたのだ。

ジョージ・E・オールという空軍少佐によって書かれた無名の小論文*Combat Operations C3I*

Fundamentals and Interactions（「戦闘活動C^3I*～基礎と相互作用」）は、最初の章から史実における多くの事例に言及しているが、これまた一九八〇年代中半における指揮統制に対する私の考えに影響を及ぼしている。その頃に出会った様々な士官のうち、この小論文を好意的に批評したのは筆者をのぞけば、当時の海兵隊司令官にして読書家として有名だったアル・グレー大将だけだった。筆者がとても気に入っている思い出の一つは、一九八七年、第三海兵師団指揮所の現場を訪れたグレー大将を案内した際、筆者と彼とでオールの論文の長所を論じ合っていた間の一列縦隊になって待機している将校たちの当惑した表情である。ジョン・キーガンの「戦闘の様相」は、諸時代における指揮運用の分析を行っているが、これも当時、筆者が指揮統御の問題を扱う上での「必読書」となった。特にこの本がめざましいのは、あらゆる指揮官が戦闘において直面する課題、つまりどのくらい前線に近づくべきかを扱っている点である[16]。

筆者の軍歴におけるこの時点で、戦争の三つのレベルである戦術面、作戦面、戦略面を整然と補うことを目的に読書リストを体系化した。戦術レベルでは一九八〇年中頃から年末にかけて、価値ある書籍が大量に登場している。そうした本の好例は、ジョン・A・イングリッシュ *On Infantry*（「歩兵について」）、E・D・スウィントンによる一九〇七年出版の *The Defense of Duffer's Drift*（「ダッファーのドリフト防衛*」）の再版がある。イングリッシュは歩兵という兵科について、それ以前の研究よりも奥の深い分析をしている[17]。またスウィントンは、ある若い将校がある一戦場を夢にみて、そこで幾度も同じ戦いを繰り返す、という文学的手法を使って、その将校が様々な場面を通じて部隊の効率

［訳注］　*C_3I　軍隊の効率的な運用を行うための概念を表す用語。Command（指揮）、Control（統制）、Communication（通信）、Information（情報）の機能を統合し、軍隊の能力を今まで以上に発揮しようという概念である。

性を改善し、最終的に任務を完遂するまでの過程を描いている。

一九八〇年代のアメリカ軍では、戦争の作戦段階、さらに作戦の技術的側面に大きな注目が集まり、多種多様な論文が書かれたけれども、指揮統制に関する著書はあまり登場しなかった。むしろ反対に戦略関係の著書は大量に現れたのである。ピーター・パレット編『現代戦略思想の系譜――マキャヴェリから時代まで』*、エドワード・N・ルットワックの *Strategy : The Logic of War and Peace*（「戦略～戦争と平和の論理」）は、国防関係筋のいたるところで多くの注目を引いた。アンドリュー・F・クレッピンヴィッチの *The Army and Vietnam*（「陸軍とベトナム」）の刊行は、やがてベトナム戦争の問題に積極的に向きあおうとする一連の労作の登場をうながした。モラン卿の *Anatomy of Courage*（「勇気の分析」）、ジョン・ベインズの *Morale : A Study of Men and Courage*（「士気～兵士と勇気の研究」）などが再版されたおかげで、戦争における人的要素を主題にした文献を幅広く利用できるようになった。前掲の二冊は、デュピュイやS・L・A・マーシャルの著書とならべて置いても、まったく引けを取らない。以上の書籍をことごとく手に入れたせいで、筆者の蔵書の規模は膨れあがった。そればかりか、同僚や部下に対し、最近入手した類の本を読むように進めたわけだ。

読書をどう行うかという問題について、願ってもない優れた指針を提示してくれたのはロジャー・H・ネイの *The Challenge of Command : Reading for Military Excellence*（「指揮官の挑戦～優れた軍人のための読書」）と、ロバート・H・バーリンによる文献目録 *Military Classics*（「古典軍事目録」）の二冊である。バーリンの著書の方はアメリカ陸軍戦闘問題研究所から刊行されている。アメリカ空軍

［訳注］　＊ダッファーのドリフト防衛　イギリスとオランダ系ボーア人との植民地を巡るボーア戦争（1899-1902 年）を背景として、小部隊の戦いの実例をモデルにした小部隊の戦術とその教訓が書かれている小説。　＊「現代戦略思想の系譜」1989 年、ダイヤモンド社刊

士官学校の「英語学科」に所属していた二名の職員は、*Literature in the Education of the Military Professional*（「軍事専門家の教育における文献」）と改題された小冊子を編集したのだが、これを読んだ筆者は、戦争とは直接関係のない学問領域の勉強をもう一度してみようという気になった。この冊子の序文を書いたジェームス・ストックデール海軍中将はその文中で、軍事専門家は人文科学を勉強すべきであるとして、次のように説いている。「そのような勉強を行い、かつ高い理想に由来する読書の習慣を生涯続けることは、太平の時代にあって自省を重ねる上で欠かせない教材をもたらす。さらには戦闘の渦中における超人的な発想力を、そして冥府魔道《めいふまどう》の大気もかくやと思しき、あれこれと騒がしい官僚機構が排出する煤煙の上に頭を突き出せる哲学的、史学的観点に足場をかまえ、平時戦時を問わず世界の大局をはっきり見定める才能を与えてくれるのは間違いない(18)」。

海兵隊指揮幕僚大学と海兵隊総合大学

グレー大将から、貴君の沖縄での勤務のさらなる延長はないと言われた時、筆者は一介の現役将校としては可能な限り抗議したのだが、それでも一九八八年夏、筆者には、バージニア州クワンティコ市にある海兵隊指揮幕僚大学の校長に任命との辞令が出た。軍事専門教育の向上を目指していたグレー将軍の努力は、海兵隊全体に波及するほどだったが、そうした中で将軍は筆者の就任初日に、自らの考えを明瞭かつ率直にこう切り出した。「この学校は変わらなくてはならん。本官の望みはこの学校を、世界のどの軍隊の学校にも負けない最高の教育機関に仕立てあげることだ。君の在任中にこの目標を達成するのは不可能だとしても、目標達成の基礎を固める時間ならあるはずだ」。この仕事に際して筆者の受けた命令は、唯一、総ての教育課程の基礎を、歴史学と機動戦の概念を盛り込んだ内容にせよという厳命だけだった。グレー大将には軍事史を他の講義と別格に扱うつもりはなかった。彼の意見は、作戦と戦術に関する説明のすべてに歴史を織り込むことだった。以上の勧告と、クラウゼヴィッツや孫子を学校の教育過程に導入しなければならない点を強調した筆者の提案とが相まって生まれたのが「戦略家の思考」というモットーである。指揮幕僚大学の教育課程全体を、軍事史に立脚した上で戦略の概念を確立する内容にする、これが将軍の本心だった。

学務に取り掛かった私が挑んだのは、既存の教育課程の中身を理解することだった。教育課程を数年にわたって調整したけれども、控えめに表現しても、混乱を引き起こしたにすぎない。その末に考え方が三つのグループに分かれ、それぞれ授業の補正作業に関して具体的な意見を出してきた。第一のグループは、校長が誤りを犯していると考え、変化に異議を唱えた。二番目のグループは、授業の刷新の必要性は認識しているし応援もするが、しかし今回ほどの大きな業務の遂行には少なくとも一年あるいは二年を要するので、それまで授業を差し控えるべきだ、と論じた。三番目のグループは、一番目、二番目のグループに比べて頭数は少なかったのだが、改革の推進を望んでいた。筆者が問題を解決する妙薬として選んだのは、ティモシー・ルーパーの *The Dynamics of Doctrine : The Change in German Tactical Doctrine During the First World War*（「ドクトリンの力学～第一次世界大戦中のドイツの戦術ドクトリンの変化について」）である。筆者の説明は、一九一七～一八年の冬季におけるドイツ軍が、わずか二ヶ月間で、しかも戦時中に戦術ドクトリンを全面更新できたのだから、ましてアメリカ海兵隊ならば授業を進めながら授業計画を変革することも可能だろう、というものだった。こうして一九八八年の秋期、我々は授業を継続しつつ授業計画の全面更新に着手した。ひらめきを教育する問題については、十五年前にターナー提督が確立した前例を参照した。新しい授業内容に関しては、陸軍大学や海軍大学の授業を題材にした拙論、およびウィリアムソン・マーレーのような部外の評論家や軍事史家の声を参考にした。加えて、ミズーリ州選出のアイク・スケルトン下院議員に委託された、軍事専門教育についての詳細な研究からも示唆を受ける所があった。

海兵隊の教育機関のみならず、海兵隊全体の専門教育を応援すべく、グレー大将はクワンティコ（指揮幕僚学校）に席をおいていた軍事ドクトリンの編纂者に対して、戦いの要諦をとらえた新しい「最高の」手引書を用意せよと命じた。筆者と同世代の熟練した大佐の多くが担当したいと思っていたこの業務は、ジョン・シュミットという若い大尉が担当することになった。シュミットはすぐに、軍の大学の卒業生にも引けをとらないほどにクラウゼヴィッツと孫子について理解を深め、彼らが述べた様々な重要概念を簡潔な文章にまとめ上げた。シュミットの手引書の草稿が指揮幕僚大学の教官連に回覧され、彼らの批評を受けた上で完成稿 *Warfighting* *（「戦闘任務」）として完成すると、それは海兵隊のみならず国防総省の他の部局においての教育にも劇的な影響を及ぼした。刊行から数年後に、スペイン語、日本語、韓国語の翻訳版がつくられたほどである。

手引書が刊行されたのと同じ年、グレー大将は繰り返し海兵隊士官向けに開発された読書要項が必

［訳注］　＊Warfighting　教本 Warfighting ～ Maneuver Warfare in the U.S.Marine Corps の第一部第一章 FMFM1 Warfighting を指す。従来の作戦遂行の原則、方法、手続きを提示する教範と異なり、歴史や著名な軍事思想などを踏まえた戦いの理念を基礎として、海兵隊がいかに戦うか、いかに戦いを準備するか、信頼し得る基礎を提供する教本である。内容は１戦争の本質、２戦争の理論、３戦争の準備、４戦争の遂行を含んでいる。

要である、と明言した。その開発業務は結局、筆者のところにめぐって来た。陸軍大学時代につくった自己啓発的学習計画の中に、すでに士官向けの推薦図書目録を組み込んでいたので、この業務は簡単そうに思えた。筆者は数週間かけて他の軍関係の士官学校、指揮幕僚大学、軍の大学、加えて民間の大学に問い合わせをしながら、この推薦図書目録の内容を更新加筆していった。ところが驚いたことには、目録の初稿を十五部刷ったところで、二十一箇所の機関から意見具申が舞いこんできた。目録を見た人々のなかには、たとえ公式の打診ではなくとも、自論を表明するよう迫られたと思った向きもあったのは明らかだ。意見の中にはやれ目録に載っていたある著者の作品を全部網羅せよ、いやいやその同じ著者の書いたものを目録から全部削除せよ、という意見もあれば、同様のきつい表現を使った別の提言も寄せられた。はっきりいって推薦図書目録は、人が心の底に持っている感情や偏見を刺激するらしい。筆者は今回の読書目録に対する強い関心の根幹には、海兵隊全般を対象とした読書要項に対する屈折した欲求が潜んでいるのではないかと感じた。だが、アメリカ陸軍戦史センターの「軍事史研究とその用法に関する手引き」、ネイの「指揮官の挑戦」、バーリンの「古典軍事目録」に記述された見識を拠り所とした筆者は、グレー大将の承認のもと目録の作成を断行した。

教育課程の変革と専門書の目録作成のさなか、グレー大将はさらに別の課題を出してきた。海兵隊大学の設立に関する企画書を作成せよ、というのである。やはり今回の業務も、その第一義的な責任は指揮幕僚大学に課せられ、そうして筆者は再び歴史を振りかえった。プロイセン軍の士官学校の設立に貢献したシャルンホルストや、フォート・レブンワース（カンザス州）に高級教育機関を創設しようと労苦を重ねたアプトン、海軍大学の設立に尽力したステファン・ルース提督、そうした人々の論文を読んだおかげで、今度の新しい取り組みに必要な基礎知識は得られた。献身的なスタッフの働きによって新しい組織が誕生し、そして一九九〇年、筆者は海兵隊大学の初代校長に就任したのである。

一九九一年夏、クワンティコにおける筆書の職務は終わり、第二海兵師団の師団長に就任することになった。軍事専門教育の見直しの業務は優れた才能をもった他の人々に引き継がれ、九〇年代の後半には目標達成が間近に迫った。たぶんジム・コンウェイ中将、ジム・マティス少将、ジム・アモス中将などの海兵隊の高級将校の働きがなかったなら、海兵隊司令官が期待していたあの素晴らしい戦果が「イラクの解放」作戦の期間中に実現することはなかったであろう。

上級指揮官として事態を成就させる

高級将校は命令を下しつつ模範となるという両方を組み合わせることで、部下に影響を与える。師団長として、私は一万八千人の海兵隊員に、自分たちの専門職の進展としての歴史の足跡を残すよう命令し鼓舞すべき立場にあった。第一段階として私は、自分の公式予定のなかに専門書を読むのに当てる一時間を加え、そのことを日報で師団中に布告した。師団長が毎日一時間を読書に費やしているとわかれば部下もそれを真似るかもしれない、と考えたのである。さらに筆者はある覚書を公表したが、その一部をここで紹介しよう。「専門書を読書する計画は、我らが海兵隊魂を向上させる上で必要となる継続的な専門教育の一つである。それは、教書「戦闘任務」で述べた機動戦ドクトリンを実施する際に絶対不可欠である。健全な軍事的判断力を育成するに際し、大きな意義をもつ。海兵隊員に対してその精神的な適合性の維持を求めるなら、それは軍に在籍する限り継続できる専門書の読書計画を通じて求められるべきである」。

以上に加えて筆者は、師団用の図書館をつくるために六千冊を下らぬ書籍の購入を指示し、さらに歴史書用の読書室に加え設置セミナーを毎月開催するよう命令した。また師団麾下の各連隊・大隊に対して、読書会を開いて推薦書について公に議論せよ、と要請した。ほかにも、南北戦争の古戦場に師団参謀一同の参謀旅行の実施を主催する一方で、指揮下の部隊にも各隊独自の参謀旅行を実施せよと命じた。さきにあげた筆者の覚書は、次の文章で締めくくられている。「海兵隊員にとっての良い戦い方とは、賢く戦うことである。そして体系的かつ漸新的な専門書の読書計画は、この目標達成にまぎれもなく貢献するものである」。読書の価値を立証するのは容易ではない。戦場における実績が最終的な証明となるだろう。我が師団の隊員たちがこれまで説明した様々な計画によって得た英知のおかげで、賢明な、つまり優れた戦い方を発揮するであろうことを決して疑わないものである。

やがて海兵隊総司令部に配属された筆者はさらに読書に専念できたばかりか、各地の大学の歴史学や安全保障に関する講義を聴講する機会さえ得たが、今度はクワンティコにある海兵隊戦闘開発コマンドの司令官に任命された。この機関は全海兵隊員の訓練および教育、作戦構想の立案、ドクトリンの策定を担当している。つまり海兵隊全般における軍事的発展を左右できるほどの大きな力を持っているわけだ。こうして再び命令と模範の組み合わせで、あらゆる機会をとらえて海兵隊の教育の向上に努めた。手初めにあらゆるドクトリン開発の、そして全教育機関における授業の基礎を提供する歴史学の地位を確保するための行動を起こした。つまり有名な歴史家たちを招聘《しょうへい》して、通常の教育機会では学生相手に、さらに将校の会合の席でも講演してもらったのだ。また毎月、下は少尉から上は少将まで、将校を集めて読書会を主催し、続いて筆者の部屋で食事の後まで議論を重ねた。しばしば幸運にめぐまれ、議論の対象となった著者を説得して読書会に参加して貰うとか、あるいは著書の問題を出して貰うこともあった。*One Hundred Days : The Memoirs of the Falklands Battle Group Commander*（「百日戦争〜フォークランド戦闘グループ指揮官の回想録」）の著者であるサンディー・ウッドワード海軍大将や、スティーヴン・エドワード・アンブローズ*の*Band of Brothers*（「バンド・オブ・ブラザーズ」）に登場する空挺部隊の中隊を率いたディック・ウィンターズ元陸軍少佐の出席は、彼らが来たというだけでも読書会にとって名誉なことであった。目の行き届く限りの部隊を閲兵して海兵隊の各司令部を査察したが、その折には総司令官の推薦書目録にあった出版物に関連する質問を習慣とし、適切な答えを返した軍人には諸文献を寄贈するよう心がけた。

筆者が、クワンティコに勤務していた二年間で繰り返し口にしたのは、将校が所有する主要な「武器」は精神に内在しており、書籍は精神という武器の「弾薬」に匹敵するという見解であった。筆者は常に書籍、とくに歴史書の中から答えを引き出すことに対しては警告を発した。むしろ将校たるもの対象を自己と同化する次元の高い目標を持って読書すべきであると説いた。言わんとすることの意

［訳注］ *スティーヴン・エドワード・アンブローズ（Stephen Edward Ambrose, 1936 ~ 2002）歴史学者にして作家。アイゼンハワー大統領とニクソン大統領の伝記作家。

味をわかりやすく説明するため、「パットン大戦車軍団」という映画の話をしよう。ある場面でパットン将軍は夢うつつの状態でどこへ行く当てのないまま、とある古戦場にいることに気づいて、その昔に戦いがあった当時、自分がどんな風にこの戦場を闊歩《かっぽ》したかを心中で思い返していた。おそらくこの映画を見た観客の多くは、パットンは輪廻転生の信奉者だとか、そうでなければちょっと頭のおかしい人物だと見なしたかもしれない。だが、著者の考えは違う。パットンは長年に渡って読書と研究を続けた結果、とうとう昔の戦場にいたかのような感覚を得るに至ったのではあるまいか。ここである単純な教訓をお伝えしよう。適切な教育を受けた将校にとっては、どんな戦場でも、たとえそこがこれまで実際に足を踏み入れたことのない場所だとしても、彼が賢明な方針にのっとって読書を行い、戦争を体験した先人の知恵を得ている限り、戦場に行ったことがないということは起こりえないのである。この見解は、筆者の独自の発想ではない。もとをただせばクラウゼヴィッツに典拠している。彼は次のように述べている。「（戦争では）状況は刻々と変化し、指揮官にはこの変化に対応する必要が生じる。そのことは指揮官が自己に内在する知識の総体的な知的機能を発揮することを強いる。さらに指揮官は、いつでも瞬時に適切な決断ができなければならない。その精神と生命とを完全に融合させることで、指揮官の知識は天才的能力へと転化されなければならない」[19]。

勢いの喪失

退役して六年が経過した頃、筆者の頭にある心配がよぎった。第二次世界大戦後の軍事指導者が信奉したあの軍事教育における誤った考えが、ふたたび軍の制度に侵入してくるかもしれない、と気になったのである。そのような不愉快な状況が起っている証拠は、具体的に現れている。情報技術の有望さが指揮統制や監視・偵察の自動化、精密誘導兵器などの用語で説明されれば、説明通りの成果が得られるかのようにみなされているようだ。こうした情報技術への期待は多くの国防指導者の脳裏に、システム分析*、核兵器、コンピュータがもたらしたといわれる一九五〇～六〇年代の技術優位が生んだのと同じような通念を育んでいる。「効力優先作戦（effects-based operations）」*や「作戦上のネット・アセスメント」*の賛同者によって現在推し進められている方法論的計画立案の手法は、ロバート・マクナマラが行ったような、軍隊の意志決定をシステム工学*に沿って組み立てた手法の代用である。そういう浅薄な思考がアメリカ軍将校の全世代を犠牲にした過去を顧みると、一九五〇～六〇年代の悲劇的な誤りが繰り返される可能性について、聞く耳をもつ人々に対しては日頃から警鐘を鳴らさずにはいられない。

　専門職の軍人にとって、軍事史の価値が貴重であることは議論の余地のない事実である。軍の教育機関や大学における軍事史の講座の削減や廃止を唱える人々は、温和な表現を使えば、悲しむべき無知である。厳しい指摘に換えるなら、そういう人々は、自分の職業の前提となっているはずの、基本的根拠についてとことん認識を欠くまったくの無教養なのである。アメリカ軍人は、軍隊の専門教育の中核から歴史学を排除した失敗をまたしても犯すという愚行を許してはならない。

［訳注］　*システム分析　システム工学と呼ばれる経営管理の方法論の一部門で、あるシステム（機器類や組織のくみあわせ）の構成要素と各要素のつながりを理解するための研究手法を指す。　*効力優先作戦　またはEBOとも略称する。軍事作戦における費用対効果を強調した考えに基づく作戦方針を指す。　*作戦上のネット・アセスメント　作戦において彼我の戦力比較を行い、作戦遂行上の効果を決定する。　*システム工学　学術用語。あるシステムの構成要素と各要素のつながりを理解するための方法論を指す。企業や政府機関などの経営管理の改善にも応用されている。

[原　注]

(1) Lloyd J. Matthews, "The Unified Intellectual and His Place in American Arms," *Army Magazine,* July 2002, p. 1. この人物が参照したのは、William Skelton, *The American Profession of Arms：The Army Officer Corps, 1784-1861*。

(2) Dwight D. Eisenhower, *At Ease：Stories I Tell to Friends*（Garden City, NY, 1967）, p. 200.「指揮幕僚学校」（現在の陸軍大学）におけるアイゼンハワーの体験の詳細については、Mark C. Bender, *Watershed at Leavenworth：Dwight D. Eisenhower and the Command and General Staff School*（Fort Leavenworth, KS, 1990）を参照。ロナルド・スペクター（Ronald Spector）は、海軍大学の教育課程が非常に限定的かつ技術偏重の状態にとどまったせいで、第二次世界大戦の海軍における高級将校が、海軍大学の教育に対して、戦闘を遂行する上では有益ではなかったのではないかと疑念を抱いたと判断した。この点については、Ronald Spector, *Professors of War：The Naval War College and the Development of the Naval Profession*（Newport, RI, 5977）, pp. 149-150を参照。私の個人的見解は、ウォーゲームは、たとえそれがユトランド（Jutland）海戦のような過去の戦闘の再現に固執していたとしても、当時における大学の教育課程に効用をもたらした、というものである。

(3) Walter Millis, *Military History*（Washington, DC, 5965）, pp. 16-18。

(4) マーシャルの研究については、1980年代において最初に、さらに引き続いて各界から反論が持ち上がり、やがて論議の的となった。ロジャー・J・シュピラー博士（Dr. Roger J. Spiller）が the *RUSI Journal* 1988年冬期号でマーシャルの研究手法に対する多数の疑問点を提示した際、かの軍人歴史家の結論については疑いを抱いていないとして、次のように言及している。「四十年が経過して、戦闘の法則を追求する試みがいまだに衰えないという点では、マーシャルは正しかった。」（引用元は、a review of in the July 1989 edition of Military Review, 1989年7月号、pp. 99-100に掲載されていた *Men Against Fire* に関する書評）。このおかげで、私は以前に寄せていた信頼をもう一度新たにした。

(5) T. R. Fehrenbach, *This Kind of War*（New York, 1963）, p. 188。

(6) B. H. Liddell Hart, *Why We Don't Learn from History*（London, 1946）, pp. 7-8。

(7) 私が入校した当時の水陸両用戦学校では、教官たちは歴史を取捨選択した上で、それが特定の教訓の根拠となるように教えていたように思えた。私は、当時の歴史教育を、反面教師の事例として繰り返し引用している。軍部の教育機関において軍事史を偏見に基づいて利用していたことは、1960－70年代においてはよくある話だった。

(8) Allan R. Millet, "Military History and the Professional Officer," *Marine Corps Gazette,* April 1967, p. 51。

(9)　筆者は常々感じるのだが、実戦に投入される可能性のある専門技能を有している将校、例えば歩兵、パイロット、砲兵などの軍人は、史学研究に高い評価を下すようだ。1982年の陸軍大学で、ある学生による研究の結果、前線の将校は「軍事史に高い価値を見出す傾向にある」という結論を導き出したことは、私の主張を裏付けている。David W. Hazen, "The Army War College and the Study of Military History," U.S. Army War College, April 19, 1982, p. 22を参照。

(10)　アザール・ガット（Azar Gat）が書いたドゥ・ピックについての貴重な批判である "Ardant du Picq's Scientism, Teaching and Influence," *War & Society,* October 1990, pp. 1-16を参照。

(11)　Russell F. Weigley, *New Dimensions in Military History*（San Rafael, CA, 1975）, p. 11。

(12)　Michael Howard, "The Use and Abuse of Military History," *Royal United Service Institute Journal,* February 1962, pp. 4-8。

(13)　陸軍が、この書籍を1979年に出版した理由は、独学で勉強する将校向けの教材として提供しようと考えたからである。ところが、1981年時点、その思惑がうまくいったことを示唆する証拠はまるでない。陸軍大学では各学生に配布したのだが、その当時に同校学生だった私は、それが学生の勉強材料になったという話は一向に聞かなかった。

(14)　David W. Gray, Letter to the Editor, *Parameters,* September 1981, p. 93。

(15)　Paul K. Van Roper, "A Self-Directed Officer Study Program," student research paper, U.S. Army War College, April 19, 1982。

(16)　第一海兵師団の師団長は、2003年3～4月にかけてのイラクにおける作戦期間中、この問題について伝統的な解答を出している。それによると「前線で描かれた『戦場の風景画』（picture of the battle space）を上層部に届けられるほど、先進的な探知装置や通信技術に対する信頼性が向上した時代にあって、海兵隊司令官は、昨年の春、旧弊なやり方、つまり戦場から遠くにいたまま、イラクに部隊を進攻させる道を選んだ。第一海兵師団の師団長であるジェームズ・マティス少将曰く『戦闘地域の最前線に二分間もいれば、部隊が自信に満ちているか、戦闘が彼らの望んだ風に推移しているか、そして将兵が何を必要としているのか、わかるというのに』『認識してはじめて適用できるのだ』と。この引用元は、Elaine M. Grossman, "Marine General：Leading from Iraqi Battlefield Informed Key Decisions," *Inside The Pentagon,* Washington, DC, October 2003, 20, p. 1。

(17)　イングリッシュ独特の筆法と資料編纂の手法のせいで、大抵の人にとってOn Infantryは難読書となっている。ブルース・I・グドムンソン（Bruce I. Gudmundsson）が1994年にまとめた改訂版のほうは、ずっと読みやすくなったとはいえ、多くの有益な資料が削除されている。

(18) Donald Ahern and Robert Shenk, eds., *Literature in the Education of the Military Professional* (Colorado Springs, CO, 1982), p. vii。

(19) Carl von Clausetwitz, *On War,* trans. and ed., Michael Howard and Peter Paret (Princeton NJ, 1976), p. 147。

5 仲の悪い相棒――軍事史とアメリカ軍の教育制度

リチャード・ハート・シンレイチ

私の歴史書からは伝説的な要素が除かれているために、読んで面白いと思う人は少ないかもしれない。しかしながら、今後に展開する歴史も人間性に導かれて再び過去と相似た過程をたどるのではないかと思う人々が、ふりかえって過去の真相を見つめようとする時、私の歴史書に価値を認めてくれればそれで充分である。(1)

トゥキディデス『戦史』

軍事史の父といわれたトゥキディデスが紀元前四三一年に右の文章を記したとき、彼は今日においても適用可能な問題を提起した。その問題とは、歴史研究が現実の社会においてどう役に立つのかということである。歴史研究の成果をどのようにして、またどの程度まで実社会の当事者にまで有効に伝えられるのか。(2) 専門職の軍人にとって、この問題はとりわけ切実である。幸い軍人が職務を遂行する機会は散発的にしか生じない。軍事に関する以外の職業では持続的な反復によってなだらかな学習曲線*が形成される。だが戦争は、一般的にかなり長期の間隔をおいて引き起こされるし、かつ個々の戦争における事情は多様であり、反復生起するわけではない。それゆえ軍事組織は、ある紛争から得

［訳注］　＊学習曲線　心理学などの学問領域で使用される用語で、ある被験者の行為の試行回数とその行為の成果との関係を示したグラフあるいはその概念を指す。

られた経験を次に起きた紛争に対して有効に応用できることを当然視してはならない。

実際に軍隊は最後に経験した戦争を再び予想して準備すると批判されてきた。しかし細かく吟味すれば、軍隊は往々にして歴史を無視し、あるいは歪曲とまではいかないにせよ、せいぜい無頓着に過去を振り返る傾向を持っていることがわかる。(3) この傾向はこれまでの半世紀の間に急激な技術革新を遂げ、より拍車が掛かってきている。しかし、この五十年間はまったく、過去との関連性を低く見積もる傾向が繰り返されてきた。

今日、幸いにも軍事史が軍事専門家の教育の場において何ものにも替えられない重要な意義をもっていることに疑念を抱く軍人は少数であるし、ましてや、そのような軍事史研究の歴史家はまずいない。とはいえ、軍事史が果たすべき貢献の性質と範囲は、今日においても軍人や歴史家の間で議論の問題として残っている。本章はこの論争を探求するものである。そして軍事専門職の教育における軍事史の導入は、一九五〇年代から六〇年代にかけての失意の時代から大きく進歩してきたけれども、依然として将兵の教育にとって軍事史が重要であり、またアメリカ軍の将来の有効性が求められる不可欠な地位を占めているというには程遠い状況である。

アメリカ軍における教育の発展

アメリカの軍事組織では過去に対する無知と不注意、あるいは故意による歴史の歪曲が根深い問題となっている。南北戦争が勃発した際、戦場における最新の実戦経験を持つ専門職の軍人は北軍にも南軍にもごく小人数しかいなかった。その十年前に起こったアメリカ=メキシコ戦争*に参戦したのはアメリカ軍の一部の将兵にすぎず、その彼らも当時は下級将校に過ぎなかった[4]。アメリカ先住民と交戦した軍人はさらに少数で、こうした戦いにおける経験に関する系統的な研究はなされなかった。

一方でウェストポイントの陸軍士官学校では、士官候補生は半世紀前のナポレオン戦争を題材にしたジョミニ学派*の講義にずっと悩まされていた[5]。もちろん、いったん卒業さえすれば以後の士官は正規の軍事教育を受けることはなかった。したがって一つの大陸を舞台とする南北戦争に関わり、ミニエー式銃弾*、電信、鉄道、甲鉄船などの革新的技術の登場を目の当たりにした多くの将校は、目の前の物事に対してまったく心構えができていなかった。そして現実に多くの命と引き換えで学習することを求めるよう強いられた。そして同様の状況は十九世紀の後半から二十世紀にかけても繰り返されたのである。

こうした状況を打破すべく行われた最初の真摯な努力が、一八八四年の海軍大学の設立である。初代校長スティーヴン・B・ルースが構想した学校は「戦争の諸問題や戦争にかかわる政治的問題、あるいは戦争の防止に伴う課題を扱う基礎研究のための場所[6]」とされたが、当初から同校の教育課程は、教育の発展性のある知的な厳格さを謳い文句に、以前とは比較にならないほど専門職の軍事教育の展望を反映していた。その教育課程は時折の中断はあったものの、今日に至るまで対応する教育機関の中でこの海軍大学ありと特徴づけてきたのである。海軍大学の姿勢および

［訳注］　＊アメリカ=メキシコ戦争（1846～48年）。アメリカとメキシコとの間の戦争。アメリカは、当時メキシコの領土であったカリフォルニア、ニューメキシコの獲得を望み、戦争の勝利によってメキシコから領土を割譲させた。　＊ジョミニ学派　軍事理論家であるジョミニ（1779～1869年）のナポレオン戦争研究に基づく、演繹的軍事理論を踏襲した軍事科学の流れ。クラウゼヴィッツの帰納的思想の対極に位置する。　＊ミニエー式銃弾　フランス人のミニエー（1804～1879年）が開発した、銃口から弾丸を装填する小銃（前装銃）用の銃弾のこと。ドングリの実の形状をしており、旧来の円形の銃弾に比べて命中率が向上した。

厳格な態度は、明らかに陸海軍の歴史とその理論に依拠していた。この点を考えると海軍大学における最初の歴史家であり、ルースの後任にあたるアルフレッド・セイヤー・マハンが、世界的な水準から見てもアメリカ随一の軍事理論家と言えることは偶然ではない。マハンの指導の下にあって海軍大学は学界と軍人社会の両分野で、国際的にも高い評価を得ることになる。

その二十年後、陸軍も海軍の動きに追随した。一九〇三年、エリフ・ルート陸軍省長官の強い勧めでようやく陸軍大学が設立された。新たに認可された参謀本部の管轄下として考えられる同大学は、海軍大学に比べるとその役割は限定的なものだった。それにもかかわらず、陸軍大学は士官学校よりも上位に位置する正規の高等教育というものを選抜された陸軍将校に施すことになったのである。(7) ジョン・J・パーシング*（一九〇五年卒）やドワイト・D・アイゼンハワー（一九二七年卒）などの初期の卒業生は、その後選抜されなかった将校とは一線を画する存在となった。

ところで一つの点において陸軍は海軍を凌駕していた。それは一八八一年、ウィリアム・T・シャーマン将軍*はカンザス州のフォート・レブンワースに、地上部隊の運用に役立つ大部隊の戦術を教育するため、将校を対象とした歩騎兵学校を設立したことであった。その後に何度も改名し、やがて現行の指揮幕僚大学となった同校は学生組織の中に多様性と年次序列制を導入し、教育課程で何をどこまで教えるかを定め、そして時期によって変わるが一年間ないし二年間の学期制を採用した。指揮幕僚大学は、戦術ドクトリンの審査や精緻化、そしてその提案や発展に寄与する絶好の舞台を陸軍にももたらした。それにくわえて一九一七年と四一年の動員に際しては、陸軍に不可欠となる中堅将校の膨

［訳注］　*ジョン・J・パーシング（1860 ～ 1948 年）。アメリカの陸軍軍人。第一次世界大戦（1914 ～ 18 年）において、アメリカ軍を率いてドイツと戦った。　ウィリアム・T・シャーマン将軍（William Tecumseh Sherman, 1820 ～ 1891）。アメリカの陸軍軍人。南北戦争（1861 ～ 5 年）において、合衆国陸軍を率いて「南部連合」と戦った。

大な増員を訓練するための土台となった。こうして大戦前に培われたドクトリンの一部は今なお最良の教範として受け継がれているのである。(8)

それ以後の動きを制度的な観点から言えば、第二次世界大戦の勃発を迎える頃には、アメリカ軍における教育上の不足面はかなりの程度まで解消されていた。陸海軍（および各々の下部組織である陸軍航空団と海兵隊）は、少なくとも軍事専門教育における重層的教育方式を制限した。そしてこの制限はウェストポイントとアナポリスにある陸海の士官学校から始まり、陸軍大学および海軍大学で、それぞれ達成されたのである。陸軍では兄弟分の海軍ほど大々的ではなかったにせよ、ドクトリンの開発や普及は規則的に進められた。こうして第二次世界大戦に参戦したアメリカ軍は、過去の戦時と比較すると、物質面ではそれほどではなかったが知的側面においては大いに整備の行き届いた状態になった。国を挙げて素早く戦時動員を行い、緒戦の災難を乗り越えて迅速に地球規模での攻勢に転移できたのは、少なくともある程度は以上説明した制度の構築によるものだった。(9)

軍事史の研究が軍の成功にどの程度貢献したのかを判断する際には、数々の問題が伴う。そもそも工兵や砲兵を訓練する目的から設立された陸軍士官学校は、数学や工学に重点を置いた教育課程を設定しており、人文科学は授業の優先順位からするとはるか下位に置かれていた。それに加えて軍事史の研究は断片的かつ空理空論となりがちであり、大戦後もその傾向は引き継がれていた。レブンワースに設置された陸軍の教育機関は歴史的な事例を数多く検証したとはいえ、それは戦術上の教訓を得るという目的に拘束されていた。陸軍大学は学生の年齢に相応しい大局的見地を提供はしたが、教育方針が状況分析を重視したせいで、歴史学には制約が課せられていたのである。

海軍大学ではルースとマハンの路線に基づき、専門研究は極めて自由度の高い研究手法を保障されていた。とはいえ陸軍とは異なり、海軍は士官学校と大学との中間に位置する専門学校を設置せず、また海軍大学に入学する将校の数は陸軍と比較すると極めて少なかった。しかも海軍大学でさえ、海戦における技術的要求が増大したことで伝統的な学科に影響を与え始めていた。[10]

その結果、陸海軍における軍事史は統一的ないし比較や検討を経て研究されるようなことはなかった。大戦前の軍の近代化は上記のような状態を反映している。ただし少数の事例だが、歴史問題に重点を置いた研究が目に見える成果を上げる場合も見られた。たとえば海兵隊の水陸両用作戦に関するドクトリンの発展は、ガリポリ*における連合軍の悲劇的な経験に代表される先例を注意深く審査したことに大きく依存していた。海軍でも海兵隊と同様に、伝統的な大艦巨砲主義者の抵抗にもかかわらず、第一次世界大戦の数少ない海軍航空の経験を経て、航空母艦を主力とする作戦ドクトリンを開発するに至った。[11]

それとは対照的に、第一次世界大戦の（非常に短い期間であったが）経験に関する陸軍の解釈は近視眼的で、第二次世界大戦初期の地上戦を覆すことになる戦車部隊や機械化の試みにはおよび腰だった。[12] また海軍では、マハン主義者が水上艦艇こそ主力として扱うべきだと主張し、海上の通商活動や制海権に対する潜水艦の脅威が日々増大していく点に目を向けたがらなかった。[13] 陸軍航空隊に関しては陸軍からの分離独立を求める声が強く、そのことで軍事史は一般に将来の戦争と空軍力の運用との

［訳注］ *ガリポリ　トルコの地名。第一次世界大戦において1915年4月から連合軍（英、仏、豪、ニュージーランド）はドイツ軍が指し、ダーダネルス海峡のガリポリ半島を防御するトルコ（オスマン帝国）軍に対し上陸作戦を敢行したが失敗し、約11万人の死傷者と艦艇4隻を失う大損害を出した。

関連性はほとんどないとする多くの航空部隊の将校が抱いていた知的偏見が助長されてしまった。[14]

第二次世界大戦に勝利したといっても、それで系統だった歴史の検証に対する軍の認識が実質的に変わったわけではなかった。むしろ大戦後に新設されたアメリカ空軍では、核兵器の出現は過去の戦場経験を無関係にするほど戦争の性格を急激に変えてしまったという認識が広まった。[15] 朝鮮戦争の手詰まりを見聞した多くの軍事専門家や民間の学者は、戦争の理解のために行なわれてきた既存の研究は時代遅れになったとの確信を強めてしまった。

代わりに一九五〇年代から六〇年代の初期にかけての専門職の軍人の議論が、政治学やシステム分析のより証明可能な処方箋に迎合してしまったとも伝えられている。時がたつにつれ、軍事史は将来の戦争に関する理論構築に役立つ便利な叩き台だとしか見なされなくなり、ほとんど自意識的に過去の事例を参照することがなくなってしまった。軍の各教育機関における陸海軍史の研究は威信の点でも人的資源の点でも社会科学の下座へ置かれる一方で、軍の各大学は伝統的な研究手法を全面的に放棄し、代わりに戦略的総合政策*を愛好するようになった。

ベトナム戦争の頃にはそうした一連の変化が神聖視される状態にまで至った。ベトナム戦争によって一世代分の将校団が失われたので、戦争術に関する既存の教育は一つの戦争様式に対応するための訓練にすり替わってしまったのである。朝鮮戦争後の北大西洋条約機構とワルシャワ条約機構との間で潜在的な衝突の先入観は地球の裏側にあるベトナムでの作戦を支援するために、引き抜かれるアメリカ軍は十年を生き残ることはできなかったであろう。永きに渡って行なわれてきた軍の近代化は無

［訳注］　＊戦略的総合政策　「経営戦略」（strategic management）および「総合政策」（policy management）と同様、組織における目標達成のための意志決定の公式化、実施、評価に関する学術用語。

意味になってしまった。他方でシステム分析の手法に対する信頼が高まり、軍事力を数量的に比較分析した結果として生まれた思い込みが、作戦・戦略の古典的理論とその上に成立した歴史学に対する軍人の関心を押しのけてしまった。

同時期のアメリカの学界では、ベトナム戦争のせいで軍事史への支持は大崩落した。まさにベトナムの失態が軍隊を傷つけたように、あまりに大勢のエリートが反戦運動に立ち上がった結果、戦争研究全体とりわけ軍事史が学問として容認されなくなったのである。軍事史研究は多くの大学の歴史学部で学問上の継子として扱われ、その研究者は遊び人であるかのように非難された。ベトナム戦争が長期化したことで軍事史という学問分野は、イデオロギー上の、また知識人攻撃の標的となってしまった。こうして軍事史は次々に各大学の講義目録から消えて行き、野心的な若手研究者は自分たちの能力を他分野に向けたのである。[16]

ベトナム戦争からの立ち直り

アメリカでは、ベトナム戦争の敗北から十年を経てようやく軍事史への関心が再燃するとともに、軍事専門教育においても変化が起きた。この二つには非常に密接な関係があるので分離して考えることは不可能である。ベトナムからの撤退は武力紛争の原因や遂行、その結果に対する強い関心を喚起した。一九七〇年代半ばからアメリカ各地の大学や大学院で軍事史の授業や研究が復活し、各財団は軍事史研究者への資金援助を開始し、さらには軍事史を扱う新規の定期刊行物が発行され、研究に値する諸論文が紹介された[17]。

それと同時期の学界および専門職の軍人の間では、古典的な軍事理論家と近代におけるその後継者に対する注目が回復された。ヴェゲティウス、孫子、ジョミニ、クラウゼヴィッツ、デュ・ピック、ド・サックス、マハン、コーベット、リデルハート、J・F・C・フラー等が引っ張り出されて再び研究対象となった。一九七六年にはクラウゼヴィッツの『戦争論』の新しい英訳版が刊行されたが、それ以前の英訳版が刊行された最後の年が一九四三年であったこともあり、学究的な道しるべとして正当に認められたのである。本書はすぐに学界および軍内部におけるベストセラーとなり、同書は現在もなお売れ行きを伸ばしている[18]。

ところで軍内部では、ハリー・G・サマーズ[19]やデビッド・R・パルマー[20]などの老練な高級将校が、ベトナムで為されたアメリカの政策を厳しく批判していた。この厳しい批判は、戦争に取り組んだ多くの将校が実際に無能ではないとしても凡庸だと評価されてきたことに対する、積もり積もった不満を反映したものである。当初の批判は主に政治的失策を詰問して軍隊の潔白性を擁護しようとする性質だったが、そうした修正論者の言説は、少なくとも逆に敗戦責任の一端を初歩的な専門的誤りに帰すべきだとする主張に移行した。その誤りとは作戦を戦略目標に結びつけることに連続して失敗し、加えて首尾一貫した作戦上および戦略上の目的とは無関係に、戦術的成果の判定において全面的な量的指標に過度の依存をしたことであった。

これらの多くの批判の中心は、ベトナムでの敗北は専門的な教養の低下が反映された結果であるという認識であった。まず核兵器に、ついでシステム分析に戸惑った軍隊は、戦争遂行の基本的な要素に関する以前の理解を忘れ去ってしまったかのようであった。十年にわたるソビエト連邦の軍事力の増大に対する警鐘は高まってはいたが、それは知的欠陥に関する懸念を強める効果しかもたらさなかった。しかし戦いの迅速性と激烈であった一九七三年に惹起した第四次中東戦争は、その戦闘様相は迅速かつ激烈であり、十年にわたって対ゲリラ活動を一途に思い込んでいたアメリカ軍の将兵を驚愕させ、また何かが間違っているという根深い感情を湧き上がらせた。アメリカ軍の高級将校は、ベトナム戦争の数ヶ月間で消費される以上の人命や資材が一日の戦闘で消耗するのを目の当たりにしてようやく、不意にかつ不愉快ながら、アメリカの航空および海上戦力の圧倒的優勢がなかったなら、ベトナムでの敗北は実際よりも早期かつ甚大な損失を伴う可能性があったかもしれないという現実に直面したのである。

以上のような出来事によって促されたドクトリン上の大変革は、他の文献にも記述されてきた。[21] しかし、ベトナム戦後の軍隊の再建に対する中央部の考えは、基本的に在来の軍事活動に目を向け直そうとすることであった。ベトナム戦争のような作戦についてアメリカ軍が得た最新の経験が二十年以上昔のものだったなら、転換の一つの結果が、ドクトリン、組織そして装備や訓練の分野で溜まりに溜まった欠陥を診断し修正するのに有用な歴史学に一新された関心が寄せられることは別に驚くべきことではない。

軍事史に対する関心の復活は、陸海空軍と海兵隊の全軍種に影響をおよぼした。しかしとりわけ影響が顕著だったのは、ベトナム戦争によって生じた精神的ショックが極めて深刻だった陸軍である。軍事史復興の初期の兆しは、アメリカ陸軍が過去に手がけた戦争準備（あるいは準備不足）を深く理解し[22]、また一九四二年から四五年にかけてドイツ国防軍がロシアで得た経験を的確に検証するという目的で行われた歴史研究であった[23]。加えて、アメリカ陸軍戦史センターの監修による「グリーンブックス」すなわち第二次世界大戦を対象として一九四六年以後に為された歴史学研究の集大成も改めて注目された[24]。

その間、陸軍の教育機関でも変化が起こっていた。一九六九年には陸軍士官学校に独自の史学部が設立された[25]。その初代と第二代目学部長の監督下で[26]、同時代の学術研究を生かした正統的な軍事史の講義が、伝統的なクリフ・ノート*に依拠して軍事技術を教えてきた専門講座に取って代わった。史学部は献身的ではあるが学識のない軍人教官を更迭し、民間の歴史家を募って新規の採用を行い、また別に一流の大学で修学の準備をする軍人教官を後援したのである。

歴史学界は、全陸軍将校の二人に一人がその軍歴中に歴史学の講義を履修する結果になったおかげで、指揮幕僚大学においても前述のような興隆を享受することになった。一九七九年になると陸軍大学は、軍人と民間人双方の歴史家が勤める戦闘研究所（Combat Studies Institute）を設立した。この研究所の機能は特に作戦に関する歴史的な研究とその普及を行うことであった[27]。その後、同研究所は指揮幕僚大学の主要な五学部の一つにまで成長し、陸軍訓練教義集団（Army Training and Doctrine Command）の歴史教育を支援する機能を果たした[28]。軍事史科目はその開設当時、軍事学

［訳注］　＊クリフ・ノート（Cliffs Notes）　主にアメリカ合衆国で利用できる一連の学生勉強ガイド。

(Military Arts and Sciences) の修士号取得を望む学生向けの、あるいは二年生向けの選択科目にすぎなかったが、やがて一般科目を履修する学生も聴講できる魅力的な内容に変わっていった。

軍事史は、陸軍では最も新しくできた中間的教育機関である高等陸軍研究学校においても、これまで以上に中心的な役割を果たした。一九八五年に設立された同校は[29]、作戦の理論や遂行に関する集中講義を指揮幕僚大学の卒業生から厳選された少数の学生相手に二年間行った[30]。さらに陸軍大学から選抜された一部の学生に対しては、高等作戦研究を対象として一年期限の特別研究員の役職を与えた。

軍事理論や軍事史は、高等陸軍研究学校の設立当初からその教科課程の中核となっていた。同校では最初に常勤の教授として迎え入れられたのは民間にいた理論家と歴史家であったが、両者はともに軍事史の博士号を取得していた[31]。歴史学による検証は小部隊の戦闘行為から、慎重にそして複雑に理論を織り交ぜて戦争全般にまでおよんだ。理論は歴史上の問題を明確に表すために用いられ、次に歴史は理論の断定に疑問を呈するのである。さらに教本の「戦闘任務」のみならず、戦争と戦争以外の作戦の準備の両者は、歴史学上と理論上の詳細な検証の対象とされた[32]。そうした過程を経て得られた教育上の経験は非常に説得力に富んでいたので、その後に前述の教育計画は空軍や海兵隊によって模倣され、またイギリス陸軍でも同様な高等教育課程の創設に活用されたのである[33]。

陸軍大学ではベトナム戦争後、第二次世界大戦の終結以来おおむね無視されてきた戦略および作戦研究を主題とする基礎教科課程が再開された。一九八〇年代半ばには、陸軍大学に置かれた主要な十学科のうち五つの学科で戦略学や作戦研究が重視され、軍事史が大きな役割を果すようになった[34]。

以前に陸軍の軍事史課長は、陸軍が収集した史料の増大に伴い、中央資料保管所の場所を陸軍大学に指定していた。一九七一年、軍事史研究文書館（Military History Research Collection）が軍事史研究所（Military History Institute）と改名された際に、同研究所は文書管理と研究業務に加えて教育分野も担当することになった。一九八五年には、研究所の主要業務が教育の分野にまで拡大している点を認め、研究所の正式な監督権は国防総省の戦史課から陸軍大学の校長に移された。

それ以後、陸軍大学における歴史研究や調査活動は発展の一途を辿っている。一九七一年に独自の学術雑誌の刊行を開始した陸軍大学では、一九八〇年代後半には一般教育課程にも軍事史を導入したことで、一九九〇年代半ばには二十世紀における戦略を対象とした事例研究が必修科目の約二割を占めるようになった。[35] 一九九一年、著名な軍事史家だった校長の強い勧めにより、陸軍大学はハロルド・K・ジョンソン軍事史教授[36]の後援のもとで高等戦略術教育計画（Advanced Strategic Arts Program）という、高等陸軍研究学校（School of Advanced Military Studies）に設けられている上級作戦術研究奨学制度（Advanced Operational Art Studies Fellowship）に類似した課程を発足した。この新たなプログラムは作戦よりも戦略分野の問題に焦点を当てた内容だったが、指揮幕僚大学と同様に軍事史をその基礎としている。[37]

陸軍の専門教育に見られた変化と類似した現象は、他の三つの軍種でも起こっていた。なかでも最も重要な変化はおそらく、スタンスフィールド・ターナー海軍大将が一九七〇年代初頭に海軍大学に導入した教育面と授業内容の改革だった。ターナーが行なったのは、海軍大学の基礎教科の課程を三分野に再編成したことである。最初に彼は第二次世界大戦からベトナム戦争までの期間に衰退していたルースやマハンの路線、すなわち理論や史学を大学の基礎とする方針を積極的に再興した。海軍大学はこの路線に従って、講義の代わりにシンジケート討議法*（syndicate method）を採用する一方で民間の研究者を募り、それまで軍人中心で構成されていた教授陣を補填した。一九七五年に海軍長官は、海軍大学の業務に学術活動を組み込むことを正式に決定した上、同じ年に高等研究センター（Center for Advanced Research）を設立していた海軍大学の支持を受けつつ、同校ウォーゲーミング学部（War Gaming Department）と海軍大学出版部とを統合して海軍戦争研究センター（Center for Naval Warfare Studies）を開設した。[38]

長引く辛苦

アメリカの学界における軍事史の復活と、軍事専門教育における軍事史の重要性に対する再評価とは、合衆国における軍事史の分野の黄金期到来を示すものかもしれない。ある意味でその見方は正しいといえよう。確かにこれまで軍事的な話題に対する一般の関心も決して高くなく、また歴史学上の研究の質も、決して高くはなかった。しかし年を追うごとに新鮮で読みやすい、場合によっては過去や現代の戦いについての刺激的な再検証がなされた出版物が登場するようになってきた。そうした研究成果の大半は、以前なら無視あるいは入手不可能だった史料を反映した内容となっている。[39] おそらくそれに劣らず重要な点としては、過剰なくらい出回っている専門雑誌の存在が今日の軍事問題を扱

［訳注］　＊シンジケート討議法　集団討議法の一つで、互いに不足する分野を補い合うメンバーを選任して特定のテーマを討議する方法を指す。

う歴史学の研究の評価を同じ専門誌には前例のないレベルに委ねている。

それに加えて質の点はさておき、軍事に関わる近年の史料研究の成果はそれ以前に行われていた研究活動の範囲を（全面的ではないにせよ）大幅に押し広げる傾向にある。その変化は、歴史家の視点の広がりという点でとりわけ目覚しい。旧来の作戦研究も決して無くなったわけではないが、軍隊の指揮官を酷評したり、聖人さながらに祭り上げる評価はなくなってきている。ただし最近の軍事史の諸分野では、その先行研究の多くに見られた以上に、研究対象の領域が広いものから狭いものまで差異が見られる。

軍の外部に目を向けると、現代の軍事史家は日常的にトゥキディデスを手本として戦争の勃発、遂行、終結に影響を及ぼす同時代の状況を明らかにしようとしている。[40] 軍の内部では、乱雑で混乱し偶発的でもある人間の活動や出来事、そして多くの隠蔽された事象、過去の戦闘地図の上に赤色や青色の囲みや矢印を描くという古くからの方法によって頻繁に誤記されてきた情報を、以前よりも系統だった手法に則って解読し、記述することで大きな成果をあげ始めている。[41] こうして、魅力に少々欠けるが行わないわけにはいかない持続的な社会活動の一つを、奥深くかつ大幅に洗練された方法で研究できるようになった。他方、軍事史と軍事史家が軍事専門教育ならびに軍事に関する定義や意義などの開発分野に組み込まれたことで、科学技術に傾倒していた第二次世界大戦以後の状況に歓迎すべき不可欠な均衡がもたらされたのである。

ここまで述べた事情は、言い換えれば他のどの国にもまして、アメリカでは歴史家と軍人との蜜月状態はある意味で双方にとって不愉快でもあるということを示唆する。学界では正統な学究活動である軍事史の史料研究に対する疑念や軍の実務者へのイデオロギー的な嫌悪が、軍事史学の発展や若手の研究者が軍事史に興味を持つことを妨げらいる[42]。この二つの要素は、軍の教育機関であろうと第一線や実戦部隊で歴史家として勤務していようと、軍籍にある研究者あるいは軍の機関で働く民間の研究者を悩ましている[43]。

かつまた学界の偏見は脇に置くとして、軍事史と軍事専門教育の間の適切な関係とは何なのかについては純然たる学術の領域でさえ答えを出せないままだ。この現実はアメリカの軍事文化を反映したものだとも言えるし、同時に軍事史をどう記述すべきか、つまり軍事史はどの様に活用することが可能なのか、また推奨されるのかという問題の現れでもある。

先述した軍事文化の話に戻るが、一つの答としてははアメリカの軍事文化が伝統的に反知性的な態度のままであったと考えられるし、そしてその態度は他の西側諸国の軍隊にも共有する偏見である[44]。この見方が正しいかどうかは別として、アメリカの軍事専門職は確かに抽象的な概念や曖昧な言説に耐えられない傾向にある[45]。一つにはそうした態度は新兵募集に始まって兵士、水兵、航空兵、海兵隊員の頃から教え込まれる任務方針を通じてほとんど必然的な副産物である。また熟考する余裕を制限する現代の軍隊の避けがたい副産物でもある。それはまた、アメリカ軍の教育制度の発足当初からの特徴だった技術偏重の反映なのかもしれない。さらに前に触れた軍事史の記述の問題について言えば、偶然ではなくむしろ、国家的な規模での軍事体験が色濃く反映されているということである。その体験とは一つの大陸への入植に始まり、それ以来一回の例外は別として、アメリカに運用上の必要条件としての海外派兵を強いてきた経緯である。この両方の問題が生じたのは、軍事技術の定量化ができない課題よりは、むしろ計量可能な兵站学に関する専門的な関心と教育に集中する傾向があったからである。この偏向は科学技術に関して他の国民がほとんど共有することができない文化的信頼により強化されただけのことである。(46)

以上の特質は、教育において軍事専門職に単純さや精巧さに執着するように仕向けられている。極端な表現を用いれば、これは周囲を失望させる還元主義者*にしてしまうことになる。ワルツをすぐにドリル*に変えてしまう下士官が、ダンスホールの立ち居振る舞いの細かい点までを部下に教えるという陸軍の古い冗談話があるそうだ。この話は多分に出所は怪しいかもしれないが、しかし軍隊が、定式やら定型書式さらには行列式などに関する経験則を口実にして学習や判断における過程を合理化し単純化しようと再三再四試みてきたのは、紛れもない事実なのである。(47)

ここで話を歴史研究に転じると、先に指摘した文化的傾向は事実認識だけでなく因果関係についても確実性を求める研究を促進してしまい、前者だけでも行き過ぎの感があるのに後者に至っては厄介極まる事態となる。(48) 現役軍人の多くは、歴史の有用性というリトマス試験紙には将来に関する明確な教訓を過去から引き出す働きがあると思っている。実際、第一次世界大戦以後、ほとんどのアメリカ軍の作戦では組織化された手順に基づいて決心やその結果起きた状況が記録され、戦闘の結果は可能な限り迅速に集積され、教育や訓練そして戦闘教義開発の分野に転用されている。軍はこれまで何度

［訳注］　＊還元主義者　複雑な問題を単純な概念に集約すべきだとする思想の信奉者を指す。　＊ドリル　アメリカで、ダンス、チアリーディング、バトントワリング、マーチングバンドなどの競技をドリル (Drill) と呼ぶ。

も、陸海空および海兵隊の各軍種は戦術および作戦を通じて「学んだ教訓」を収集、保管、評価そして公表するための重責を負う各種機関を設立したと主張してきた(49)。

慎重に進められる限り、系統的に経験を得ようとする努力は多少の間違いがあるにせよ悪いことではない。その反対に、様々な論者が指摘するように電撃戦を生み出した教義上および組織上の改革は、ドイツが第一次世界大戦で得た経験を徹底的に検証した成果が適切に反映されたものだった(50)。とはいえ同じ事例にも危険な面が見え隠れする。具体的には、軍事組織が歴史的経験から直接何らかの概念を抽出しようとする場合、その度合いが幅広くかつ重要性が増すにつれて、軍がその経験の重要な因子を無視あるいは、誤解するか、場合によっては故意にそうするかどうかはともかく経験を曲解する危険性も増してしまうのである(51)。

軍が先進技術に依存しすぎることは前述の危険性を高めるに留まらない。技術への依存は同時に次のような考え方を助長する。すなわち技術が過去の戦場で生じた解決困難な問題、つまり主に情報を知識に変換する際に生じる諸問題を、根絶は無理でも回避可能にはしてくれるという確からしさに通じる考え方である(52)。他方、技術への依存は、現代の大勢の歴史家が学問としては喜んで受け入れているとは言いがたい軍事史研究に対し、軍人が抱く要望を具現化するよう作用する。それは要するに、戦争は本質的に混乱した状況であるにもかかわらず、将校たちが戦争の不確実性などを減らすことを期待するために「科学的」歴史学に、戦闘において明確で信頼できる案内書を求める、という意味である。

確かにその種の軍事史としては、周知の如くジョミニの『戦争術概論』からトレバー・デュピュイ大佐の労作まで続いたような、歴史研究を通じて戦場関連の定量的予測を算出しようと試みる長い伝統があった。[53] しかしこうした軍事史の道を目指す歴史家は今日では極めて少ない。逆に、現代の史料編纂が歴史研究に専門家の偏見が混入するとしても、それはまったく相容れないことである。[54] イギリスの古典歴史研究家G・F・アボットの熱烈な提唱、すなわち彼が一九一四年から一八年にかけての破滅的時代の後にやって来た幻滅に影響されて記した言説「歴史学の用途とは……現代社会にその義務を指し示すことである」に共感する歴史家はほとんどいない。[55]

歴史の有用性に伴う問題

多くの文筆家は、適応性のある教訓を詳細に教える歴史学の能力には固有の障害があると長年述べてきた。[56] ここで文筆家たちがその障害についての記述を要約するならば、誰しもが詳細に述べることができることを十分認識しつつも、単にその問題を記録しようと努力するのである。

先ほどの言説に対する主な反論としては、たとえ最善の状態であれ、歴史の叙述は本質的に歴史を変えることである。カメラのレンズと同様に、歴史研究は過去を描くという正にその作用力によって過去を歪める。そもそも、歴史家がある歴史的事象に関係している入手可能なすべての関連事項を認知したとしても、その「関連」という用語はそれ自体に問題があって、歴史家は明確さを考慮した上で関連事項を選択しなければならない。だが実際には、あらゆる関連事項が決して入手できるというわけではないことを、歴史家なら他の誰よりもよくわきまえているはずである。たとえあらゆる関連事項が入手したとしても、その相互関係はかなり不明のままであろう。[57]

もっと付言すれば、歴史書を書く者と読む者が共にいなくなるとしても、何かしらの物語の筋道は不可欠であろうし、またどんなに注意深く関連事項を選択しても、その結果たいていはある意味で作為的ともいえる関連性の論理にしばられることになる。この点でもっともよく知られている事例は、おそらくワーテルローやゲティスバーグに関する記述である。いずれの戦いについても従来は物語の目的に合わせて、もろもろの目立つ行動があたかも試合のように、そして論理的で都合の良い布陣であるかのように分類されたのである。

なお解釈という、良心的な歴史家に立ちはだかるもう一つの問題がある。ラッセル・マクニールはこの点を次のように指摘した。「戦争における客観的事実は……言葉や概念の意味が戦争の進捗状況に応じて変化してしまう、まさにこの理由で文書化するのは不可能ではないとしても難しい[58]」。たとえ一次史料が豊富で、その中に含まれるいかなる偏見や錯誤そして遺漏はさておき、その史料中の用語は我々の仮定や理解とは大きく異なる仮定や理解をまぎれなく反映しているものなのだ。

前述の問題は最近の充分に裏付けされた紛争でさえ起きている。軍人の報告は公式にせよ非公式にせよ報告の送付先に状況や手順、自明の関連事項を当然のこととして送付する傾向にある。報告者が自らの行動と理由を後になって関連づけようと試みることがめったにないのは明白である。だから疑問の対象とされている諸々の事象が時系列的にも文化的にもかけ離れている場合には解釈はさらに困難になってしまう[59]。

さらに補足すれば、今度は軍事専門職に何をもって歴史を有用だと認知させるのかという話に関わってくる。因果関係を確認する際の課題ということで、この課題をめぐっては学者たちが数え切れないほど文章を書いて自らの思想を綴っているが、なかでもバートランド・ラッセルが記した著名な論文には次のような言及がある。「いわゆる『原因』という言葉は、哲学用語集からその言葉の完全な意味を押し出すことが望ましいとするような関係についての誤解と密接に結びついている[60]」。こうした問題は自然科学の分野でもよくあるが[61]、まして歴史研究ともなれば因果関係の確認は非常に難しい作業であり、科学的な検証を中核にすえて節度ある実験を行なったならば、導き出された大まかな近似値さえもめったに容認できないものである[62]。

にもかかわらず大勢の軍人が、歴史学の基本的な有用性とは、たとえ未来予測ができないにせよ行動と結果の関係を、そしてある現象と別の現象との関係を説明することが当然できると考えることによって判断している。もちろん軍事史家は、軍人にはこうした気風があるのをよく承知しているばかりか、そうした考え方について職業的な不快を感じている。たとえばジェイ・ルーヴァス教授は何年か前にこんな不満を漏らした。「軍事史以外の歴史学の分野は、現行の問題に対する『実用的』回答を出すように迫られている軍事史と同様な大きな圧力を被ることはない。もし答えを出せないなら、なにゆえ軍事史を研究する必要があるのだろうか[63]という類の」。同教授をはじめとする人々は、歴史を紐解いたり細心の注意を払って記録を調べる手間を怠ってしまったら、歴史学はどんな教訓であれ先行事例を提示できてしまうと警告を発し続けている。

警告の理由はG・C・リヒテンベルグが既に辛辣な警鐘を鳴らした通り、虚偽とはほんの少しばかり捻じ曲がった真実だからこそ非常に危険なのであって、従って元々答えを出すのが不適切な類の問題について絶対的な正解を軍事史に導き出せと強いられることは軍事史の自己破綻につながるという点にある。この点を誰よりも理解していたカール・フォン・クラウゼヴィッツは『戦争論』「第二部」の中で、軍事理論や戦闘の一般原則を普及することを主張する科学的自負心の虚偽性を暴くために詳しく論じている。クラウゼヴィッツが主張したのはこういうことだ。「歴史的実例は、一切を明確にするのみならず、経験科学において最良の証明手段となる」[64]。この説明はとりわけ戦争術に当てはまる。以上のような軍事史に対して明らかに矛盾した考え方こそ、達成不可能な正確性を軍事史に求めるべきか、それとも軍事史は軍人の実践教育には無意味だと考えて放棄するか、という類のホッブズ主義*的な選択への解答でもある。[65]

歴史学の活用についてのクラウゼヴィッツの考察は二つの重要な原則を生み出した。一つは研究をいかにして教育に適用し得るのかという点であり、もう一つはその種の研究の基礎となる軍事史はいかなる形態をとるべきなのかという点である。前者について言うと、クラウゼヴィッツは主に戦闘の規範的な法則を抽出する目的で歴史を用いることを明確に拒絶した。[66] 後世の思想家による反論を予期した彼は、少なくともその著作から判断される限り、歴史は戦闘の法則といった一般理論を正当化するのに必要な保証とはなりえないと考えた。

［訳注］ *ホッブズ主義 「唯物主義」に代表される、精神の実在を否定して物質の価値のみを認める思想を指す学術用語。

また逆にクラウゼヴィッツは、歴史学の主たる有用性は、野心的な指導者をして実質的に心の中で戦いや戦役を繰り返し戦ってみるように導く点にあると見なしていた。実際の戦いは曖昧かつ偶発的で危険でさえあるが、現実の世界における決心、戦闘そして出来事の結果として発生する複雑な相互関係を認識する際の代替物を提示するのが歴史学なのだと彼は想定した。クラウゼヴィッツの考えでは理論はこの過程の中に位置づけられるにすぎず、フォン・ビューロー*やジョミニが考えたような物事を単純化した末の、または規範としての役割を果たす理論を受容してはいない。むしろ理論の不可欠な機能は批判精神を持つ学徒に、認知された歴史的な知識の中にある避けがたい亀裂を埋めるのに役立つ論理的推論を思いつかせるきっかけだと考えていたのである。(67)

クラウゼヴィッツがとりわけ重視していたのは、戦争研究の目的は戦いが始まる前に判断力を養うことにあり、戦闘中の決断を命令することではなかった。彼が力説したのは、軍事理論の研究は軍事史を伸展することによって、教育の目標を「将来の指揮官を養成するものであるのみならず、自学研鑽を助けるものはあっても、戦場の問題に直接対処するものではないこと」(68)に定めるべきだとした。ある作家が述べているように「南北戦争における将軍の多くは片手に剣、もう一方の手にジョミニの『戦争概論』を持って戦いに赴いた」ことをクラウゼヴィッツが知ったとしても、口惜しい思いはしたかもしれないがその結末に驚き入りはしなかったに違いない。(69)

クラウゼヴィッツが思い描いていたような戦争の混乱に関する代替物を用いる集中学習を達成するには、その目的に沿った史料研究に伴う重責と制約を考察しなければならない。なかんずくクラウゼ

［訳注］　＊フォン・ビューロー（1757～1807年）。プロイセン王国の軍事理論家。演繹的軍事理論や幾何学的原理にのっとって戦争を解明しようと試みた。

ヴィッツは圧縮あるいは要約された軍事的事例を用いることに反対した。クラウゼヴィッツは次のように説明する。「ある歴史的事象を注意深く詳述しないで、ただ表面的になぞられるだけであれば、この事象は対象物を遠くから眺めるのと同じようなもので、どんな詳細な部分をも判別することは不可能であり、どこから見ても同じように見えるものだ」(70)。クラウゼヴィッツにとって軍事史の有用性はまぎれもなく徹底した軍事史の研究と習得にあった。そうなれば将来の指揮官を戦争の偶発性と複雑性に当惑させることは少なくなるであろうし、あるいは信頼性の高い推論を案出することに不可欠である十分な解説を提示するであろう。

ほぼ同じ理由からクラウゼヴィッツは、ある戦例の不徹底な考察を補うために多くの事例を引用することを度外視して考えていた。クラウゼヴィッツは「一ダースの事例が繰り返し引用させても証明できない問題がある」(71)と述べ、そのような処置は証拠の実体ではなく、その「外見」だけを提示するにすぎないと論じた。以上のような見解は現代科学から見ても先駆的な地位にあり、これを今日の専門用語の使って説明するならデータ・ポイントを単純に積み重ねたからといって明快な説明になるわけでもなく、信頼に足る予測を出すことにもならないという理解に通じる所がある。

もう一つ付け加えると、クラウゼヴィッツは、経験が新しければ新しいほど歴史の有用性はますます高くなると見なした。逆に時間が隔たるにつれて、彼の言葉を借りるなら歴史は「最初有していた多くの些細な色合を次第に失い、色あせたり黒ずんだりした古い絵のように、その色彩や生命を徐々に失い、ついには大きな全体と二、三の特徴が偶然に残るだけとなり、それが過大視されるに至るものである」[72]。

この意見に対しては特に現代の歴史家、そして軍人でさえ異論を呈するかもしれない。しかし指揮官がスリム*の *Defeat into Victory*（『敗北から勝利へ』）やグラント将軍の *Memoirs*（『回想録』）そしてフラウィウス・ヨセフスの『ユダヤ戦記』を読んでもまったく得るものがないという状況は想像し難しいからだ。しかしクラウゼヴィッツの警鐘を軽々しく聞き流してはならない。なぜなら軍事史の執筆や読解に関連する課題の大半が、読み書きする時点でその対象からどのくらい遠く離れているかに応じて影響を被ることは、まぎれもない真実であるからだ。この件のジレンマについて歴史家のジョセフ・エリスは次のように述べている。「後知恵とはいかがわしい便法だ。後知恵に頼りすぎると偶然性を見極める感覚があやふやになり、後知恵を排除すれば我々の扱う研究材料は混沌とした物事の渦に巻き込まれてしまう……。要するに我々は、近くの物事を見るのと同時に遠くの物事にも目を凝らす必要がある」[73]。

軍事史を教育に用いる際に

これまた歴史家や軍人にしてみれば止むを得ないが、軍事史の適切な活用を取り上げたクラウゼヴィッツの提言は遵守が困難な内容である。歴史家にとって厳密さと正確性を護持する際の負担は極めて大きい。クラウゼヴィッツもこの点は認識していて「そのような仕事を引き受けたい衝動に駆られる者は、遠くの地に巡礼の旅に出る準備をするように、己の労苦でもって奉仕しなければならない」

［訳注］　*スリム（William Slim, 1891～1970）。イギリスの軍人で子爵。第2次世界大戦ではイギリス第14軍を率いてビルマ戦線で日本軍と戦った。

と説いている。[74] 彼は歴史学における論拠の基準を法学における物証のそれになぞらえて記述した。クラウゼヴィッツの見解からは、彼と同時代の歴史家の中で高い基準を満たしている歴史家は少ないという趣旨から、それは残念ながら明白なことである。

今日の学者による研究成果がクラウゼヴィッツの理想にだいぶ近づいているという主張は（その執筆者が歴史家ではない場合には）大した自己満悦だと決めつけるわけにはいかない。クラウゼヴィッツが執筆した往時から約百七十年を経て、軍事史における史料研究の手法は成熟した。さらに史料の質量は共々向上しており、アメリカ合衆国では少なくとも歴史家が史料を利用する方法は大幅に改善されている。[75] 実際に、かつて歴史家にとって主要な問題は信頼に値する十分な情報をどのように確保するかということだった。その確保すべき情報によって、歴史家は自論に不可欠な真実性について少なからぬ自信を持って歴史を叙述することができたのである。しかし今日の歴史家は情報過多という状況に直面しており、この主要な難題は重要な情報と価値の低い情報とを分別することである。

同時にこの問題が示唆するのは、軍事史家が担う責任の性質は変化しているかもしれないが責任の大きさは変わっていないという点である。さらに今日の歴史家が直面する問題は、過去の歴史家にはとても想像できないものだ。すなわち現代の戦時では報告書が急激に増加し、しかも戦場での出来事に関して歪曲されたり不完全な理解を助長する文書の量が増えすぎている影響があるからである。信頼できる事実に基づいた証拠を収集し、分析して提示する行為に関連した旧来の学問における試練に加えて、今日の歴史家は簡単に広まりやすいメディアからの情報のせいで植えつけられた先入観との戦いをも迫られている[76]。

とりわけ軍事史家は、この世界に存在する極めて多種多様な認識を反映した決定や行動を、回顧的で規範的な区分や基準に当てはめようとする誘惑を避けなければならない。軍事史家がクラウゼヴィッツの提唱した観点に基づいて物事を解釈するなら、歴史を学ぶ人々は歴史の当事者と同じ視点から物事を見ようとすることが必要だ。それは当事者が体験した混乱や曖昧性、そしてよく起こりがちな愚行や残虐行為を知ろうとすることでもある。とはいえもちろん、歴史家が文書化された決断や出来事に対して裁定を行なうことを妨げるものではない。しかし、作成された文書は結論を出すことができるに違いないし、そしてその結論を出す際には後知恵に必ず伴う歪曲から解放されて、ある状況の中の出来事を考察するために可能な限りの様々な観点から試行しなければならない[77]。

軍人にとっての主要な課題は、歴史に対するクラウゼヴィッツ流の研究法に関連して、真摯な勉学やそのための考察に要する時間をどうやって捻出するかということである。ここで思い起こされるのは、クラウゼヴィッツはその死の間際においても未完に終わると思った戦争の理解を、断続的に二十年以上に渡って研鑽を重ねてきたことである。今日のアメリカの軍人は、クラウゼヴィッツが費やしたほどの時間さえ自己研鑽に割いてはいない。さらに言えば、たとえ時間があるとしても、勉学に没頭する軍人はごく僅かであろう。むしろ現代においては職務上求められる事柄が多すぎるので、必然的に軍人はともに速やかな分析作業とか問題解決に目を向けがちになっている。由緒ある陸軍士官学校の教官の間で有名な格言の一つに、士官候補生に詰め込み教育を強制しても決して無駄にはならないというものがある。同様の話は、軍事専門教育の制度に参与するか否かに関わらず、多くの軍人にもあてはまるはずだ。

特に驚くほどのことでもないが、知識に取り組む次の格言、「急いで学んで、それを正しく適用し、しかる後に実行せよ」もまた、軍事史の研究に影響を及ぼしている。たとえば陸軍大学に関する指導要綱はジュディス・スティハンが指摘した所では「時間の無駄遣い」を無くして教育課程の計画を達成しなければならないのは、明白に戦略に関してのみに決定された事項にもかかわらず、授業全体に応用される非公式の原則あるいは暗黙の了解となっているそうだ。[78] こうして時間に気をとられるあまりに教育の質を犠牲にする風潮は、大学以外の軍学校における歴史学研究にも浸透しており、そのせいでクラウゼヴィッツがあれほど回避しようと努めてきた「外見」だけの歴史に基づく理解が生じる恐れがある。

将校に作戦上の要求が与えられた場合、それがとりわけ軍事的責務が一度に拡大する状況であるならば、なおさら教育上の優先順位が根本から見直されることのないままに、前述した現状が変化すると待ち望むのは全く当を得ていない。なるほど個人的な関心または職業上の義務感に突き動かされるにせよ、余暇を費やして歴史学研究を続ける軍人は存在するだろうし、官費のおかげで歴史学に関係した高等教育機関に進学する機会を得る人物も少数ながらいるはずである。だが反対に、大多数の軍人は職業上の義務感と家族への責務との間で揺れ動くうちに、時間をかけてまで自発的に勉学しようとする心意気がしぼんでしまう。簡単にまとめるなら、知的側面における自己鍛錬を行う少数の部下に対し、善意に基づいて勧告を行ない、賞賛する上官はいるにはいるのだが、ではその同じ上官が部下の大多数に対して時間や労苦を勉学に費やせるよう世話を焼くのかといえばそれは疑わしい(79)。

軍人出身の教官は次のように自分たちのことを思い出しながら自ら慰めているのかもしれない。どうせ高級将校になるのは少数の軍人に限られるわけで、それ以外の軍人にしたところで欠陥はあっても教義を通じて蒸留された歴史的な知識を備えているのだから、それで職務上の必要条件は充分に満たせるはずだ、と。だが現実は極めて深刻だ。下級将校の中にはいずれ高級将校に昇進する人物がもちろん存在はするだろうが、けれども現状の選考基準は、昇進の対象となる人材の知的水準が歴史学の重要性を理解するに足るかどうかを何ら保障していない。それどころか、もし何らかの保障があるとしても、軍隊という組織全体の偏見がそもそも反歴史学の傾向にある。さらに少なくとも先進国の中で現代の戦闘任務においてある認識の傾向があるとするならば、それは指導力に伴う責任が下位者に委譲《いじょう》されるという現象が起きていることである。近年の問題として注目すべきは、以前なら上級以上の将校が担当した案件を下級将校が徐々に受け持つようになるにつれ、案件処理のための既存の規則典範が、むろん隅々まで整備されているとはいえ次第に実用性を失いつつあるという点である。

さらに話を進めれば、ドクトリン自体に、比較的下級将校によって起案されるようになったという問題が含まれている。そうしたドクトリンは、確かに彼らの上司により吟味され、承認を経てはいるのだが、どれほどの将軍や提督連が策定された成果に時間をかけて細かく吟味できるのであろうか(80)。とりわけ深刻なのは、よくあることだがドクトリンを教えているのが、かなり地位の低い将校であるという点にある。したがって適切かつ重要な歴史的経験の洗練された見解が反映されるという保証はない。まして起案者や教官自身の時間と環境から遠くかけ離れた非常に少ない経験はいうまでもないことである。

要するに、もしクラウゼヴィッツの考えが軍事専門職の本質は歴史的経験に「まったく同化」することであるとしたことが正しいとするならば、軍事組織が軍事専門職の発展を個々人の自己責任にのみ委ねることはできるはずがない。むしろ、軍事組織は軍人が昇進する過程において意欲的に軍事史を教えなければならない。しかし実現には時間と資源の投資が必要とするであろう。せめて、その投資を恒常的に拡大し、そして物理的な適合性を発展しつつ、また維持しながら躊躇することなく投入すべきである。

そこで第一の案件として登場するのが、歴史を研究するという習慣を将校に任官する前から教え始めることである。士官学校の候補生は既にそうした授業をある程度受講してはいるが、しかし実際の教育課程は学問に専念しようとする候補生が歴史学を選択する際にかなり制約されている。この状況は打開されなければならない。軍事史の研究は、単に学術上の専門分野としてではなく、むしろ将校職の一定の必要条件として理解されなければならない。同様のことは、予備役将校訓練団*（ROTC）を通じて入隊する将校にもあてはまる。だが同訓練課程においても軍事史に対する注目の度合いは、多くの場合、非常に粗略である。予備役将校訓練団の担当者は、各大学の歴史学部に所属する同じ立場の教育者に応援を請うべきではないのか。さらに国防総省もまた、大学の歴史学部を財政面から積

［訳注］　*予備役将校訓練団　アメリカ軍の教育制度。民間大学に在学中の学生のうち、志願者に軍事訓練と軍人教育を施しつつ奨学金を支給。卒業と同時に任官、数年間正規兵、予備兵、州兵などになる義務がある。

極的に支援し、軍部が必要とする学術上の才覚を備えた人材の募集や教育を進めるべきなのである。[81]

第二の案件は、任官後の若い将校が勤務中の膨大な日常業務に屈せず、歴史を勉学する習慣を継続できるように彼らを説得することである。それを実現するには、まず上官が時間と労力を割くことが必須であるが、それも推薦図書の一覧表を配布する位では不十分だと言えよう。若い将校が歴史学研究に価値を見出すためには積極的な指導者を必要とする。加えて、初級将校は上官を見習うことで職業上必要となる才能を養うものなのだから、読書や歴史を題材にした議論を行なうのに率先して貴重な時間を費やす上官がいれば、部下もそれに習うはずである。[82]

理想を言えば、陸海空軍と海兵隊の各士官学校に入学する候補生は、軍事史に対して確固たる基礎に支えられた関心や親近感を持ってしかるべきであるし、その関心の基礎は学際的環境のみならず、日常の軍務によっても強化されるに越したことはない。その場合、諸軍の大学の役割は課題や内容、そして歴史学が扱う範囲や複雑性を提示し、軍事史への親近感を広めるという点に限定されることになるだろう。[83]

最後の案件としては、軍の大学それ自身が抱いている軍事史の活用に対する疑念という問題である。この問題に関し、軍人が全員高級将校になるわけではないという言い訳がなされているが、それを擁護する者がいる、いないに関わらず、そんな言い訳には実用的価値はない。将校が各軍の大学に入校することと自体が、実質的に軍内部の発展と平戦両時における軍人の雇用の両方に大きな影響を与えることは間違いない。歴史的教養が進取の精神、諸軍の大学にとって重要であるいう観点を採るなら、軍の大学は歴史知識の幅広い解釈を確実に理解させるための場所となる必要がある。
以上の論考からもわかる通り、前述した話題は極めて広範囲に及んでいる。現在、独自に歴史学の授業計画を実施している海兵隊大学を含めた五つの軍の大学は教育課程を補強充実するため、さまざまな形で歴史学研究に依存している。いずれの軍の大学においても、歴史学研究者を募集しては監修者や顧問、場合によっては歴史上の事例を受け持つ教官として活用してきた。軍の大学はことごとく歴史学研究やその分析を歓迎し、学生がそれを発表することを奨励する機関誌を発行している。いずれの学校であれ、いかなる民間および軍の組織でもそうであるように軍事史専攻の客員講師を特別扱いしている。

にもかかわらず、軍の大学において軍事史が履修されるその様は、今日においてもクラウゼヴィッツの理念とはかけ離れた状態にある。これは教育制度全般にもあてはまるのだが、軍の各大学の歴史学研究は、多少の違いがあるにせよ断片的なままである。士官学校の場合でも同じだが、専門的軍事教育の初頭で歴史に没頭する道を選ぶ士官候補生は、軍の大学に進学してもその道を継続することになる。だが史料が身近に存在したとしても、[84] 時間と意欲の問題のせいで史料の活用に結びつくわけではない。陸軍大学の教育課程の中にある偏見についてジュディス・スティハンが抱いた見解は先に記したとおりである。その指摘にある通り、軍の大学は諸点を比較検証すると大学院というよりは一般の大学に相当する組織に似通っている。その原因は、真面目に学ぶようにと大学側が推奨している対象があまりにも多岐にわたっていることであり、それによって問題が起きているのである。

この状況に、大きな変化が起きる可能性はあるかもしれない。もっとも、その変化を起こすには軍の大学の役割に対する真摯な再検討を要するだろう。具体的に言えば、大学の業務は、中間的な軍の教育機関とは異なって訓練ではなく教育に重きを置かねばならないということである。その結果、教育課程においては幅広さよりも知的深度が重視され、その重心は教室単位の授業ではなく個人の勉学や執筆活動、そして調査研究に移行することが求められよう。現在、専門分野の指導者による研究成果を完成するために、軍の大学で多くの履修科目を補強している概説や理論の抽出や抜粋を教材として提供しているが、この教材を変更する必要がある。とりわけ変化が不可欠なのは軍大学の在学生の間に蔓延している態度、つまり学生として選抜されたのは過去の業績に対する報酬であり、別の言い方をすれば組織運営上の責任から解放される好機でもあるという考え方だ。むしろ大学はあらゆる点から見ても将来の職務と指揮官として重大かつ要求される義務を果たす準備のための学校であり、職業としてその義務に対する無関心あるいは精彩を欠いた態度を助長する考え方、これこそが改革を求められる点にほかならない。(85)

結　論

今まで述べてきたような変化が起こる見込みはあるのだろうか。この点に関しては、過去の記録を通じていくつかの解釈が可能である。軍事専門教育の基本的な方向性が変化してきたことは間違いない。ルースやマハンが創設した海軍大学に始まり、ターナーによる知性重視の復興や、一九九〇年代の空軍大学で見られたような海軍大学と同様の極めて短期間で終わった最盛期、そして最後に陸軍大学の高等戦略術プログラムといったように事態は推移してきた。その都度、組織の設立や改革が行われたが、文民、軍人あるいはその両方の上級者の統率による関与、つまり本質的に重要な軍事教育とその教育を受け入れるのに必要な資材の提供を反映したものであった。このような変化が二度と生じることはないと決め付ける根拠はどこにもない。

いずれにせよ教育上の変化が、先に記してきたような関与の仕方を求めていたことに疑念の余地はない。一般の学術機関では、頻繁ではないが下からの改革は可能である。だが専門的な軍事教育制度の場合、それが一つの組織構造の中の一階級組織であるために、下からの改革が生じることはまずありえない。有能にして献身的な教職員であれば影響を及ぼして変化を起こすことはよくあることだ。しかし軍隊の人事管理の圧力によって、そのような影響力は人事上の利益に鑑みて制約される。真の変革を行うことができるのは高級将校に限られる。さらに言えば、変革に共感する指導者が連年登場してようやく、第二次世界大戦以来起こったことのない変化が持続されるのである。

今日、技術に着目するあまりに学問の欠落を補う教育を軽視するアメリカ軍人が多すぎる時代の中で、軍事教育全般の大改革や軍事史への信頼が将来促進されるだろうかという疑問は、ついに期待外れに終わろうとしている。けれども軍事史は、粘り強く生き残ってきた。軍事専門教育の中で重要な役割を技術マニアのような中傷家に明け渡してしまうことは、あまりにも時期尚早である。歴史家が歴史学の学術的な卓越を護持しつづける限り、政治家や軍上層部などの関係者は歴史学と軍事専門職との関連性を主張し続けるであろう。

軍民の指導者は、自己の利益のためではなく自らが率いる将兵のために、さらには自らが仕える国民の利益のためにも、そうした行動を取るべきである。とはいえ、不安定で五里霧中な未来に際してアメリカの国防担当者が直面する諸々の疑問に対し、軍事史が回答を保証できることはなく、また回答を保証するはずもない。まさにマヤ・アンジェロー*の「歴史は苦しい痛みに在ったとしても、決して過去に戻りはしない」し、さらに「勇気を持って直視するなら、歴史が繰り返されることなど決してありえないことが分かる」という指摘(86)は真実かもしれない。以上述べてきた目的は、トゥキディデスが約二千五百年前に始めた歴史の執筆活動は適切であったと証明することにある。

［訳注］　*マヤ・アンジェロー（Maya Angelou, 1928～）。アフリカ系アメリカ人。詩人、映画・テレビ制作者・監督、女優、作家、大学教授。

[原　注]

(1) Thucydides, *The Peloponnesian War,* ed. T. E. Wick（New York, 1982)。

(2) この「軍事史の父」という称号を「歴史の父」といわれるヘロドトスに付与する人々もいるが、自著から「伝説的な要素が除かれている」ことに関するトゥキディデスの（不適切な）懸念こそ、彼を真に最初の軍事史家として世に知らしめている源である。この点についての詳細な議論は G. F. Abbott, *Thucydides：A Study in Historical Reality*（New York, 1970), chap. 2 を参照。

(3) Williamson Murray, "Thinking About Innovation," *The Naval War College Review,* Spring 2001。

(4) 当時の最先任士官は、アルバート・シドニー・ジョンストンという大佐だった。ジョージ・マクレラン、ロバート・E・リーU・S・グラントなどの他の将校は、尉官あるいは下級の佐官だった。

(5) グラントといえばその権威は比類ないが、彼は後年、ウェストポイントにおける最後の二年とその期間の主な教育について「オハイオ州で過ごした日々の五倍は長く感じた」と皮肉に満ちた表現で説明している。Ulysses S. Grant, *Personal Memoires*（New York,1999), p. 19。

(6) ステファン・B・ルースに関しては、"NWC History," Official Naval War College Web page；www.nwc.navy.mil/lrlhistory.htm から引用。

(7) このような状態は同年末に、陸軍大学が参謀本部から陸軍省の、ついでアメリカ陸軍訓練教義集団（U.S. Army Training and Doctrine Command）の管轄下に移った際に解消された。

(8) 例えば、好評だった1982年版および1986年版の「野外教範100-5作戦（Field Manual 100-5 *Operations*)」は、アメリカ陸軍の教範類では最高の出来である（ので「FM 3.0」として再度世に出る）が、その内容は近年出版された大量の教範ではなく、アメリカ陸軍の1941年版野外要務令（Field Service Regulations）に著しく啓発されたものである。

(9) Williamson Murray and Allan R. Millett, *A War to Be Won*（Cambridge, MA, 2000), chap. 2. 両著者はこの点について、当然とはいえ、やや懐疑的な見解を示している。知的整備の拡張は、控えめにいってもむらがあった。

(10) 1950年代の軍事専門教育システムに対する簡潔にして要を得た評価については、Morris Janowitz, *The Professional Soldier*（New York, 1960), pp. 131-3。

(11) Williamson Murray and Allan R. Millett, *Military Innovation in the Interwar Period*（Cambridge, 1996)。

(12) David E. Johnson, *Fast Tanks and Heavy Bombers*（Ithaca, NY, 1998）を参照。対照的に、大戦前に世に出た、歩兵学校出版の *Infantry in Battle*（Washington, Inc., 1934）は小部隊運用の古典となった。付言するなら1919年、参謀本部

の戦争計画課内に歴史関係の一部局を設置するという形で、陸軍にとっての歴史の重要性が公的に認定された。その一部局が今日の戦史総監部（Office of the Chief of Military History）の先駆である。Dennis J. Vetock, *Lessons Learned：A History of U.S. Army Lesson Learning*（Carlisle Barracks, PA, 1988）を参照。

(13) Williamson Murray, "Misreading Mahan," *Military History Quarterly,* Winter 1993, pp. 34-5。

(14) Johnson, *Fast Tanks and Heavy Bombers.* 加えて Williamson Murray, "Why Air Forces Do Not Understand Strategy," *Military History Quarterly,* Spring 1989, pp. 34-5 を参照。

(15) 空軍は、陸軍から分離した直後に独自の大学を立ち上げたにもかかわらず、その研究の方向は設立当時から（近年の学生の著作についてのあるレビューに見られるように）大幅に拡大し、今日の空軍ドクトリンに関する検証、発表、発展に至っている。

(16) Paul Kennedy, "The Fall and Rise of Military History," *Military History Quarterly,* Winter, 1991, pp. 9-12. ケネディは幸運にも、アメリカの軍事史家が切望するように、軍事史に対する反感はイギリスやカナダあるいは国内にいた少数の抵抗勢力、例えばデューク大、カンザス州立大、スタンフォード大などには波及しなかったと記している。あわせて Robert D. Kaplan, "Four-Star Generalists," *The Atlantic Monthly,* October 1999 を参照。

(17) Kennedy, "The Rise and Fall of Military History," p. 10。

(18) Carl von Clausewitz, *On War,* edited by Michael Howard and Peter Paret (Princeton, NJ, 1976)。

(19) Harry G. Summers, *On Strategy: A Critical Analysis of the Vietnam War* (Navato, CA, 1974)。

(20) David R. Palmer, *Summons of the Trumpet: U.S.-Vietnam in Perspective*（Navato, CA, 1978)。

(21) John L. Romjue, *From Active Defense to Air-Land Battle：The Development of Army Doctrine 1973-1982*（Fort Monroe, VA, 1984), および Richard Hart Sinnreich, "Strategic Implications of Doctrinal Change：A Case Analysis," in Keith A. Dunn and William O. Staudenmaier, eds., *Military Strategy in Transition*（Boulder CO, 1984), pp. 42-54。

(22) その最高峰は、Charles E. Heller and william A. Stoff, eds., *America's First Battles, 1776-1965*（Lawrence, KS,1986)。

(23) この作業は、陸軍が BDM 社との契約を通じ顧問として採用したヘルマン・バルク（Hermann Balck）やフリードリヒ・フォン・メレンティン（Friedrich von Mellinthin）などの、東部戦線で高級将校として数々の戦いを経験した人物に支えられた。BDM, *Generals Balck and Von Mellinthin on Tactics*：

Implications for NATO Doctrine（McLean, VA, 1980）。

(24) 公刊本である *The United States Army in World War II* は現在、なんと 78 巻に上る。アメリカ海軍も同様の書籍を刊行したが、巻数はずっと少なく、サミュエル・エリオット・モリソン（Samuel Eliot Morison）の名著 *History of United States Naval Operations in World War II* は全 15 巻である。

(25) それ以前は、軍事史の授業は最初に法と史学部（Department of Law and History）において、ついで軍事技術と工学部（Department of Military Art and Engineering）で、おもに前線勤務を経験していない士官によって行われていた。

(26) 当時大佐で、後に准将になったトーマス・E・グリース（Thomas E. Griess）とロイ・K・フリント（Roy K. Flint）。

(27) 当時、アメリカ陸軍訓練教義集団（TRADOC）の司令官だったドン・スターリ（Donn Starry）将軍に提起され、チャールズ・R・シュレーダー（Charles R. Schrader）少佐によって組織された。初期の職員には、陸軍士官学校の史学部の数人の卒業生も加わっていた。Roger J. Spiller, "War History and the History Wars : Establishing the Combat Studies Institute," *The Public Historian,* Fall 1988, pp. 65-81 を参照。

(28) そうした中には、近年好評を博した 1991 年の湾岸戦争中の地上部隊の作戦に関する二つの研究がある。Colonel Richard M. Swain's *Lucky War : Third Army in Desert Storm* and General Robert H. Scales's *Certain Victory : The U.S. Army in the Gulf War*（Fort Leavenworth, KS, 1993 and 1994, respectively）。

(29) 高等陸軍研究学校（School of Advanced Military Studies）の創設者であるヒューバ・ワス・ド・チェゲ（Huba Wass de Czege）大佐（当時）は、1984 年に 14 名の学生を対象とする試験的な高等陸軍研究学習課程（Advanced Military Studies Program）を立ち上げた。翌年、大学そのものが設立され、一個の独立した教育部門として出発する。

(30) 元々はアメリカ陸軍全体でも 24 名しかいなかった。最近の卒業生は 79 名で、これには 9 名の女性軍人と 3 名の外国軍人が含まれる。

(31) 両人とも現在も教授職に留まっているが、その存任期間は陸軍の教育機関としては異例なほど長い。

(32) 設立当初の高等陸軍研究学校は戦術上および作戦上の課題にかなり対応していた。それらの課題に対して、例外は先進作戦研究員（Advanced Operational Studies Fellows）で、戦略研究は陸軍大学に委ねられていた。最近になって、その研究学校は狭い意味での作戦術に傾倒しており、各種の戦術上の課題の多くは最初の一年間指揮幕僚大学に吸収されている。

(33) 高等航空力研究学校（School of Advanced Airpower Studies）の現在の副校長は、同校の設立時にいた二人の教頭のうちの一人で、第二副校長だった。同様に、1986 年にキャンベリー（Camberly）の上級指揮幕僚課程（Higher

Command and Staff Course）を設立するのに貢献した教官は、高等陸軍研究学校の準備にも手を貸している。

(34) Judith Hicks Stiehm, *The U.S. Army War College：Military Education in a Democracy*（Philadelphia, 2002), pp. 114, 122。

(35) Ibid., p. 152。

(36) それぞれロバート・スケールズ（Robert Scales）少将とオハイオ大学名誉教授のウィリアムソン・マーレー（Williamson（Murray）である。

(37) この課程の説明は、高等戦略技術教育計画（Advanced Strategic Arts Program）が「史学に依拠しているが、史学の科目ではない」と記されている点に留意している。最近の二名の陸大校長がともに史学博士号を取得しているのは偶然ではない。

(38) "NWC History," Naval War College Web site. See fn. 6。

(39) その例は以下の通り。Fred Anderson's *Crucible of War：The Seven Years'War and the Fate of Empire in British North America, 1754-1766*（New York, 2001）; James M. McPherson's *Battle Cry of Freedom：The Civil War Era*（New York, 1988）; and Williamson Murray and Allan R. Millett's *A War to Be Won：Fighting the Second World War*（Cambridge, MA, 2000）。

(40) Kennedy, "The Rise and Fall of Military History," p. 11。

(41) 最も有名な著書は John Keegan's *The Face of Battle*（New York, 1976）であろうが、同書は軍隊の教育機関で事実上の規範的な読書とされている。他の著名な文献は次の通り。Paddy Griffith's *Forward into Battle*（Chichester, 1981）; Richard Holmes' *Acts of War*（New York, 1985）; and Victor Davis Hanson's *The Western Way of War*（New York, 1989)。

(42) Kaplan, "Four-Star Generalists." こうした動きの背景には軍事史の普及、中でも時折劇的事件に対する正確性を求める公的見解がある。逆に、ある歴史家が内々で著者に語った所では、彼の同僚である大学の教員の一部にとっての学術上の最も批判されるべきとされる行いは、読者に迎合するよう歴史を記述することなのだそうだ。

(43) 例としては、Stanley Sandler, "U.S. Army Command Historians：What We Are and What We Do," *Perspectives,* April 2001. サンドラが指摘したのは「砲兵本部および砲兵学校」にとっては、軍人歴史家であることに幾許かの誇りがあるとしても、軍人歴史家についての話を書いたり教えたりする多くの学者の間には基本的に、軍人歴史家のような学者は所詮「殺し屋」（しゃれを言うつもりはない）に過ぎないという感情があるという点だ。奇妙なことだが、この問題は民間の研究者ではなく、軍人歴史家に関して深刻さがないように思える。その理由は不明だが、おそらく両者とも雇用主である政府の意のままに動かされる立場だということに関係していよう。とはいえ少なくとも言えるのは、民間の研究者は単純に軍人歴史家よりも自分達文民の方が、知性においても自立心においても優っていると考え、また彼らは学問を少しでも歪めてしまえば自らの客観性が損なわれかねないと考えている。こうした思い込みはむろん立証不可能なので、現時点では仮説とするに留めたい。ともあれ著者の同僚だった多くの軍事史家は軍人、民間人を問わず以上のような見解を共有していた。

(44) Col. Lloyd J. Matthews, USA（Ret）, "The Uniformed Intellectual and His Place in American Arms," *ARMY,* July/August 2002。

(45) Janowitz, *The Professional Soldier,* p. 135。

(46) Russell F. Weigley, *The American Way of War：A History of United States Military Strategy and Policy*（New York, 1973）. あわせて参照すべきは Williamson Murray, "Clausewitz Out, Computer In, Military Culture and Technological Hubris," *The National Interest,* Summer 1997。

(47) レブンワースにある空軍の教育機関では、1970 年代後半に著者が指揮幕僚大学に在籍していた時分の話だが、学生は戦闘計算法（battle calculus）という厳格な数学的比率に基づく部隊を配分する方法を適用することを求められた。そのような魅惑的だが多分にいい加減な実践手法への情熱が、ベトナム戦争から冷戦終結の期間にかなり沈静化していたことを示唆する証拠はほとんど見当たらない。

(48) だからこそ陸軍の 1993 年 9 月付訓練要綱 20-25（Training Circular 20-25）の *A Leader's Guide To After-Action Reviews*（戦闘後の講評に関する指揮官向け指導要綱）の序文にはこう記されている。兵士と指揮官はあらゆる訓練の後に「何が起きて何が起きなかったのか、およびその理由」を理解する必要があると。同じ指示は当然、訓練のみならす実戦にも適用される。

(49) その結果が必ず活用されるとは限らない。例えばベトナム戦争の結末から導かれた数々の戦訓は（遺憾ながら）大半は無視されたままだった。

(50) James S. Corum, *The Roots of Blitzkrieg：Hans von Seeckt and German Military Reform*（Lawrence, KS, 1992）. あわせて Murray and Millett, *Military Innovation in the Interwar Period* を参照。

(51) Williamson Murray, *German Military Effectiveness*（Baltimore, MD, 1992）. あわせて Holger H. Herwig, "Clio（Deceived：Patriotic Self-Censorship in Germany after the Great War," *International Security,* Fall 1987 を参照。

(52) この件に関する近年の論議は活況を呈しているが、先駆的研究としては William A. Owens, *Lifting the Fog of War*（New York, 2000）. 数多の批評の代表としては Barry D. Watts, *Clausewitzian Friction and Future War*（Fort McNair, Washington, DC, 1996）。

(53) 特に参照すべきは T. N. Dupuy, *Numbers, Prediction, and War*（Indianapolis, IN, 1979）。

(54) Lynn Hunt, "Where Have All the Theories Gone?" *Perspectives,* March

2002。

(55) Abbott, *Thucydides,* p. 7。

(56) 特に参照すべきは Michael Howard, "The Use and Abuse of Military History" in Michael Howard, *The Causes of War*（Cambridge, MA, 1983）, pp. 188-97。

(57) 神話形成のために歴史を悪用するのとは全く違う。Ibid., pp. 188-9。

(58) Russell McNeil, "Thucydides as Science," Malaspina University-College, 1996（Web publication）, www.mala.bc.ca/nmcneil/ice18b.htm。

(59) つまりヘロドトス、トゥキディデス、クセノフォンが描いたギリシャの重装歩兵の戦いぶりに関する説明としては、ヴィクター・デービス・ハンソン（Victor Davis Hanson）の指摘を参照。ハンソンによれば「それぞれの著作家が戦争や会戦を自らの歴史の舞台と見なしており、また彼らは自らの著作の読者層が戦士であり、またその大部分が男性で、戦いの現場にいた歴戦の勇士だった点の理解を当然であると見なしていた」ということである。Hanson, *The Western Way of War,* p. 44。

(60) Bertrand Russell, "On the Notion of Cause," in *Mysticism and Logic*（New York, 1957）, p. 174。

(61) ある傑出した科学者の憤慨した見解については、次を参照。Steven Weinberg, "Can Science Explain Anything? Everything? " in Mart Ridley, ed., *The Best American Science Writing 2002*（New York, 2002）。

(62) だからと言って、少なくとも一人の文筆家が次の主張をするのが妨げられることはなかった。すなわち歴史は「あらゆる一般教養学科の中で最も近接すると自然科学になる」。Kaplan, "Four-Star Generalists." もっと保守的な観点を唱えているのは John McCannon's rebuttal in Letters to the Editor, *The Atlantic Online,* January 2000。

(63) Jay Luvaas, "Military History：Is It Still Practicable?" *Parameters,* May 1982, pp. 2-14。

(64) Clausewitz, *On War,* p. 170。

(65) 信頼に値する再現可能な結果へ導くことへの公式見解がここでは引き合いに出されている。

(66) 少なくとも戦略司令官の精神に対する教育上の効果という点に関してである。クラウゼヴィッツは、今日の軍人が「戦術、技術、手順と呼ぶものに適用する原則の抽出について少々ひかえめに異議を述べた。

(67) さらに理解の度合いの深い議論については Jon Tetsuro Sumida, "The Relationship of History and Theory in *On War*：The Clausewitzian Ideal and Its Implications," *Journal of Military History,* April 2001。

(68) Clausewitz, *On War,* p. 141。

(69) LTC J. D. Hittle, *Jomini and His Summary of the Art of War*（Harrisburg, PA,

1947), quoted in Michael Howard, *Studies in War and Peace* (New York, 1971), p. 31。

(70) Clausewitz, *On War,* p. 172. クラウゼヴィッツは、夕食後にブドウを勧められた高名な美食家ブリア＝サヴァラン（Brillat-Savarin）が言ったとされる答え「いや結構、私はワインを錠剤にして服用はしない」に共感するだろう。

(71) Ibid。

(72) Ibid., p. 173. クラウゼヴィッツは、おそらく、戦闘が起こったありのままに戦闘の経過を記録しようとする現代人の並々ならぬ努力を賞賛しただろう。

(73) Joseph J. Ellis, *Founding Brothers* (New York, 2002), pp. 6-7。

(74) Clausewitz, *On War,* p. 174。

(75) この進歩は矛盾するかもしれないが、電気的通信手段が紙を使った通信手段に取って代わることによってもたらされる危険がまた増える過程でもある。Fred Kaplan, "The End of History," www.slate.com/id/2083920, June 4, 2003 を参照。

(76) イラクの解放作戦に好例を見出せるが、報道を固定化し、進行中の事象を興味本位に報道し、事象の意味や影響は繰り返しゆがめられてきた。

(77) エリオット・コーエン（Eliot Cohen）教授は「敗者となった指揮官をあらかも精神病患者を分析するが如く断罪することは以前にもあったが、そうしたマスコミや歴史家の行状」への批判者たちの一人である。Eliot A. Cohen, "Military Misfortunes," *Military History Quarterly,* Summer 1990, p. 106。

(78) Stiehm, *The U.S. Army War College,* p. 114 and fn. 36。

(79) アイク・スケルトン（Ike Skelton）：ごく最近のアメリカ下院議員で、国家安全保障の軍事委員長を務め、専門的軍事教育を長期にわる提唱者。"War by the Book," *St. Louis Post-Dispatch,* June 12, 2003。

(80) 公正に見れば、多少はそうだろう。例えば、陸軍省の FM 100-5 号の 1982 年版と 86 年版は、海兵隊 FMF1 と同じく、高級将校の積極的関与によって利益を得ている。しかし、そうした高級将校の関与は、大半の教範類の作成では一般的ではない。

(81) これは、カナダの軍当局が全ての主要な大学で行っていることで、同国の防衛費が比較的低いにもかかわらず為されているのである。

(82) 著者個人が模範とするのは、P・K・ヴァン＝ライパー（P. K. Van Riper）退役海兵隊中将が、現役時代の海兵隊戦闘開発本部長だった際に私的に設けた非公式の軍事史セミナーである。

(83) 具体的には、マイケル・ハワードが指摘したように軍事史とは深み、奥行き、それに前後関係をふまえて研究されるものだという点を満たすことだ。Howard, "The Uses and Abuses of Military History," pp. 195-7。

(84) トップレベルの才覚をもった学者を呼び込もうとする陸軍大学の力量に制約を課すのは大学を監督する側なのだが、それは財政的要因にとどまらず、軍の教育機関の環境に伴う意欲的な阻害要因がある。Stiehm, *The U.S. Army War College,* chap. 4 を参照。

(85) こうした議論の詳細については Leonard D. Holder, Jr. and Williamson Murray, "Prospects for Military Education," *Joint Forces Quarterly,* Spring 1998 及び Williamson Murray, "Grading the War Colleges," *The National Interest,* Winter 1986/1987 を参照。

(86) Maya Angelou, "Inaugural Poem," Presidential Inauguration, Washington, DC, January 20, 1993。

6　軍事史と軍事専門職についての考察

ウィリアムソン・マーレー

　ピーター・クック*とダドリー・ムーア*は、非常に評判の悪い寸劇「蛙と桃」で、前者は少々間抜けなレストラン経営者を、後者はロンドン有力紙の料理批評家を演じた。クックは車の出し入れが便利なヨークシャーの沼沢地に店を構えた、という筋書きだ。店のスペシャル・メニューは「ピーチ風蛙」で、桃をくわえたオオヒキガエルに、メランジェ*を乗せ煮え立ったコワントロー*が注がれている。もう一つのスペシャル・メニューは、煮え立ったコワントローを、巨大な桃の上に注いだ「蛙風ピーチ」である。桃を割ると、オタマジャクシが外に泳ぎだすのだ。言うまでもなくレストランは成功しなかった。ダドリー・ムーアはインタビューの最後に、この失敗から何を学んだかとピーター・クックにたずねた。クックは、「はい、私はあらゆる観点から自分の失敗を研究し、何度もそれらを検証し、すべてを再現できるようになったとの確信を得るにいたりました」と簡潔で、適切に答えた(1)。

　不幸なことに、過去二千五百年にわたる政治家、軍隊、将軍たちの任務遂行能力についても、上記の寸劇とまったく同じことが言える。このような比較を不快と感じるのであれば、以下のアメリカ陸軍の退役将軍によるコメントは、このような比喩があまりにも適切であることを示唆していると言えよう。彼は二十世紀前半における列強諸国の軍事制度の成果を調査して、高く評価されている人物で

［訳注］　＊ピーター・クック（Peter Cook,1937 ～ 1995）。英国の風刺作家、コメディアン。ムーアとのコメディ・コンビは絶妙だった。　＊ダドリー・ムーア（Dudley Moore,1935 ～ 2002）。英国の俳優、コメディアン、ミュージシャン。　＊メランジェ　フランス語。混合物、寄せ集め。ここでは混ぜ物（あんかけ）の意。　＊コワントロー　リキュールのこと。ミカンの皮、葉、花のエキスで風味を付けたリキュール。

もある。

作戦や戦術の分野では、軍事能力は国家が当然備えるべき権利であると思われている。しかし、二十一人の（歴史家による）報告によれば、多くの軍隊は専門職としては凡庸以上の能力を示していないし、場合によっては底知れないほど無能でさえあるのだ。同時代のこれら七ヵ国における他の職業が、同様に有能な外部の第三者による、このような評価を受けているか否か疑わしいところである。(2)

筆者の主たる学問的な関心分野は戦間期と第二次世界大戦であるが、この時代の軍事組織は、自らの経験を研究する際に真摯な関心を持つことはめったになかった。歴史家がよく論じるのは、陸海軍は常に最新の戦争について研究しているが、それがまた彼らが次の戦争で失敗する原因でもあるということだ。これほど真実からほど遠いものはない。現実には、軍隊が失敗を犯す主な原因は、最新の戦争を慎重に研究しなかったことによるか、あるいは指導者達の気に入る程度にそれを実行したにすぎないかのどちらかである。

皮肉なことだが、先に記したような神話的な見方によれば、ドイツ人のみが戦術的・作戦的なレベルで第一次世界大戦を謙虚に研究したということになる。彼らはそこで得られた戦訓を次の戦争に生かすことができたというのだ。そして、彼らは、これらの研究を通じて、将来の戦争のさまざまな可能性について、より明確に理解することができたのである。それゆえ、彼らは第二次世界大戦の初期に、一連の圧倒的な勝利を重ねることができたのだという。一九二〇年、ドイツ国防軍の父ハンス・フォン・ゼークト将軍は、第一次世界大戦の戦訓を研究するために、五七以上の委員会を設置した。[3] それとは対照的にイギリスは、一九三二年にようやく第一次世界大戦の戦訓を調査するために、カーク委員会のみを創設した。一方、フランス人は自軍を引き立てるためにのみ、第一次世界大戦についての歴史的な調査を実施した。[4]

確かにドイツ人は、第一次世界大戦における戦術的・作戦的な成果を誠実に調査した。しかしながら彼らはまた、ドイツの敗北の決定的な原因となった戦略的・政治的な過誤を隠蔽するための、大々的な欺瞞宣伝工作も周到に実施した。[5] 最終的にはドイツの努力は、一九二〇年代から三〇年代にかけて英米諸国などの戦勝国のみならず、ドイツ自身をも欺瞞に陥れることになったのである。[6] 実際、ヒトラーだけではなく、ドイツ軍部が二度目の戦争で戦略的な錯誤を重ねたという事実は、彼らの戦略レベルにおける最新の戦争についての不誠実で歪んだ研究結果を語っているのではないのだろうか。[7]

それにもかかわらず、本書の諸論はポリビウスの以下の叙述に依拠している。すなわち、「真の意味における歴史研究とは、政治的（そして軍事的）活動のための教育や訓練を目的としている。そして、威厳を持って運命の浮沈に対応するための、最も啓発的かつ唯一の学習方法とは、他者の失敗を想起することである」。[8] 軍事史家としても戦略史家としても最も偉大なトゥキディデスは、自著について次のように語っている。「過去に起きた、また人間性に導かれていつしか同じ方法で将来繰り返される事象を明確に理解することを欲する人々によって、著書の中で述べたことが有用であると判断してもらえれば、それで充分である」(9)。トゥキディデスの記述が正しいとすれば、政治家・軍人・軍隊は歴史から学ぶことができたはずである。残念なことに過去一〇年間、まして過去一世紀の間、極めて稀な例外を除いて、そのような事例はほとんど記録に残っていない。

本稿の目的は、政治家は言うまでもなく現役の専門職の軍人にとって、なにゆえ過去から学ぶことが困難であるのか、そして今後アメリカ人にとっては、それがますます困難となるのか、その理由を提示することにある。それゆえ、軍事を専門とする政治家や官僚そして軍人が直面せざるをえない難問をより良く理解するために、哲学的ないし理論的枠組みを構築する際に、適切に理解され用いられた歴史というものは役に立つのである。プロイセンの理論家カール・フォン・クラウゼヴィッツは、以下のように述べている。

（このような観察こそは）対象を分析的に研究し、観察者をして対象に熟知させ、これを経験に、つまり我々の場合では戦史に照らして考える場合には、戦争の理解を容易にさせるものである。理論がこの経験の理解という究極の目的に近づくにつれて、それは単に客観的な知識というよりも主観的な能力となり、一切が天才的能力によってしか解決し得ないような事態に直面しても、なおかつその有効性を保ち続けることになるだろう。……このような理論なら、書物を通して戦争を学ぼうとする者にとっても一応の指針となり、彼のためにその行く手を照らし、その歩みを容易にさせ、その判断力を養い、彼をして迷路に踏み入らせないように指導することも可能であろう。(10)

専門職将校にとっての歴史の難解さ

今日、専門職の軍人が歴史に取り組む際に直面する最初の困難は、現代世界の知的枠組みの中における歴史学の位置づけである。ルネサンス以降、歴史学は重要だが周辺的な学問とされている。しかし、古代人にとって、歴史は彼らが世界を理解する中心に位置づけられていた。偉大な古典研究者バーナード・ノックス*はそのエッセイで、古代人の過去についての理解が、我々のそれといかに異なるものであったかについて指摘している。

古代ギリシャ人の想像力は、過去と現在を眼前に直視していた。それらを目の当たりにすることができるというのだ。未来は不可視であり、我々には隠されている。現代人の耳には逆説的に聞こえるが、このような時間の行程についてのイメージは、進路を未来に向かって定めていこうと考える中世人や現代人の感覚よりも、より現実的であるのかもしれない。(11)

実際、西洋人はほとんど過去に関心を持たずに、未来への道を進んできた。(12)ヨーロッパ人にとって、

［訳注］ *バーナード・ノックス（Bernard Knox, 1914 ～ 2010）。イギリス人。大学教授、古典作家。

それが真実であるとすれば、自らと自らの世界を新たに創り出そうとしているアメリカ人にとっては、より一層、真実であると言えよう。

過去二、三十年にわたって、アメリカの中学・高等学校や大学では、こうした傾向に拍車をかける歴史教育がなされてきた。アメリカの教育は、歴史学を社会研究と呼ばれるものに変えたのである。それは人種的、宗教的、あるいは民族的な諸集団の感情を害するものを排除することに、あまりにも成功しすぎるほどの努力を重ねてきた。アメリカの大学は、歴史学を政治的な公正さの勝利というものに変えてきたのである。社会や人種、あるいはジェンダーの歴史を研究していなければ、「シリアス」な歴史を研究していないと極めて安易に見なされた。ジャーナリストのロバート・カプランが示唆するように、社会全体に視野を広げると、アメリカ人はもはや悲劇というものを理解しえないエリート主義者の一世代を教育してきている。彼らは私生活の中で悲劇と呼ぶに値する何事かを体験することはまずないし、教育の場でソフォクレスやエウリピデス、ドストエフスキーはおろか、ましてトルストイなどの古典を読まされることはない(13)。その結果、いずれは将校となるかもしれない学生が、真面目な軍事史や戦略史に興味を抱くような教育を行っている学校は、ますます少なくなってきている。同じことは、アメリカの陸軍士官学校についても言えるのだ(14)。

しかし、ヴェトナム戦争以降重要な問題が浮上した。学術的な歴史が実践的な体験もなく、学校や大学で学究的な生活を送っている人々によって著されるようになってきたのである。ポリビウスは政治家あるいは将軍のいずれか、望ましくは両者を経験した者のみが歴史を記述する権利があると述べている。結論から言えば、彼は間違っている。なぜならば、想像力を駆使して、過去がいかに形成されたかについて深い理解に至るのは歴史家であるからだ[15]。

しかし、ポリビウスは良い点をついている。歴史的な重大事件や個々人、といってもここで言うのは「偉人」のことではないが、そうした対象の研究を回避することは、歴史家が現実世界から遊離した場合に、対象について意義のある言葉で議論できなくなることを示している。教授陣の間で広まりつつある偏見、すなわち歴史的な出来事の中で個人が果たす役割はほとんどなく、むしろマルクス主義史観的な不変の法則といった、巨大で広範な社会的作用のみが歴史を決定するのであるという偏見は、大学外で得た経験をことごとく大学内政治での論争に矮小化してしまう人々によってのみ支持されているのだ。以上すべてが、軍隊や政府が機能する原因に関心を抱く知的な学生が、歴史研究を学問の名を借りた勝手気ままな行為として忌避してしまう理由となっている。そのような学生から将来、軍務につく将校団が形成されることになるのだ。将校たちに歴史研究を思いとどまらせる理由はこれだけにとどまらない。軍隊における歴史学の扱い方が、気が滅入るような態様をなしていることもその理由である。

「本の虫」的な将校に対するイギリス陸軍の態度は、確かに歴史研究を軽蔑させる原因となっている。それは、陸軍が第二次世界大戦で直面した多くの困難の原因ともなった[16]。マイケル・ハワード教授は、戦間期の陸軍将校団について以下のように指摘している。「陸軍には依然として、一九一四年以前と同様に、連隊軍務の歩みと考え方に固執している証拠が強く残っている。すなわち、その構成員の多くが軍隊生活を、医師や法律家あるいは技術者以上に知的な献身を必要とする真面目な職業というよりも、快適かつ名誉ある兵役と見なしてきたのである」[17]。どちらかと言えば、現在のアメリカ軍の一部には、一世紀前のイギリス軍以上に反知性的な傾向が見られる[18]。

しかし、より重要な問題がある。なぜならば、歴史は誰にとっても取り組みが可能なものというわけではないからである。ましてや、熟考する時間に乏しく、多忙な日々を送る軍人にとってはなおさらである。トゥキディデスは、自らの成果を解説しながら、問題の広がりについて示唆している。「私の歴史書からは伝説的な要素が除かれているために、読んで面白いと思う人は少ないかもしれない」[19]。これこそが問題の要諦である。有用な歴史とは難解な歴史であり、そこから学ぶことは困難な作業でもあるのだ。

そのためには、とりわけある程度の知的な視野の広さが必要とされる。歴史研究には、出来事の文脈や地理、そして歴史上の舞台に立った人物や政治的・道徳的な価値基準が現代といかに異なっているか、さらには、人間の営みの過程における非合理的で予測できない要素の測り知れない影響力などについての知識と理解が不可欠である。歴史を学ぶ者はまた、過去を調査するに際して、歴史を形成する人々の選択がいかに不安定で曖昧なものであったのか、そして、歴史上の劇的事件に参加した人々が自らの置かれた環境について限定された部分的な理解しか持っていなかったこと、さらに、未来への道筋は出来事の流れを後日になって詳述する歴史家が思うほど、当時の人々にとっては決して明らかなものではなかったという事実について理解しなければならない。

歴史家は結果をすでに知っているため、明瞭さが存在しない場所にそれを見いだすという過ちを冒しがちである[20]。平時においてさえ、曖昧さと不確定さを特徴とする現実世界に住む専門職の将校には、多くの歴史家にとって自明であることも非現実的なものと思えるのであり、そのようなおよそ空想とも呼べるようなことはそれゆえに有用とは見なされないのである。過去を理解し、それが将来も同じような形で繰り返されるかもしれないということを理解しようとする軍人は、読書に際して健全な懐疑心と歴史家に挑戦する意欲と知識を持たねばならない。

結局、歴史に関する叙述の多くは読者にとって有用ではない。歴史家は軍事的・外交的事例を分析するに際し、政府と官僚が意志決定過程で直面する混乱した議論と困難を単純化し、明瞭化する傾向がある。しばしば彼らは、単に無能さないし偶然が問題であるにすぎない事例について、複雑な説明を探し求める[21]。戦時の軍人にとっては、混沌として恐怖に満ちた体験であり、平時の外交官にとっては、一連の混乱し合意し難い選択であったものを、あまりにも単純化することは、意思決定者が操作し実行しなければならない現実を歪曲することになる。そのことはまた、歴史に精通していない人々や、あるいは現実世界の最高レベルにおける意思決定過程に不案内な人々に対して、実際に生起した出来事を近づきがたいものとしているのである。

歴史家が提供する物語が、より明瞭でより明らかな必然性を示す場合、そこから学ぼうとする者は、より懐疑的でなければならない。しかし、懐疑主義とは、単なる不信を意味するものではない。それは同時代史や古代史についての広い読みと、歴史を学ぶ者自身の体験という確固とした基盤に依拠しなければならない。とりわけ実戦経験を欠く専門職の将校は、一九四四年六月六日のオマハ・ビーチ＊のような、薄暗くびしょぬれの戦場の現実の様相について、想像力を駆使してそれらを理解しなければならないのだ。「寒さのためにこわばり、暑さと渇きのために苦しみ、飢えと疲労とで勇気も挫けてしまった場合に、軍事行動に関する判断がなされたとするならば、その判断が客観的で正確であることは希有のことであろう」(22)。専門職の軍人が、あらゆる歴史について補足すべきものは、自らの体験に加えて、他者が判断する事象について、あり得ることだとか、かなり確からしいことだとかを考える能力である。

歴史はまた、人間の営みには基本的で単純な真理があると信じる者たちを不安に苛む世界観を提示するものである。ウィンストン・チャーチルは第一次世界大戦の勃発について、次のように語っている。

> 第一次世界大戦の原因に関する研究は、人間は世界の運命について不十分な管理能力しかないという共通認識から始めなければならない。……天才でさえ限定された思考しか持たない。彼らの権威は争いの対象となり、世論の動向は彼らを取り巻き、大きな問題に対する彼らの権力は一時的かつ部分的なものにすぎない。これらは天才の能力にさえ扱いきれずに問題化し、規模は拡大し細部も肥大化し、多面的な変化の様相を示す。これらすべてを確実に考慮に入れなければならないのだ(23)。

［訳注］　＊1944年6月6日のオマハ・ビーチ　第2次世界大戦当時のこの日、アメリカ軍はドイツ占領下のフランス北部に上陸したが、予期せぬドイツ軍の抵抗によって多数の死傷者を出した。

したがって、歴史研究には単純で安易な解答というものを見いだすことはできない。アメリカにおける政治学の多くの領域に見られるように、そのような解答を求めることは、歴史が提供する細部の真理を排除することになる。[24] 歴史的因果関係の問題が、いかに複雑であるかということは、電撃戦の発達をめぐる問題の解明が、ようやく一九八〇年代に入って現実化したという事実によっても示されている。[25] それゆえ、専門職の将校たちは歴史というものが常に歴史家が現実と思わせるよりも、さらに複雑なものであるという現実に取り組まねばならないのである。彼らは暗く曖昧な文脈や、辿られなかった道、歴史家がしばしば完全に見過ごすか、歪曲に等しいほど極小化する要因に基づいて思いがけなくも下された決定、真の人間の無能さや暴力に走る性質が果たす役割を自らの想像力で補わねばならないのだ。

実際それは、歴史家にとって最も扱いにくい人間に関わる問題において、純然たる無能さが果たす役割である。[26] 二十世紀の歴史家は、軍隊をとりわけ無能と見なす傾向が強かった。ロイド・ジョージの回想録の牽引にある「軍人の考え方」には、それを表す以下のような見出し語がある。

その狭隘さ（三〇五一頁）。アメリカ人に特有ではない、その頑固さ（三〇七七頁）。一九一八年七月二五日のヘンリー・ウィルソン*の空想的な覚え書に見られる、その姿勢（三一〇九頁）。インド北西国境への固執（三一一九頁）。信頼することの不可能性（三一二四頁）。思考することを一種の反逆と見なすこと（三四二二頁）。[27]

［訳注］　*ヘンリー・ウイルソン卿（Sir Henry Hughes Wilson, 1854 ～ 1922）。イギリスの陸軍元帥、准男爵。第１次世界大戦の末年にはロイド・ジョージの最高軍事顧問。

このような軍隊に対する見方は、第一次世界大戦時のルース、*ガリポリ、ヴェルダン、ソンム、パッシェンダール、その他、第一次世界大戦史を占める熾烈な戦いの中に十分すぎるほど、その証拠を見出すことが出来る。しかし歴史家の中には、文民による決定の方が、軍隊による決定よりも、大抵はずっと理に適って賢明であり、さらには洞察力に富んでいると考える者もいる。換言すれば、ほとんどの歴史家は、有能であることが人間の特性の基本であると信じているのである。

筆者の見解としては、これほど真実からほど遠いものはない。実際、二十世紀を通覧すれば、近視眼的思考、視野の狭隘さ、制度的な硬直性などは、軍隊と同様に文民社会においても特有なものであることが示されている。煎じ詰めれば、大恐慌やソ連における七十年におよぶ計画農業の破綻、巨大な株式バブル、毛沢東の大躍進政策、その他の政治的・官僚的災厄など、枚挙に暇がないほどの不幸を生じさせたのは文民世界であった。唯一の相違は、軍事的破綻は隠蔽がより困難であるように思われることだ。

結局、歴史には、原則的な実証主義というアングロ・サクソン的世界観に深く対立する暗黒面が存在する。それゆえ正当な歴史は、平等主義的・民主的な社会に生きる多くの人々に間違った方法で不快感を催させるものである。たとえば、最初にヘロドトスによって創られた神話、すなわち、自由な人間は専制政治下の兵士よりも有能に戦うという神話は真実ではない。まずローマ人が理解し、十七世紀になってヨーロッパ人が再認識した歴史の忌まわしい真実とは、規律に優れ訓練の行き届いた部隊は、その主人が専制君主であれ民主政体であれ、いかに熱狂的に大義に身を捧げたとしても規律に

［訳注］　*ルース　フランスの地名。第１次世界大戦の激戦地で９月25日から10月14日の間にフランス軍10万人以上、イギリス軍６万人、ドイツ軍６万5000人の損害が出た。

劣る戦士を常に打ち負かすということだ。ナポレオンはかつて、神は大軍に味方すると示唆した。彼の言葉の正しさを、民主的なフィンランド人は一九四〇年と一九四四年に思い知らされた。* 同様に、第二次世界大戦の戦場に投入された民主主義諸国の部隊のほとんどは、その戦いの苛烈さに耐える能力の点で、ナチスドイツの武装親衛隊やソ連の親衛軍に匹敵しえなかったということも、残念ながら事実である。

歴史はまた、国際関係における貨幣が権力であることを強調している。時には上品さを装うこともあるが、国際関係における貨幣はやはり権力である。アテナイの外交担当者は紀元前四一六年に、メロス人に以下のように告げた。*

諸君が信じる神々の恩恵について言えば、諸君に劣らず、我らにも多くの権利があると思われる。なぜなら、我らの目的も行為も、人間が神々に関して抱く信仰に外れたものではないし、人間自らの行為を統べる原則に反するものでもない。我らの神々に関する見解と人間に関する知識は、人間がなしえることの総てを規定するのは一般的で必然的な自然の法則であるという結論に至る。我らがその法則を創り出したのでもなければ、その法則が成立した時にそれに基づいて最初に行動したのが我らだったわけでもない。それはすでに過去から存在しており、未来永劫への遺産として引き継がれよう。我らは単に、その法則に従って行動しているにすぎないのだ。それゆえ諸君であれ、また他の如何なる者であれ、我らと同じ権勢の座につけば必ずや同じ道を歩む

［訳注］　＊このこと　はフィンランドとソ連との戦争を指している。第１次ソ芬戦争（1940 年３月）、第２次ソ芬戦争（1944 年９月）。　＊メロス人に　当時のアテナイは、中立を保っていたメロスを強制的に味方に組み入れるためその領土に侵攻したが、その際にアテナイ側使節がメロス側に告げた内容の一部は上記引用文の通り。

だろう。(28)

過去二千四百年にわたる暗黒の歴史の中で、ソクラテスの高弟であるアルキビアデスによると思われる、こうした気の滅入るような発言と矛盾するような方法で、人類が行動したと示唆する事例はない。(29)

掻い摘んで言えば、歴史とは困難かつ一貫した作業を通じてのみアクセス可能な学問であるということだ。それは明確ないし単純な解答を提供するものではない。第二次世界大戦に関する最も洞察力のある歴史家であり、現代の批評家の一人でもある人物は次のように述べている。

歴史という名のフクロウは夕方の鳥である。過去のことについては知ることはできない。ただその日の終わりに、その輪郭がぼんやりと浮上してくるのである。まして未来はまったく不明瞭である。また、過去の教訓から、未来は漸進的かつ予測可能であるというより、往々にして急進的で予測不可能であることを示している。しかしそれでもなお、過去の多くが曖昧模糊としているにもかかわらず、歴史的経験は現在と未来における様々な選択肢にとって唯一利用可能な手引きとして存在していのである。(30)

結局、歴史から学ぼうとする者は、自分の言葉でそれを表現しなければならない。文脈が重要なのである。細部を無視することはできない。歴史は単純で明確な解答を提供しない。歴史を理解するためには、想像力と懐疑主義が必要である。軍事専門家には歴史家の仮定と自らの仮定の両方に、積極的に挑戦する意欲が必要である。歴史の価値とは、起こりそうもないことが起こる可能性を示唆できるという点にある。つまり、それは未来への道筋を確実に示すことは、ほとんどないのである。

軍事史の効用

歴史研究が軍事専門家の進路に課す多くの困難にもかかわらず、軍事専門家は歴史から何を「学ぶ」ことができるのであろうか。最も重要なことは、まさに彼らの職業の本質に関係がある。ハワード教授が何回にもわたって指摘してきたように、軍隊は継続的にその職務を実行し得ないが、その現実は軍事専門職や彼らが守る社会にとって幸いなことでもある。[31] 過去の戦役や平時における軍事革新の歴史、そして、まさに戦争の性質についての歴史は、もし、我々が戦争や戦闘の実像について真に理解したいと望むのであれば、唯一の信頼可能な源泉となる。それゆえ、軍事専門職というものを理解しようと望む者は、歴史を研究しなければならないのだ。

歴史は戦争について多くのことを示唆している。第一に、戦争が常に政治との関わりを持つということである。クラウゼヴィッツを読まずにクラウゼヴィッツを批判してきた様々なイギリス人の主張は脇に置いておくとして、このプロイセンの思想家は以下のように述べている。「戦争は単に一つの政治的行動であるのみならず、実にまた一つの政治的手段でもあり、他の手段による政治的交渉の継続にほかならない。……いかなる状況下にあっても（戦争は）独立したものとして見なされるべきものではなく、あくまでも一つの政治的手段として見なされるべきものである[32]」。政治的・戦略的目的は、軍事組織が目標とする活動を決定する際の手引きになるものでなければならない。二度の世界大戦におけるドイツ人の行動は、ベトナムにおけるアメリカの努力の哀れな結果と同様に、あまりにもあからさまに作戦的・戦術的都合を優先した結果、それらが政治と戦略を窮地に陥れる結果に終わってしまった。「戦争を始めるにあたっては、いや、合理的に戦争を始めるにあたっては、戦争によって何を達成し、戦争のうちで何を獲得するつもりなのかがはっきりしていなければならない[33]」。

たとえば一九九〇年代、アメリカの高級指揮官の多くは、歴史的にはほとんど信用を失った一九三〇年代のエア・パワー論者の理論に依拠し、アメリカが「遠隔攻撃」として表現することが最適な戦争に取り組むことを主張した。それは、アメリカ人の生命をほとんど危険にさらさない、ステルス機と精密誘導兵器による戦争形態であった。その魅力は、一九九一年の湾岸戦争におけるアメリカ軍の成功を反映したものであった。湾岸戦争では、地上戦ではなく航空作戦によって、サダム・フセインをクウェートから駆逐したというのである。しかし、そのような「成功」が、サダムをして中東の敏感な聴衆に対し、アメリカ軍が地上戦を恐れるあまりイラクの軍隊が無傷であり、戦場では敗北していないと主張させるのを容認してしまうことについて、アメリカの高級指揮官達は理解していなかった。彼らは歴史にほとんど無知だったのである[34]。

最近のイラク戦争では、開戦前にワシントンの空軍関係者は再度、独立した航空作戦の可能性を主張した。[35] この事例では、彼らはまったく次の事実を無視した。すなわち、そのような作戦はサダムをして、イラクの油田地帯に火をつけさせ、数百万ガロンの石油をペルシャ湾に注ぎ込み、それに伴う副次的な被害を恐れる人々の同情を利用することで、国際環境を有利に操作させることを容認してしまう可能性である。しかし、軍事的有用性ではなく、政治こそが事態を動かさねばならないし、イラク戦争では少なくとも短期的には、そうであったのだ。長期的には、イラク社会の占領や再建のための最も不十分な準備など別の問題となる。クラウゼヴィッツが指摘しているように、「一つの戦争の勝敗が仮に完全に決定してしまっても、それだけでは必ずしも絶対的なものと見なすわけにはいかない」[36]のである。

歴史とその申し子であるクラウゼヴィッツが、作戦計画の作成における政治の重要性について行ったより重要な指摘は、軍事作戦の政治的な目的と敵の本質を明確に理解する必要性である。その点で、アメリカには過去四十年間、特に目覚ましい成果があったわけではない。一九六〇年代前半の南ベトナムに関与したアメリカの軍事政策担当者は、北ベトナム人の性質と粘着性を理解することすらできなかった。ここでは政治家だけではなく、アメリカの重要な軍事指導者の一部について話題にしているのである。[37] ウィリアム・ウェストモーランド将軍が回想録で述べているように、彼はバーナード・フォールの著作や他の多くのベトナムに関する文献をベッドの脇に置いていたが、決してそれらを読む時間を持つことはなかった。[38] 不幸にも現在のイラクの困難は、ブッシュ政府がサダム・フセイン軍の敗北後に到来する状況に対して、同じような怠慢な態度をとっていたことを示している。

歴史はまた、戦争の基本的で不変的な性質について、極めて具体的に示している。戦う者たちに差し迫るのは人を殺すことであり、恐るべき死の脅威である。アメリカの新たな戦争方法は一九九〇年代に提案されたものだが、テクノロジーにより偶然、不確かさ、曖昧さ、無能さといった摩擦の要素が、戦争から、少なくとも米軍に関しては、すべて取り除かれることになろうと示唆していた。しかし、米軍がアフガニスタンやイラクで再認識したように、戦場とは、最も広い意味での摩擦が、あらゆる行動や作戦を支配し続けている場所でもあるのだ。特殊部隊のある将校は、近年、アフガニスタンでのタク・ガール山での戦いについて以下のように記している。

アメリカ軍は任務を遂行するため、優れたテクノロジーを配備している。これらのテクノロジーの多くは、初めてアフガニスタンでの戦いにおいて使用された。装備とシステムの優越は、広告通り正確に作動した。最新のテクノロジーは戦場での優越を確保する助けにはなったが、しかし過信により事態が悪化した事例も見られた。(39)

知識を求める軍事専門家が、歴史研究により得られるものを理解するに際して、重要な要素が二つある。一つは「机上の戦争」ではない、戦争の現実についての感覚である。(40) 軍事専門家が恐怖や不安、憎悪や死などの連鎖とともに、戦争において直面するのは、その戦闘行動に際しての不均等な要因の深刻な影響である。戦闘を初めて経験すると、戦闘が近づくにつれ、「新兵は危険が増幅していくさまざまな層の中を通ることが出来ない」。

新兵は戦場では思考が他の要因により支配されることを察知しなければ、科学的な思索が通常とは違って、理論の光が異なる屈折をすることを感じる。このような戦場においていつもと変わらず即座に決断する能力を失わない者は大変に非凡な人間である(41)。

これらの教訓が、いかに不十分であり、曖昧なものであるように思えても、歴史を通じてのみ、専門職の軍人は戦場で起こる相互作用についての感覚というものを獲得することができるのである。そして、歴史を通じてのみ、武装した戦士の集団が恐怖心から溶解する過程について学ぶことができるのである。さらには、規律を確立することで、戦場において訓練された部隊を維持する方法についても学ぶことができる。すべての偉大な軍事史が強調しているように、「極端な心労と危険に身をさらすと、知的確信は容易に感情に打ち負かされてしまう。またこのような心理的な霧の中で、それらを明確かつ完全に洞察することは極めて困難なことでもある(42)」。

その点では、自然科学はその曖昧さや不安定さにもかかわらず、軍人や海兵隊員が活動し続ける世界については、依然として歴史学こそが社会科学の予測的な研究成果よりもずっと正確に描写できることを強調している。我々は、絶対的な予測が可能ではなく、歴史的文脈を読むに際して、政治と軍事の相互作用から生じる可能性について、当初の条件下では状況を垣間見ることしか許されない世界に住んでいる。戦争を理解することの意味合いは奥が深い。ある科学史家が近年示唆しているように、現代世界の戦争を理解するために、今後もクラウゼヴィッツを引用することの適切さは、以下の事実からも明らかである。

『戦争論』は、以下のような理解に満ち溢れている。すなわち、すべての戦争は本来、不均等な現象であり、戦争の遂行は分析的な予測を不可能とする仕方で、戦争の特質を変化させるものである。〔さらにクラウゼヴィッツは、〕深い混乱に至らずに、正確で分析的な解決を見いだすことは、戦争によって引き起こされた問題の不均等な現実に合致せず、それゆえ、特定の紛争の経過と結果を予測する我々の能力は、厳しく制限されていることを理解していたのである。[43]

クラウゼヴィッツの著作は、専門職の軍人にとっては第二の重要な知恵の宝庫を提供している。なぜならば、それはテクノロジーにより大きく変化した世界と軍人について、歴史が示唆するものに関する不均等な枠組みにおいて真実を語っているからである。クラウゼヴィッツによる、「一般的な摩擦という統一概念」は、疑いもなく、戦争を予測不能とし、扱いにくいものとし、分析困難とする原因を理解するための最大の貢献である。

一般的摩擦とは、クラウゼヴィッツによる説明によれば、以下のようなものである。「戦争におけるすべてのものは非常に単純である。しかし、この極めて単純なものがかえって困難なのである。この困難は累積されて、戦争を経験していない者には想像さえできない摩擦を引き起こしてしまう」[44]。クラウゼヴィッツについてある評論家が指摘しているように、我々は現代戦における一般的な摩擦の原因として、以下の要因を考えることができよう。

（一）危険　（二）物理的な力の発揮　（三）戦時の戦闘が依拠する情報の不確実性と不完全性　（四）偶然性　（五）自軍の戦力内部における抵抗力という狭義の摩擦　（六）実力行使に対する物理的・政治的な制約　（七）敵との相互作用から生じる予測不能性　（八）戦争における目的と手段の乖離[45]。

これらと同じ状況を正確に反映する限りにおいて、良質の歴史は軍事指導者や軍隊が過去に克服しなければならなかった困難について、専門家の理解を高めることになる。

歴史はまた、戦争では軍人は彼らの命を奪おうとする敵と対峙するものであることを強調する。我我先進国の人間は、敵の防御陣地より離れた基地から敵を攻撃することが可能である。しかし、二〇〇一年九月十一日における世界貿易センターのツイン・タワーやペンタゴンへの攻撃のように、敵がこちらの予期していない手段で反撃を仕掛けてくる可能性があることを忘れるべきではない。アメリカ人がソマリアで経験し、現在イラクで再度、経験しつつあるように、第三世界においても、アメリカの軍事力に対して著しい効果を持つ、比較的原始的なテクノロジーを行使しえる敵が存在するのだ。

戦争の複雑な文脈に加えて、歴史は人間関係の力学という評価が困難なものの重要性を強調する。「個人的関係が重要ではなく、また諸事が衝突して出る火花があらゆる実際的な考察を横断して飛ばないような人間関係の分野があろうか」[46]。我々は、味方側の作戦の遂行に関してさえ、その要因の影響力と力学を計量し、予測することができるか否か疑問である。

敵側に関しては、とりわけ先進国の政治的、軍事的、知的リーダー達が、世界の他の地域にはまったく異なる目算と信念に基づいて行動する人々がいることを理解していない場合、そのような予測はまず不可能となる。

結　論

歴史は軍事専門家にとって、常にかなり困難なものであることを示している。しかし過去は、新たな状況やこれまでとは異なる難題について考える方法を示唆してくれる。それは、ほとんど予測を可能とするものではない。将来について考える際の可能性の幅を示唆するにすぎない。それゆえ、専門家の仕事とは予測不可能なものに備えることであり、マイケル・ハワードが多くの機会に指摘してきたように、彼らは常に、ある程度の錯誤を犯すものであると理解すべきなのだ。過去を研究することで、われわれは敵の本質や敵の政治的・イデオロギー的、あるいは宗教的枠組み、そして、敵の目的を理解することの重要さを認識できる。専門職の軍人や海兵隊員が敵を誤解した場合、世界におけるあらゆる技術に関する知識や情報の優位をもってしても、得るところはほとんどない。

さらに当惑させられるのは、歴史の教訓である。すなわち、その教訓とは将校である多くの専門家にとっても、戦争はまったく予期せぬ方向に急激な変化を見せるということだ。クラウゼヴィッツは一七九二年から一八一五年にかけての、フランスとの熾烈な戦争の経過について書き留めている。

戦争は突如として再び国民の、しかも公民をもって自認する三千万の国民の事業となった。……国民が戦争に参加するようになるとともに、内閣や軍隊に代って、全国民が勝敗の帰趨を決定するものとなった。……このようにして、戦争は一切の因習的羈絆から解き放たれ、それ本来の力を発揮するに至った。(47)

戦争の現実を認めて、それに適応する準備をすることは、戦場における勝利への第一歩である。少なくとも歴史は、専門職の軍人に扱いにくい問題についていかに思考するか、不確実性にいかに取り組むか、その職歴を通じて彼らが必然的に負わなければならない責任の取り方に対していかに準備するかを示唆するものなのである。

[原　注]

(1) 上記の会話の再現は、まったく筆者の曖昧な記憶に基づいている。筆者はこの寸劇を1970年代初めに二回見た。二つの演目ともブロードウェイにおける、「グッド・イブニング」というショーの中での上演であった。アリストファネスの流れを汲む、これら二つの演目から、そのうちの一つを再現する筆者のささやかな試みをお許しいただきたい。

(2) Lieutenant General Jack H. Cushman, U. S. Army, retired, "Challenge and Response at the Operational and Tactical Levels, 1914-1945, " in Allan R. Millett and Williamson Murray, eds. , *Military Effectivness,* vol. 3, The Second World War（London, 1988）, p. 322。

(3) James S. Corum, *The Root of Blitzkrieg, Hans von Seeckt and German Military Reform*（Lawrence, KS, 1992）, p. 37。

(4) イギリス陸軍については以下を参照。J. P. Harris, *Men, Ideas and Tanks, British Military Thought and Armoured Forces, 1903-1939*（Manchester, 1995）；フランス軍については以下を参照。Robert Doughty, *The Seeds of Disaster, The Development of French Army Doctrine, 1919-1939*（Hamden, CT, 1985）。

(5) これらの問題については以下を参照。Holger Herwig, "Clio Deceived, Patriotic Self-Censorship in Germany after the Great War, " *International Security,* Fall 1987。

(6) 1918年の最終的な敗北に関するドイツ側の説明は、コミュニストとユダヤ人が背後から軍隊に止めを刺したというものであった。しかし、それは多くのドイツの研究者達が、大戦末期の数ヶ月間に米軍が果たした非常に重要な心理的・軍事的な役割をまったく見過ごす原因にもなった。

(7) この問題に関しては次のような議論が存在する。ヒトラーのアメリカへの宣戦布告は、陸軍と空軍から反対を受けることなく、海軍からの強い支持を受けた。その一方で、ソヴィエトへの侵攻は、陸軍と空軍から熱狂的に支持された。もちろん、戦後、第三帝国の生き残った軍事指導者達は別の主張を行った。しかし、記録によれば、彼らの戦後の発言はまったく間違っている。この問題をめぐる議論については、Williamson Murray and Allan R. Millett, *A War to Be Won, Fighting the Second World War*（Cambridge, MA, 2000）, ないし、Gerhard Weinberg, A World at Armes, *A Global History of the Second World War*（Cambridge, 1994）。

(8) Polybius, *Polybius on Roman Imperialism,* trans. Evelyn S. Shuckburgh, abridged, Alvin Bernstein（Lake Bluff, IL, 1987）, p. 1。

(9) Thucydides, *History of the Peloponnesian War,* translated by Rex Warner（New York, 1954）, p. 48。

(10) Carl von Clausewitz, *On War,* trans. and ed. , Michael Howard and Peter

Paret（Princeton, NJ, 1975）, p. 141。

(11) Bernard Knox, *Backing into the Future：The Classical Tradition and Its Renewal*（New York, 1994）, pp. 11-12。

(12) この内容に疑問を抱くのであれば、過去１世紀間のマルクス主義者の全般的な活動状況を考慮した方がよいであろう。

(13) この問題が若者の教育をいかに害しているか。４年前、筆者はジョージ・ワシントン大学の戦略学ゼミナールで教鞭をとっていた。合衆国の私立や公立の各大学出身の優秀な24名の学生のうち、ギリシャ悲劇を読んだことがある者は僅かに１人であった。筆者が1990年代半ばまでに教えていたオハイオ州では、これは異常なことではなく、合衆国の主要大学のエリート卒業生が受けた近年の教育環境を反映している。

(14) 少なくとも、ウエスト・ポイントでは、真面目な軍事史と政治史を教える方針が維持されている。

(15) ポリビウスの議論が見当はずれの場合もあることは、以下の文献を参照することで理解できよう。James Mcpherson, *Battle Cry of Freedom, The Civil War Era*（Oxford, 1988） ないし、Fred Anderson's, *Crucible of War, The Seven Years' War and the Fate of Empire in British North America, 1954-1966*（New York, 2000）。

(16) 戦間期におけるイギリス陸軍の知的欠陥に関する最も適切な解説は、Brian Bond, *British Military Policy Between the Two Wars*（Oxford, 1980）. 以下のイギリス軍に関する筆者の論考も参照。*The Change in the European Balance of Power, 1938-1939, The Path to Ruin*（Princeton, NJ, 1984）, chap. 2。

(17) Michael Howard, "The Liddell Hart Memoirs, " *Journal of the Royal United Services Institute,* February 1966, p. 61。

(18) アメリカ軍における最近の潮流については、Williamson Murray, "Clausewitz Out, Computers In, Military Culture and Technological Hubris, " *The National Interest,* Summer 1997；"Preparing to Lose the Next War, " *Strategic Review*, Spring 1998；Dose Military Culture Matter?, " Orbis, Winter 1999；and "Military Culture Dose Matter, " *Strategic Review,* Spring 1999。

(19) Thucydides, History of the Peloponnesian War, p. 48。

(20) 軍事史家の中には、情報の伝達が「電撃戦」の鍵となることを認識したハインツ・グデーリアンの上官が、通信科出身のグデーリアンを国軍の装甲部隊建設計画に抜擢したと主張する者もいる。このような一介の少佐の人事に関して、偶然的な要素を重視する研究者にとっては、多くの戦闘兵科出身の将校が任命を拒否したこと、ないしは、グデーリアンのみがこの人事を利用した唯一の参謀将校であったということの方が、大いに蓋然性の高い話なのである。

(21) かつてなされた最悪の外交官人事の例としては、外務省の文官最高位にあり、概して有能であったロバート・ベシタートが、取って置きのネヴィル・ヘンダーソン卿をベルリン大使に任命したことであろう。ヘンダーソンの職務上の評価については、偉大な歴史家リュース・ネミールが次のように述べている。「(ヘンダーソンは) 自惚れと虚栄心が強く、独断的であり、先入見に固執した。そして、数多くの長文の電報や速達、書簡を通じて、根拠のない同じような見解や提案を繰り返し送り続けた。脅迫というほど鈍感ではなく、また、無害であるほど愚かでもなく、ヘンダーソンは自ら「災いをもたらす男」であることを証明した。しかも、重要なことに、彼はチェンバレンの意見や政策を強く支持していたのである。Lewis Namier, *In the Nazi Era* (New York, 1952), p. 162。

(22) Clausewitz, *On War,* p. 115。

(23) Winstn S. Churchill, *The World Crisis* (Toronto, 1931) p. 6。

(24) この問題について、以下の文献を参照することは避けた方がよい。Barry R. Posen, *The Sources of Military Doctrine, France, Britain, and Germany Between the World wars* (Ithaca, NY, 1984)。同書で著者は、英語文献のみにしか依拠しておらず、歴史的文献の多くを無視しており、重要な論点について安易な結論を下している。

(25) 「戦間期における諸兵科連合部隊の教義の発達」について、その近年の研究状況の要約に関しては、とりわけ以下を参照。Williamson Murray, "Armored Warfare, " in *Military Innovation in the Interwar Period,* edited by Williamson Murray and Allan R. Millett (Cambridge, 1996)。第一次世界大戦末期の戦場におけるさまざまな発展の関連性について、われわれの認識を変えた最初の研究として、以下の文献を参照。Timothy Lupfer, *The Dynamics of Doctrine, The Change in German Tactical Doctrine during the First World War* (Leavenworth, KS, 1981)。James S. Corum, *The Root of Blitzkrieg, Hans von Seeckt and German Military Reform* (Lawrence, KS, 1992) 及び Harris, *Men, Ideas, and Tanks* を参照。

(26) この問題については、1940 年のフランス軍の敗北原因を、純然たる軍事的無能さ以外のものに求めた、以下の三点の研究書に注目する価値がある。Jeffrey Gunsburg, *Divided and Conqured, The French High Command and the Defeat in the West, 1940* (Westport, CT, 1979)；R. J. Young, *In Command of France, French Foreign Policy and Military Plannin* (Cambridge, MA, 1978)；Martin Alexander, *The Republic in Danger, General Maurice Gamelin and Politics of French Defence, 1933-1940* (Cambridge, 2003)。

(27) David Lloyd George, *Memoirs,* vol. 6 (London, 1936), p. 3497。

(28) Thucydides, *History of the Peloponnesian War,* pp. 404-5。

(29) トゥキディデスはアテナイ側の交渉者の名前をあげていない。プルタルコスは、アルキビアデスが民会によってメロスに送られたアテナイ側の交渉者の1人であったと示唆している。

(30) MacGregor Knox, "What History Can Tell Us About the New Strategic Enviroment," in Williamson Murray, ed., *Brassey's American Defense Annual, The United States and the Emerging Strategic Environment*（Washington, DC, 1995), p. 1。

(31) ハワード教授は、1962年の古い談話で次のように語っていた。「第一に、(軍人の) 職業は実際その通りのことがあるのだが、生涯に一度その職務を遂行する機会があるかどうかという点でユニークである。それはあたかも、軍医が一度限りの手術のために、生涯を通じてダミーで訓練を重ねるようなものである。……第二に、(軍務を) 遂行するという複雑な問題は、軍人の精神と技能をフルに活用させるため、彼らの本来的な存在目的を容易に忘却させてしまうということである」。Michael Howard, "The Uses and Abuses of Military History," *Journal of the Royal United Services Institute*, February 1962。

(32) Clausewitz, *On War*, pp. 87-8。

(33) Ibid., p. 579。

(34) 実際にサダム・フセインが、このような主張を行ったのは、戦後しばらくたってからのことであった。Inteview with Dan Rather, February 24, 2003, CBS "60 Minutes"。

(35) 作戦を計画し推進した空軍関係者のために、公平な立場から言えば、独立した航空戦役という問題は、アメリカ中央軍における計画段階では現実的な可能性のある問題として扱われなかったようである。

(36) Clausewitz, *On War*, p. 80。

(37) 合衆国がヴェトナム戦争に巻き込まれる過程についての最も詳細な考察として、H. R. McMaster, *Dereliction of Duty, Lyndon Johnson, Robert McNamara, the Joint Chiefs of Staff and the Lies They Told*（New York, 2003)。

(38) ウェストモーランドの発言は以下の通り。「自宅のベッドの脇には、……数冊の本を置いていた。聖書、フランス語文法、毛沢東のゲリラ戦に関する赤い小冊子、仏軍とヴェトミンの戦いを描いた小説 *The Centurions*、バーナード・フォール博士の数冊の著書。博士はヴェトナムにおける仏軍の活動についての権威で、敵の思考と手法に関する洞察を与えてくれた。私は夜遅くに疲れて帰宅するので、これらの文献については、たまに目を通す程度であった」。General William C. Westmoreland, *A Soldier Reports*（New York, 1997), p. 364。

(39) Colonel Andy Milani, "Pitfalls of Technology：A case Study of the Battle on Takur Ghar Mountain, Afganistan," unpublished paper, U. S. Army War College, April 2003, p. 42。

(40) Ibid. , p. 119。
(41) *Clausewitz, On War,* p. 113。
(42) Ibid. , p. 108。
(43) Alan Beyerchen, “Clausewitz, Nonlinearity, and the Unpredictability of War, ” *International Security*, Winter 1992/1993, p. 61。
(44) Clausewitz, *On War*, p. 119。
(45) Barry Watts, “Friction in Future War, ” in Williamson Murray and Allan R. Millett , eds. , *Brassey's Mershon American Defense Annual, 1996-1997* (Washington, DC, 1997), p. 66。
(46) Clausewitz, *On War*, p. 94。
(47) Clausewitz, *On War*, pp. 592-3。

第2部　歴史の英知に学ぶ軍事文化

7　教育者トゥキディデス

ポール・A・ラーエ

祖国を追われたトゥキディデスは知っていた
言論が何ほどの事を言えるのかを
民主主義が何なのかを
独裁者が何をするかを
年老いた廃人が
何も答えない墓石に繰言を言うのを。
あの人の本は何もかも明らかにした
理性の灯が吹き消されてしまうのを
苦難が社会の習い癖となる事を
失政も悲運も又然りという事を。
ぼくらはそういう事をまた何から何まで味わう定めにある。

——A・H・オーデン「一九三九年九月一日」*——

［訳注］　*オーデンの上記詩は中桐正雅・福間健二編訳『オーデン詩集』（双書・二十世紀の詩人７）小沢書店　1993 年、75 ～ 76 頁を参照。　*ウィスタン・ヒュー・オーデン（Wystan Hugh Auden、1907 ～ 1973 年）。英国生まれで米国に移住した詩人。上記の詩はナチのポーランド侵攻の日、第二次世界大戦勃発に際して書かれた。

トゥキディデスはあの壮大なペロポネソス戦争*の歴史を叙述した『戦史』の序説を締めくくるに当たって、自著の本質を述べた論説を展開している。それは自らの研究を行なうに際しての彼個人の努力を熟考した上での、現代の歴史家には到底思いも寄らない大胆な表現であった。トゥキディデス曰く、彼の史書は「今日の読者に媚びて賞を得るためではなく、世々の遺産たるべく綴られた」(一巻二二章四節)と。(1) この一見して誇大な記述は、『戦史』中で「神話」とか「興味本位の作文」を叙述中から排除していることを、最初に述べることで正当化しているが、むしろその本意は、たとえ全体の内容が本人の言うように「読んで面白いと思う人は少ないかもしれない」ものに近いとしても、「しかしながら、今後に展開する歴史も人間性に導かれ、再び過去と相似た過程をたどるのではないかと思う人々が、ふりかえって過去の真相を見つめようとする時、私の歴史書に価値を認めてくれればそれで充分であろう」(一巻二二章四節)という言葉通り、後世に評価されるのなら、それだけで『戦史』はトゥキディデスの執筆目的を達成しているという点にある。

筆者が論じたいことは次の通りである。筆者を含めた当世の歴史家は、概して謙虚の上にも謙虚を重ねてもまだ飽かないまったくの慎み深い小人たろうと努めているが、反対にトゥキディデスは森羅万象の中での自らの相応な立場を誠によく心得えていた人物であった。つまり彼は、自らの過去は現代の我々の将来に類似しているだろうと考え、そして時の移り変わりに関わらず、遠い未来の子々孫々もまたペロポネソス戦争に関する自らの史書を読んでそこから得るところがあろう、と当を得た思い

[訳注] *ペロポネソス戦争(紀元前431～紀元前404年)。古代ギリシャの戦いの一つで、都市国家スパルタを盟主とする「ペロポネソス同盟」と都市国家アテナイを盟主とする「デロス同盟」との間で行われた。戦争は紀元前421年の平和条約によって一時休止したので「第一次ペロポネソス戦争」「第二次ペロポネソス戦争」と分ける表記もある。

を巡らしていたのである。考えである。(2) 筆者個人の判断では、政治家や将官の教育に不可欠な著書は歴史上それほど多くはない。『戦史』の英訳版の中ではロバート・ストラッスラー編集版がすばらしいが、およそ士官学校とか軍の大学の学生や教官、政治の世界を志す人々は誰もが『戦史』を読まなければならない。無論、一読に留まらず二読三読と、一度読んだら少し間をあけて読み返すことを繰り返すことが望ましい。(3)

筆者は何も、約二千四百年前に活躍した文筆家の事跡を後追いする方が、現代の戦争遂行におけるテクノロジーの役割を理解するよりも重要であることを主張している訳ではない。そんな主張は、幾分かの理があるとしても道理から程遠い。とはいえ、シュラクサイ攻略を企図したアテナイのシチリア遠征*が失敗する件にまつわるトゥキディデスの論考に目を通して（七巻三六章）、そこからアテナイを一敗地にまみれさせた技術進歩の役割を見落とす読者がいるとしたら、その人には物を見る能力がない。かつまた著者は別に、トゥキディデスを読んで古今東西のあらゆる事例を完全に把握し、地理環境の細部に渡って学び尽くせと説いているのでもない。彼が己の時代の戦争を語る上で細部にこだわって叙述を綴ったその念入りな注意力の目指したところは、今の時代にあってトゥキディデスと同じように政治に携わらねばならない人々が彼の史書を読んで学びたいと望む時、そういう読者に向けて情報を届けたいということにあったのだ。

けれども、たとえトゥキディデスが戦争の詳細に惜しまず注意を払っていたとしても、その詳細が彼の真に描きたかった主題なのではない。その主題は変化ではなく、実際には常に生じる変化を支え、

［訳注］　＊アテナイのシチリア遠征（紀元前415～紀元前413年）。シュラクサイ（現シラクサ）を始めとするシチリア島の諸都市を征服しようとしたアテナイ陣営の軍事遠征を指す。アテナイの遠征軍は最終的には全滅した。

そして変化を誘う不変の土台、つまりトゥキディデスが述べているように「人間性」である。だからトゥキディデスは、大雑把でかつ簡潔な物言いだが、過去に立ち現れた人間の生き様は未来の有り様の予兆である、と説く。悪魔は細部に宿ると聞くが、この悪魔は人がそれと見抜かねばならないという意味であり、人が何事か為そうとするなら、まずは関係する細部に目を凝らすべしとの寓意《ぐうい》だ。言い換えれば「人間性」が抽象的理論の中に現出することはめったにない。

ここで戦争を学ぶ現代人なら誰でも知っている一事例を示そう。三十年前、イギリスのサンドハースト陸軍士官学校の講師ジョン・キーガンは*The Face of Battle*（「戦闘の様相」）という題名の非常に有名な本を書いた。この書中で、キーガンは陸戦を学ぶ際に重要な点、つまり普通の歩兵が何を体験し何に関心を抱いたのかという事柄に注目する重要性を力説している。キーガンが指摘しているように、戦争を題材とした文学作品の多くは、指揮官の用兵術という狭い領分に焦点を当てすぎ、盤上を唯々諾々《いいだくだく》と移動するチェスの駒であるかのように諸々の部隊やそれを構成する兵士の姿を描く。しかし例外もあって、その中でも特筆すべき著作こそ、キーガンが引用するトゥキディデスの『戦史』なのだが、それは例えばマンティネイアの戦い*を分析する際に、重装歩兵の個々が自分の置かれた状況をどう見るのか、またその状況から生じる歩兵一人一人の心配や、ファランクス（密集方陣）の右翼を占める兵士の行動の決定要因についてきめ細かく観察しているといったところが卓越している（五巻六六〜七四章、特に七一章に注目）(4)。トゥキディデスの書を読んで以上の文脈に思い至るほどの将官ならば、自分の指揮下で戦う普通の兵士が普通に目にする戦況、兵士を駆り立てる彼ら自身の心の

［訳注］　*マンティネイアの戦い（紀元前418年）　スパルタ陣営がマンティネイアに侵攻して起きた戦闘。

動き、世間一般がかくあるべしと兵士に望むその役割に伴う行動、そうした諸々を思索しないではいられまい。トゥキディデスを丹念に読み返す人は、賢人並みの洞察こそ得られないとしても、S・L・A・マーシャル*やアーダント・ドゥ・ピックが提示したような人間性と戦争との関連との疑問の答えを簡単に見出すことができよう。

いわゆる「人間性」を示そうとしても、抽象的な叙述ではめったに成功しないので、トゥキディデスは一般論をほとんど述べなかった。一般論の問題について本人は黙したままだが、そこには相応の理由がある。古代ギリシャ・ローマ世界では、道義や政治に関する説得は、性的誘惑と同類だと認識されていた。この認識の上で古代の雄弁術における原則の一つとなったのが、弁舌家ならば説得をなす過程では嘘偽りに訴えようとも聞き手を協賛者に仕立て上げねばならないということだった。そこでテオフラストス*は次のように述べている。

> あらゆる事柄について長々かつ正確に弁ずる必要はない。しかしあるいは聞き手に判断を委ね、聞き手の知力によって理解させ、解決をつけさせる方が良い時もあり、かくて話し手が示したことを聞き手に理解させるようになると、その聞き手は単なる聞き手に留まらず、話し手の証人に、それもお誂え向きの証人に変化する。聞き手の当人に自分には物事を理解する能力があると思い込ませるためには、話し手の方から聞き手に対してその人の理解力を人前で示せる機会を提示してやるべきだ。だからこそ聞き手に対して何もかも語り尽くす話し手に限って、聞き手を馬鹿者

［訳注］　＊マーシャル（S. L. A. Marshall, 1900 ～ 1970）。アメリカの 20 世紀の軍事研究者。　＊テオフラストス（紀元前 371 ～紀元前 287 年）　ギリシアのレスボス島のエレソス出身。若年でアテネに来てプラトンの学校に入る。プラトンの亡き後、アリストテレスに師事し、アリストテレスの後継者となる。

呼ばわりする。(5)

古代に生きた諸々の歴史家がそのような話術筆法を習いかつ行ってきたことは長らく周知であった。(6)トゥキディデスもこのことについては例外ではない。彼の目指したのは教育にあり、訓練ではなかった。

訓練はもちろん軍隊が最も得意とするところだ。巨大な官僚機構が皆そうであるように、訓練には選択の余地がほとんどない。各種各様の背景をもつ多数の男女が共通の事業を共同で働く場合は、一連の共通の手順と実施要領を学ばねばならない。さらに戦時になって皆が等しく緊急事態に直面する場面では、熟考する時間など仮にあったとしても僅かでしかない。将校とその指揮下にある兵員は双方とも、すぐさまに本能的に行動対応する術を心得る必要がある。しかしもし定められた実施要領に思慮なく従うことでは不十分な場合、戦略の教義や公認された戦術に精通した知識に基づいて迅速な意思決定を行うことが不可欠なことである。

しかし、軍事組織は教育の面では非効率的である。教育が任務遂行に際して不可欠であるにもかかわらず、これまた他の官僚機構と同様、軍事組織は熟慮することや反省に対して悪意のある視線を投げかける傾向がある。学究的な軍人が注意人物とみなされるのには無理からぬ理由がある。なかでも学究的な軍人は厄介な異論や混乱する質問を持ちだす傾向があるからだ。軍の大学でさえ熟読よりは暗記、複雑な解釈よりは単純で憶えやすい教訓を好む強い志向がある。こうした性向こそ軍隊をして改革を遅らせ、永劫に流転を続ける状況の中に対応するのを難しくする体質を引き起こすが、他の巨大な官僚機構とてその同類である。トゥキディデスの書がこの課題に対する素晴らしい特効薬たりえるのは、彼が低俗化の受容を拒否しているからだ。彼が読み手に求めるのは熟考と反省である。

その意図を誰よりも汲み取っていたトーマス・ホッブズ*はそれを次のように判断していた。「重要かつ適切な歴史書であって…過去の行動にまつわる知識により人々を教え導き、現在にあっては賢明に、そして未来に向かっては用心深く進む生き方を人に身につけさせる」。一六二八年出版のトゥキディデス『戦史』英訳版に寄せた序文の中で、ホッブズは、「これまでに見てきた文書の中で最も思慮分別のある歴史学者」として、原著者であるギリシャ人歴史家を選出した。そして次のように彼の判断を説明している。

> トゥキディデスの叙述は物事の本質を語り、考えに考えた批評を行い、文体は明快にして説得力に富む。故にプルタルコス*曰く、トゥキディデスの書の読者はその彼の時代を垣間見る。彼がその読者として見定めた相手は、議会国政で行なわれる討議の最中に、街中で起きる騒乱の最中に、戦場で為される死闘の最中に居合わせる人々であった。一読すれば、一人の人間の知性がその経験と結びつければどれほど偉大になれるか、とりわけ先祖の行いに目を向け、歴史に生きた人々や起きた事件に精通して生きるならどこまで出来るか、ということが分かるだろう。この本に描かれているのはそういう事柄で、そこに注意して読み解く人にも同様の利益が得られる。そんな

［訳注］　＊トーマス・ホッブズ（Thomas Hobbes, 1588 ～ 1679）。イギリスの政治思想家。『リヴァイアサン』等の著作で知られる。　＊プルタルコス（46 頃～ 120 年頃）。古代ローマ帝政期に生きたギリシャ人歴史家。『プルタルコス英雄伝』（対比列伝）の著者として知られる。

人にならトゥキディデスの叙述から教訓を引き出して自らの糧と為し、叙述に登場する人物の立ち居振る舞いや言論を通じて彼らの本質に迫るほど自らを高められるかもしれない(7)。

トゥキディデスは何を考えるべきなのかを読者に公然と告げることはしなかった。だからホッブズも後にこう付言する、「教育の動機付けだとか教訓をいかに人々に教え広めるかという逸脱は(哲学者の領分であって)トゥキディデスとは相容れない。彼の叙述を読み解けるのは、過去現在の善き悪しきを問わない言説の真髄を見極めようとする者だけだ。そもそも叙述というものは、あからさまに教訓を押し付けるよりも暗に読者を教え諭す方が、より感動を呼ぶのは明らかなのだから(8)」。もちろん以上の考えに至った人はホッブズが最後だったわけではない。ジャン゠ジャック・ルソー*もトゥキディデスを「歴史家の真の鑑である」と呼んで次のように語る。

彼はまず判断することなく事実のみを報告したが、しかし我々がその事実を判断するのに必要な事柄を何も省略することはなかった。彼は自分が言わんとした物事を悉《ことごと》く読者にさらけ出している。語られる物事とその読者との間に割って入るという無粋から身を引いたのが彼という人物だ。しかし読者にはいま読んだ事柄を信じる義務はない。ただ自らの見る物事を信じればいい(9)。

端的に言えば、トゥキディデスの関心は物事の考え方を読者に諭《さと》そうとした所にあって、考えるべ

［訳注］　*ルソー（Jean-Jacques Rousseau, 1712 ～ 78）。フランスの思想家。『人間不平等起源論』『新エロイーズ』『社会契約論』等の著作で知られる。

き物事を読者に語ろうとすることには関心を持っていなかった。彼が自らの分析を書き綴るときには筆を惜しむ一方、出来事の詳細を記そうとする時は苦労を厭わず緻密さを心がけた理由は、読者に対して自らの力で自らのために世の中の物事を理解するよう求めたからである。トゥキディデスの目的は市民と政治家とを教育することにあって、彼らを訓練してロボットに変えることではなかった。

トゥキディデスがたとえば、自著が今日「不朽の名著」になっていることを聞き及んでいたら、また刊行から二五〇〇年近くを経て一人の軍人政治家、アメリカ国務長官にして陸軍大将ジョージ・キャトレット・マーシャル*が、現代において進行している政治上の案件を理解する際には古代アテナイ出身のトゥキディデスを頼りにしてきたと称賛したこと、加えてさる大学での講演で聴衆に向かって「今日、ペロポネソス戦争の流れやアテナイ陥落の事情を考察した体験が一度もない人間に果たして、国際情勢の根本問題を処理するのに欠かせない英知や信念を伴って考察することが可能なのでしょうか[10]」と問いかけた話を知ったなら、定めし喜んでくれたはずだ。加えてその三十六年後、詩人でありノーベル文学賞に輝いたポール・チェスワフ・ミウォシュ*が以下のように述べたことを知ったなら、やはり大いに喜んだに違いない。「いかなる時でも特定の秩序の枠組みの中でしか行動しない人々には、その秩序が消滅する時でもそれと知ることはできない。今存在する観念や基準のすべてが突然破綻してしまう、というのは歴史的には稀ではあるが…まさに著しい激動の時代の特徴である」。ゆえに二十世紀の「急激かつ暴力的変化」に関しては「類似する事例として取り上げるに相応しいのは唯一、我々がトゥキディデスから知る通り、あのペロポネソス戦争当時であろう[11]」。

［訳注］　*マーシャル（George Catlett Marshall, 1880 ～ 1959）　アメリカの軍人・政治家。第二次世界大戦ではアメリカ陸軍参謀総長となり、戦後は国務長官として「マーシャル・プラン」と呼ばれるヨーロッパ経済復興援助計画を提案した。　*ポール・チェスワフ・ミウォシュ（Pole Czeslaw Milosz, 1911 ～ 2004）。ポーランド出身の外交官・詩人。1951 年にフランスに政治亡命した後、1970 年にアメリカの市民権を得た。1980 年にノーベル文学賞を受賞する。

マーシャルの講演は一九四七年で、ミウォシュの発表は一九八三年だったが、両者が同じ論法で一九一七年、一九三九年、いや一九九一年に提唱したとしても違和感はなかっただろう。なるほど完全な合致ではないが、二十世紀とトゥキディデスの時代の世界とには多くの類似点がある。思想上の変革の世紀という点では紀元前五世紀もまた然りだったし、どちらの時代も政治構造は二極化されていて、一方は海での戦いを得意としかつ海を戦いの舞台に求める民主主義的連合、もう一方は民主主義に基づく自由思想に対しては非友好的であり、陸上で優越する国家連合だった。おそらく *Life of Marlborough*（「マールバラ公の生涯」）*を執筆したウィンストン・チャーチルを除けば、いずれの時代にあっても誰一人、連合を運営する際の課題とか、海洋を主軸とする政治集団が陸上に覇権を拡大する必要があると同時に海洋に進出しようとする敵側の試みを挫かねばならない状況ではどんな課題が生じるのか、といった事柄をトゥキディデスに匹敵するほど奥深く考えた者はいなかった。(12)

ここで話を一転して『戦史』第一巻の末尾で「メガラ禁令」*に重きを置いて語られた一件の中の、トゥキディデスが「modus operandi」（手法）という用語を使って読者に謎かけをしている部分に注目しよう。彼の記述は読者にこう問いかけている。ペロポネソス戦争の原因は、アテナイとメガラとの間の正確な境界の位置を巡っての紛糾、メガラがアテナイからの逃亡奴隷をかくまったこと、それとも自国に従順でないメガラへの報復としてアテナイが支配下の港湾でメガラ人商人を排斥したこと、といった細事の裁量を誤ったからなのか（一巻一三九章一〜二節）(13)。ところでトゥキディデスはその答えを示さないまま読者に別の問い、すなわち第一次ペロポネソス戦争の最中とその後のアテナイと

［訳注］　＊マールバラ公ジョン・チャーチル（John Churchill, 1st Duke of Marborough, 1650〜1722）。ウィンストン・チャーチルの先祖。スペイン継承戦争で活躍したイギリスの軍人。廷臣として出世を遂げるとともにスペイン継承戦争で軍才を発揮して、一代でイギリスの名門貴族マールバラ公爵家を興した。
　＊メガラ禁令　ペロポネソス戦争直前のアテナイはアテナイ市場からメガラ商人を締め出すために「メガラ禁令」を制定してメガラ人の入国を禁止した。

メガラとの外交関係をどう読み解くのか、ということを投げかけている（一巻一〇三章四節、一〇五〜一〇八章、一一四章）。そこで読者が考えるよう求められている内容は、メガラがコリントスとスパルタにとって戦略的に重要な都市だったこと、(14)それと合わせてアテナイがケルキュラと防衛同盟を結んだ時点で、過去にコリントスに味方してケルキュラ相手に戦争した中で、アテナイ近郊のサロニカ湾に面する都市国家群のすべてがアテナイを見限ったのだが、その例外としてアテナイに味方し続けていたのがメガラ一国だった、という状況であった。(15)

以上の謎かけは、我々が前述の状況とその他の細部事項に綿密に注意を集中する場合に限り、トゥキディデスがあちこちに散らした他の詳細説明に挿入されている重要な情報を考察することにより、戦争に先立つ期間を通してようやくその一端が解き明かせるのである。答えは多分、ペロポネソス戦争が勃発する時点から詐術的外交を展開していたアテナイの指導者ペリクレス*にあるのではないか。彼は、スパルタの同盟国といっても挙動不審のコリントスを叩きつつ同時にスパルタを懐柔する試みを、自らの手腕で制御できる限りは巧みに遂行していた。こういう実情が読者に分かってくると、他の状況の意味も読み解けるようになる。つまり、スパルタにとってアテナイと結んだ三十年間和平条約*の諸条項がどういう様に見えたのか、条約に書かれた通りに紛争全てを仲裁裁判にかけて解決しようというアテナイの提案が何だったのか、スパルタが単に開戦に乗り気でないだけでなく、かつて遵守を誓った和平条約を破棄して神々の不興を買うのを恐れたというのは何故なのか。(16)こうした背景の中では、ペリクレスは一見するとコリントスとの争いに関して対応が非常に鈍いかのように思える。

［訳注］　＊ペリクレス（紀元前495頃〜429年）　古代ギリシア、アテナイの最盛期を築き上げた政治家。　＊三十年間和平条約（紀元前445年）　ペロポネンソス戦争以前に行なわれたアテナイとスパルタとの戦争は30年期限の平和条約によって落着していた。

たとえば、コリントスにはその直ぐ隣国であるメガラに内政干渉するアテナイの態度に対して敏感に反応する当然の理由があった点、またコリントス側が西方のシチリア島を起点としてアドリア海、エピダムノス、ケルキュラを経由しコリントス湾に至るという曲がりくねった穀物輸入ルート*を命綱同然に頼りとしていたのに、それにアテナイが干渉したせいでコリントスが困窮を強いられた点、こうした諸点に対してペリクレスは鈍感であるかのように振る舞っている。(17) それでは以上の問題にどう解答すればいいのか。第一にトゥキディデスが『戦史』中に残した手がかりを見つけ出すこと、第二に現代の用語なら情報分析力とか諸々の事象を解釈する力、すなわち政治家としての能力や軍隊にとって必須の能力を磨くことである。ともあれ本章で挙げた謎が現代社会にとってもなお啓発的であるとするならば、それはとりもなおさず、万物が永劫《えいごう》に流転しても「人間性」だけは常に不変だからに違いない。

ここで別の事例に話題を変えよう。トゥキディデスの叙述冒頭に登場する英傑と言えば、すぐ思いつくのがアテナイの戦争指導者にして政治家のペリクレスである。彼こそは開戦直前のアテナイ人を導き、戦いが近づくにつれ彼らを落ち着かせたのである。戦いが始まると、戦死者の家族に対して不朽の弔辞を語った。ペリクレスが疫病にかかって死亡したのを記録した『戦史』第二巻中半のくだりで、トゥキディデスは以下の簡潔な献辞を彼に送った。

平時におけるポリスの指導者であったペリクレスは、つねに穏健な政策によってポリスを導き、

［訳注］　＊穀物輸入ルート　現在の地名国名と照合すると、このルートはイタリアのシチリア島に始まってイタリア本土南部を迂回し、アルバニアの南側、ギリシャの北部沿岸を通って中部に至る。当時の海運を担っていたガレー船にとって、風雨に脆い木造船体と漕ぎ手を休める寄港地は安全な航海に必要なことであった。

万全の守りを固めた。彼の時代にアテナイは最大の勢力を蓄えることになった。そしてついに戦争状態に入ってからも、ペリクレスは戦時におけるアテナイの力量を正確に見通していたように思われる。彼は開戦後から二年六ヶ月間生きていた。その死後、彼の戦争経過の見通しはいっそう高く評価されるに至った。彼は、もしアテナイが沈着に機をまち、海軍力の充実につとめ、かたわら戦時中は支配圏の拡大を控え、ポリスに危険を招かぬよう務めたならば、戦は勝利に終わると告げていた。しかしアテナイ人たちは、すべてこの忠告に反することばかりをしてしまった。戦争遂行と無関係と思われても自分の野心や利益を満足させると考えれば行動した。成功すれば個人の名誉や利益になるが、失敗すれば戦争におけるポリスに害をもたらす政策を唱えて自国と同盟国を統治した。この原因はペリクレスにあった。彼が高い地位にあり、すぐれた識見を備えた実力者であり、賄賂にも明らかに影響されなかった事実の結果であった(18)。彼は自由人のやり方で市民を支配した。要するに市民の意向に従わず、彼が市民を導いたのである。彼は不当な手段で権力の所有者になることは決してなかったし、口先一つで民衆に気に入られるために自分のやり方から反するようなこともしなかった。それでも権力の座にあっても、彼は非常に評判が良かったので、民衆を怒らせるような点でさえも彼らに逆らって押し通すことを可能にしていた。たとえば、市民がわきまえを忘れて傍若無人の気勢をあげているのを見ると、ペリクレスは一言放ってかれらがついに畏怖するまで叱りつけたし、逆にいわれもない不安におびえる群衆の士気を立て直し、ふたたび自信を持たせることができた。こうして、名目上は民主主義であったにせよ、実際は秀逸無二の一市民による支配がおこなわれていた。これに比べて、ペリクレスの後の者たちは能力において互いにほとんど優劣の差がなかったので、皆己れこそ第一人者たらんとして民衆に媚び、政策の指導権を民衆の恣意にゆだねることとなった。このことが、アテナイのごとく大きいポリスを営み、支配圏を持つ国では当然、数多くの政治的な過失が繰返されることとなり、その最たるものがシチリア遠征であった。その失敗は、かれらが敵について致命的な誤算を犯したために生じたものではなく、本国の責任者たちが遠征軍に対して必要な軍需品等の供給を行う決断をしなかったことが大きな原因をなしていた。彼らは民衆指導権をめぐる個人的な中傷に明け暮れて、遠征軍の攻撃力をいちじるしく鈍らせ、また国内問題でお互いが責任をなすりつけ政治的秩序を覆す最初の契機をつくったのである。しかしながら、シチリア遠征が挫折し、アテナイは海軍力の主力を失い、内政は今や内乱状態に陥りながらも、なお三年間アテナイ人の抗戦力は衰えなかった。従来の敵にシチリア諸地の軍勢が加わり、さらにアテナイ側同盟の過半は離叛して敵側につき、ついにはペルシア王子キュロス*がペロポネソス側に海軍建造の軍資金を与えるに至っても、結局は市民間の内紛が嵩じて内部崩壊を来たすまでは降伏しなかった。これほどにあり余る国力をペリクレスは開戦当初すでに知っていたからこそ、ペロポンネソス同盟だけを相手の戦であればアテナイ側の勝利はまことに易々たるべきことを、予言してはばからなかったのである（二巻六五章五〜一三節）。

［訳注］　*ペルシア王子キュロス（BC424 頃〜 BC401 年）。古代ペルシア帝国の王子。当時小アジアの総督だったキュロスは兄王の地位を狙っており、ペロポネソス戦争後にギリシャ傭兵を率いて反乱を起こしたが、戦死した。

誰でも一度この段落を読めば、トゥキディデスがペリクレスを賞賛していたということが納得できるであろう。そこだけ抜き出して二度三度読み返しても彼への賞賛の献辞は強まるばかりかもしれない。しかしそれだけではなく『戦史』第一巻のテミストクレス*について言及している賛辞の箇所と比較すると、ある重要な一点を軸として、トゥキディデスが非常な賛辞の体裁でじつはペリクレスを酷評していたことがわかってくる。

次にテミストクレスの死に際しての記述から、トゥキディデスがこのアテナイの政治家をどう評価していたかを引用しよう。

テミストクレスは生得の知力を無類の着実さで発揮し得た人であり、この点だけでも余人の追従をゆるさず、大いなる賞賛に値するものがあった。彼の天性の英知は、単なる学識とか経験によって蓄えられたものではなかった。問題が生じれば瞬時の判断により最高の決断をなしたし、遥かな未来の問題に遭遇しても最良の予測を立てる人物であった。また己れの経験内の事柄であれば、何ごとも説明する能力をもち、そして経験外の事柄でさえ、問われれば十分に判断を下すことができた。さらにまた、かれは予断をゆるさぬ情況に接しても、そこから可・不可の別を抜群のやり方で明瞭に指摘する予見の才に長けていた。要するに彼の天賦の明敏さと俊敏な習得力とによって、必要な対策を臨機応変に講じうる類まれなる力の持主であった（一巻一三八章三節）[19]。

［訳注］　*テミストクレス（紀元前 524 ～ 459 年）。古代アテナイの政治家。ペルシア帝国を敵とした戦争ではアテナイ海軍を率いて勝利したが、「陶片追放」と呼ばれるアテナイ独自の政治制度によって国外追放された。

さて、ここでテミストクレスについて語られた事柄と語られなかった事柄から、テミストクレスの人となりを明らかにしなければならない。彼は自らの汚職と詐術に関わる噂のせいでかえって疑り深くなり、アテナイの指導者としてはペリクレスほど有能ではなかったけれども、やはり諸々を総合すれば若手の政治家の中で群を抜いた存在だった。[20] まず初めに、もう一度トゥキディデスが述べたことを振り返ると、テミストクレスの「生得の知力」「天性の英知」は「学識とか経験によって蓄えられたものではなかった」。反対に、ペリクレスの先見の明の源泉について『戦史』は全く語らずにそれを読者の判断に委ね、二者への献辞を読ませるという迂遠なやり方でもって、まずはテミストクレスの政治家としてのよく知られている欠点を読者に知らしめ、然る後にこう問いかけている。はたしてペリクレスは、政治家に相応しい技能を学ぶよう強いる厳しい経験という学び舎に入ったことがあったのか。

いったんこうした疑問が頭に浮かべば、次にペリクレスの経歴の始まりを知りたくなるだろう。キモーンの陶片追放とエフィアルテスの暗殺*があった頃にはもう、ペリクレスは政治家として責任ある地位に就いていていたらしい。ペロポネソス戦争の前にスパルタと戦ったとき、アテネの成人男子人口が三万〜五万人程度であったが、ペルシア帝国の勢力をエジプトから放逐しようとする非現実的な戦争に従事し、結局はおよそ二五〇艘の艦船、五万名の市民や同盟国の漕ぎ手を失った（一巻一〇四、一〇九〜一一〇章）。[21] そしてもっと大掛かりなペロポネソス戦争の直前に、ペリクレスは同胞にこう告げた。「アテナイ人が沈着に機をまち、海軍力の充実につとめ、かたわら戦時中は支配圏の拡大を控え、

［訳注］　＊キモーンの陶片追放とエフィアルテルの暗殺　キモーンとエフィアルテルはいずれも古代アテナイの政治家で、テミストクレス以後のアテナイを指導した。

ポリスに危険を招かぬよう努めるならば戦に勝利する」。彼は戦争の行く末も暗に言及できるほどに戦争の危険を直接見聞して知っていたのである。

加えて、これもトゥキディデスが言及していたことだが「遥かな未来の問題」を扱う際に「可・不可」の問題に関するテミストクレスの予見の才は、全般的な視野からなされていた。他方ペリクレスの「先見の明」は単に「戦時に関する」問題のみに限られていたと考えられる。二人の追悼記事を比較するとある疑問へと誘導されるように思える。ペリクレスの「先見の明」には見通しの利かない部分があったのだろうか。いやこう極言しよう。アテナイの政治家だったはずのペリクレスは、そのアテナイが将来どう発展するかを考察する能力に欠陥を抱えていたのではないのか、という疑問だ。トゥキディデスも指摘した通り、ペリクレスの死去に引き続いてアテナイの人々は彼の忠告に従う能力の欠如を露にしてしまう。『戦史』はこう語る、「アテナイ人たちは、すべてこの忠告に反することばかりをしてしまった。戦争遂行とは無関係と思われても、自分の野心や利益を満足させると考えれば行動した。成功すれば個人的な名誉や利得になるが、失敗すれば戦争におけるポリスに害をもたらす政策を唱えて、自国と同盟国を統治した」。

アテナイの行いは、つらつら思うにオットー・フォン・ビスマルクが帝国宰相の地位を退いてから皇帝ヴィルヘルム二世が君臨した時代のドイツが行なったものでもあった。* ドイツ統一を成し遂げたビスマルクは同朋に向かって、我が国は現状で満足すべきであって政策は堅実を旨とすべきだと説いたが、その同朋の気質は彼の忠告に従う才能に欠けていた。しかしその結末には、ペリクレスと同様、

［訳注］　＊ビスマルク以後のドイツ帝国　当時のドイツは隣国であるフランス、ロシアとの対立を深め、1914 ～ 19 年の第一次世界大戦ではアメリカ、イギリス、フランス、ロシアを含めた連合国と敵対して敗北した。

堅実を目指すべき時に堅実向きでないドイツ人の気質を作った彼ビスマルクこそが相当な責任を負わねばなるまい。ペリクレスとビスマルクはどちらも拡大政策によって栄光を獲得し、その政策の実施に際して両者の大胆不敵ぶりは息をのむほど見事だった。しかしこの両者は、ほんの一時でいいから沈着な状態を維持するようにと国民を育て上げることについていかに考えていたのであろうか。その疑問はこれから改めて考え直すとしよう。

まずなすべきことは、トゥキディデスが他の誰よりも深く追究していた「人間性」の概要を明確にすることだ。いや実は、間接的ながらその点は既に述べているのだが、やはりこの問題はトゥキディデスに倣った方法で論述するのが最善であろう。だがトゥキディデスの『戦史』の冒頭は誰がどう考えて奇妙である。その出だしで彼は自己紹介を始め（アテナイ人トゥキディデスは…）、それから自著の題材を挙げている（ペロポネソス人*とアテナイ人との戦争）。そうして彼は「この戦乱が史上特筆に値する大事件に展開することを予測して、ただちに記述をはじめた」と述べ、その参戦各国が軍備を万全に整える一方で、他のギリシアの諸国家もただちに陣営を選択するか、さもなければ参戦の時期を窺っていたことに言及した（一巻一章一節）。その次に彼はこう続ける、「この戦争はギリシア世界をかつてなき大動乱と化し、そして広範囲にわたる異民族諸国、極言すればほとんど全ての人間社会をその渦中に陥れることにさえなった」（一巻一章二節）。第一章の残りの箇所と後続する二十節分は、トゥキディデスが最初に述べた事柄をさらに上古の時代の事例を引き合いに出しながら論証した部分であって、その要点は「戦争をはじめとする往時の諸事績は、決して大規模ではなかった」こ

［訳注］　*ペロポネソス人　ペロポネソス戦争当時のスパルタはペロポネソス地方（現ギリシア南部）における陸軍大国で、その地方の都市国家を味方として「ペロポネソス同盟」を結成していた。これを総称してペロポネソス人と言う。

とにつきる（一巻一章三節）。

『戦史』のこの箇所は通常「考古学」と呼ばれ、古代の出来事に関するトゥキディデスの論説を通じて、極度に抽象的ながら、ごくわずかな参考資料を元に推論を重ねて先史時代の概史を語っている。この段落の強調点は上古が争乱によって彩られていることである。トゥキディデスの主張は単純にして率直だ。社会全体が戦乱の最中にある時代にあっては権力を生真面目なやり方で行使する者はいない、と言いたいのである。そして彼は、メリハリのある文体と選び抜いた用語を駆使しつつ読者に考察を促す書きぶりを通じて問題提起し、人類史には極度の社会的変動が起きると、その後に社会は彼が称する平和というある種の安定に統制されることが続く、とする結論を導いている（一巻一二章一〜四節）[22]。

トゥキディデスはこの「安寧」をつくり出すものについては明らかにしていないけれども、それでも何か優雅とも見えるようなものを念頭においていると仄めかした後、『戦史』の主役となったアテナイ人とスパルタ人の両ポリス人を紹介するという本筋には関係ない脱線に走った。彼は『戦史』の冒頭で以下のように述べている。

　これはすなわち、かつてのギリシアでは家屋を守る城壁がなかったこと、たがいに往来するには危険が伴ったこと、などの理由から人々はみな帯剣をつねとし、また一般日常生活にも武器を伴侶としていたためにほかならず、この点は今日の異民族の習いと同様であったにちがいない。

今日一部のギリシアにおいても類似の風習が残っていること自体、かつてはこれに似た生活が広く一般にも行われていたことを示す証拠である。そのなかにあって率先して帯剣をはずし、生活の緊張をやわらげ、かつてない優雅の風にあらためたのはアテナイ人である。この優雅な暮しの一例として、アテナイ貴族の長老たちの麻織物の長衣、頭のまげを固定するセミ形の黄金ピンなどがあったが、この風俗がすたれたのはさほど昔のことではない。これがもとで、アテナイとの部族的つながりにひかれてイオニア人*の長老たちのあいだでも、この衣髪の形が長らく保たれてきた。だがふたたび装束の華美をいましめ、現在の姿に改めたのはラケダイモン*人がその始めであった。そして生活様式全般についても、富裕者らは一般市民とできるだけ均等な習慣を定めることに力をつくした。また、はじめて裸体となって見物人の前に現れ、競技のときに体に塗油をほどこすことを始めたのもラケダイモン人である。その昔は、オリンピアの競技*においてさえ、選手たちは腰帯をしめて技を競ったものであるが、これも比較的最近になって改められた。現在なお一部の異民族、とりわけアジアの民族のもとでボクシングやレスリングの競技が催されるときには、参加者は腰帯をしめてたたかう。その他にも全般的にみて往時のギリシャ世界が、現在の異民族諸邦と多々類似する習慣をもっていたことは、容易に示しえよう（一巻六章）。

何気なく読む限りは取り留めのない脱線にしか思えないこの箇所、実はトゥキディデスの論述の

［訳注］　*イオニア　トルコ西部の旧地名。古代ギリシア人はギリシア本土からエーゲ海を越えて現在のトルコ沿岸に植民した。　*ラケダイモン　ギリシャ南部に「ラコニア」という地方がある。都市国家スパルタはこの「ラコニア」地方に建国されたため、スパルタの市民は「ラケダイモン人」（ラコニアの人）とも言われた。　*オリンピアの競技（紀元前776～紀元後393年）。ペロポネソス地方の西北部に位置するオリュンピアにあったゼウス神殿で開催された体育祭。4年に一度開かれたこの競技中、ギリシア全土は休戦状態となった。

中核に直結している。というのも、定住して「安寧」を得た末に彼言うところの戦備を揃えるに足るほど相応しくなった人々に関する叙述だからだ。その記述は、共同体の内とその外との関係の間に区分を設ける状況が生じたこと、あるいは今風に言えば「市民権」の導入、そして国内における非武装化と国内の和平の確立を物語っている。トゥキディデスによると彼の同朋アテナイ人がまずこの発達に先鞭をつけ、国内では武器の携帯をやめ、手を携えて共同戦線を張り、山に海に蠢動した海賊行為を終わらせると同時に国家繁栄の道標を築いたことになる。また別にスパルタ人は、社会内の緊張を未然に除くべく詳細な平等政策を国人に強いた事でその発達を完成させた。貧富の対立構造が維持される範囲内ながら、平等政策は人々があらゆる衣服を、というよりは社会的・経済的格差を示唆する総ての要素を脱いで参加する運動会を実現させ、おかげで人々は持って生まれた能力を平等に示しながら競争でき、ひいてはその人々が戦場で効果的に能力を発揮できるような土壌を育んだ。これが戦場におけるスパルタの強みである。

トゥキディデスの認識に拠って立つなら、史上特筆すべき大動乱が異民族ではなくギリシア世界で起こったのは決して偶然ではないし、彼の死後の時代にギリシアの軍隊がペルシア帝国全土を征服してしまうことを知ったとしても驚きには値しない。なにしろ彼の考えによれば、ギリシア人が他者に優越しているその訳は、その人々が例えば競技（というよりは「裸体の場所」）のような諸制度を通じて互いの内に平等を確立し、そこから社会の団結を育んだからである。つまりトゥキディデスの「考古学」の中でも一番結論の曖昧な章が、実は一番結論のしっかりしていることになる。権力の行使のかなめを、トゥキディデスやその同時代のギリシャ人は「ポリティア」と呼んだ。これは現代の用語なら政治体制に相当するような社会制度・習慣・規範の集合体で、しかもそれは互いに関係のない人間の群れを、公共の場での討議を通じて意志決定を行なえる機構へと化すのと同時にその決定に基づいて一致団結した行動を取る集団へと変容させる、そうした存在を指す。そして変容が達成された時、ギリシア世界の中でも最も統合された政治体制として二強になったアテナイとスパルタが名声を馳せたのである。

トゥキディデスが自著の冒頭に「考古学」を置いたのは、読者の中でも注意力と思慮に長けた人々に向けて、権力の真の基盤とは何であるのかを忠告したかったからだった。しかし冒頭の二十一章分が、その対象とした時代を説き起こしながら精神的および物質的を問わず富の蓄積こそが権力の行使に有効であると語ったのであれば、さらに続く箇所はその富が時を経るにつれて失われていくことへの懸念を収録している。なにしろ自著の書き出しで、トゥキディデスは本来ならばアテナイが戦争の勝者だったはずなのにと幾度も述べているのだ。開戦直前にスパルタの同盟者だったコリントスの一人物がスパルタ人を前にして告げたとされる内容を見てみよう。

諸君は敵とすべきアテナイ人の性質についても、また彼らを相手の戦争が諸君の想像を全く絶する異質なものとなることも、一度として理詰めに考えてみたことがないようだ。まずかれらは革新主義者だ。鋭敏に策を立て、政策はかならず実行によって実らせる。ところが諸君は現状維持を奉じている。先のことは考えず、必要にせまられても実行にまでこぎつけようとはしない。また彼らは実力をこえても断行し、良識に逆らって冒険をおかし、死地に陥っても昂然《こうぜん》としている。だが諸君は決して全知全能を発揮した例がなく、非常に基本的な問題の判断に対しても自らに不信感を抱き、脅威もないのに何時までも脅えている。さらに加えたい。要するに恐れ知らずと臆病者、国をあとにするものと国から一歩も外へ出ぬものの違いだ。事実彼らは外に出れば何かが手に入ると考え、諸君は出れば手の中のものを失うと恐れるからだ。そして敵に勝つときはどこまでも追撃をゆるめず、敗れるときは一歩退くことをも惜しむのがアテナイ人だ。しかもポリスのためならば、命をも羽毛のごとくに軽んじるが、ポリスのために一事をなさんとするとき己が最高の知性を発揮する。さらに企てて行なわざるのは己れの損失と心得ている。しかし攻めて掌中に収めたものは、さらにすすんで得られるはずのものに比すれば、僅少であるとしか思わない。よしんば企てて挫折することがあっても、案を練りなおして損失を補う。決議をただちに実行するために、ただアテナイ人のみが、意図すれば直ちに希望と現実を一致させることができる。しかもその一つを成すにもかれらは危険にみちた全生涯を営々と労苦に堪えつづけ、常に何かを得ることに懸命であるために、すでに手中にあるものを楽しむ暇はほとんどない。祭行事でさえかれらにとってはたんなる必要な義務遂行でしかない。また手を休めて静寂を楽しむことは骨を砕く多忙よりも恐ろしい災害としか考えられない。このために結局、彼らは自分にも他人にも、安んじる暇を許すことができない性癖をもつ、といっても間違いではない（一巻七〇章）。

しかし後世から見れば、二十七年間の戦争が時に熱戦となり時に冷戦となって終ると、戦争に勝ったのは鈍重な歩みのスパルタ、古代ギリシアの亀とも言うべき彼らこそが、ギリシアの兎、俊敏な思考力と行動力とを備えた同民族であるアテナイを打ち負かした。なぜ勝利したのかといえば、先のコリントス人がそれと気づかずに語ったことに集約されている。曰く、アテナイ人は「安んじる暇を許すことができない」。忍耐は、アテナイ人には決して発揮できなかった美徳だった。そうしてペリクレスが言った通り、忍耐こそはアテナイがスパルタを打ち破るのに欠くべからざるものだったのだ。

古代の叙情詩人アルキロコスは、「キツネは沢山の物事を知っているが、ハリネズミはでかいことを一つだけ知っている」と述べている。アテナイはキツネで、スパルタはハリネズミである。スパルタは重装歩兵の戦闘に卓越していた。それだけが彼らの知る唯一の計略だった。トゥキディデスの時代のずっと前、スパルタはペロポネソス地方の、あるいはその外縁部の諸都市と長期に渡って同盟を組むことで人的資源を補填していた。そして彼らの支配地で耕作する農奴であるヘロット*の一部が反乱を起こすかもしれないという脅威に気を取られている限り、スパルタはおとなしかった。このスパルタを打ち負かそうとするなら、その同盟網の亀裂を突くべきであった。つまりスパルタのかつての仇敵アルゴス*の勢力を復活させ、かついわゆるペロポネソス同盟に組み込まれている諸都市の人的資源をその同盟を成立させている覇権国から離反させる必要があった。それ以外にアテナイが勝利する道はまずなかった。まとめれば、アテナイは勝機を待つべきだったのであって、行動するとしても勝機をつくりだす方針で行動しなければならなかった。

［訳注］　＊ヘロット　古代スパルタの土地を耕作した奴隷身分の農民の総称。彼らはスパルタ人に征服された先住民の子孫で、スパルタ人に年貢を納める定めになっていたが、その支配を嫌ってたびたび反乱を起こした。　＊アルゴス　古代ギリシアの都市国家。ペロポネソス戦争以前にスパルタと戦ったが、敗北してその傘下に組み込まれていた。

ペリクレスはこの現実を理解していた。そもそも開戦当時から彼の大戦略はペロポネソス同盟の解体に狙いを定めていたし、その後にアテナイが伝染病に侵されて緒戦の行動がもたついたとはいえ、ペリクレス戦略はうまく働いていた。対してスパルタは、海に通じる上に難攻の長城*で守られている港湾都市アテナイを敵にした場合には自らの攻勢戦略が効を奏さないと思い知り、遂に士気阻喪してアテナイと和平を結んだ（五巻一四章三節〜一五章一節、一六章一節〜一七章一節）。次いで状況は激変してコリントスはペロポネソス同盟から離脱し、アルゴスは動揺し、マンティネイアとエリス*もスパルタに背いた（五巻一四章〜四二章）。この局面こそスパルタを屈服させるべく勝負に打って出る好機だった。だが、アテナイに欠けていたのは状況を活用する知能だった。アルキビアデス*はなるほど好機だとは気づいていたが、その好機を活用するのに適した政治家ではなかった。彼はアルゴス、マンティネイア、エリスを互いに協力させ、スパルタが野戦に打って出ざるを得ないように事態を操った。ところが彼にはアテナイの国論を統一してこの反スパルタ連合を援助させる方向に持っていく才覚がなかった。こうして確固たる後援者を得られなかった反スパルタ連合は敗北という末路をたどる（五巻四三〜七五章）。アルキビアデスが立てた一時的反乱支援戦略は、アテナイ市民に忍耐および事態の急変に即応する力量を求めるものであったが、それはペリクレスが彼らを指導するという条件下でのみ可能な話だった。ペリクレスの「追悼演説」（二巻四三章一節）は同朋の心中に栄光への果てしなき欲望を掻き立てる作用があった(23)が、そうして人々を奮起させた途端に彼は世を去り、忍耐を忘れた自滅的な性癖の国民がペリクレスの構想した事業を

［訳注］　*難攻の長城　テミストクレスの時代に建設された石の防壁は、古代アテナイの市街地とそれに隣接する港湾を丸ごと取り囲んでいた。ペロポネソス戦争ではこの防壁がスパルタ軍の侵入を防いだが、アテナイの降伏後に撤去された。　*マンティネイアとエリス　国名。古代ギリシアの都市国家。　*アルキビアデス（紀元前 451 〜紀元前 404 年）。古代アテナイの政治家。シチリア遠征を提唱したが、その後に祖国から逃亡してスパルタに味方し、所属する陣営を次々に変えた末に暗殺によって生涯を閉じた。

引き継いだ(24)。

ペリクレスに関するトゥキディデスの記述を考えてみよう。ペリクレスは同朋に対して「もしアテナイが沈着に機をまち、海軍力の充実につとめ、かたわら戦時中は支配圏の拡大をひかえてポリスに危険を招かぬよう務めたならば、戦は勝利に終わると告げていた。しかしアテナイ人たちは、すべてこの忠告に反することばかりをしてしまった。戦争遂行と無関係と思われても自分の野心や利益を満足させると考えれば行動した。成功すれば個人の名誉や利益になるが、失敗すれば戦争においてポリスに害をもたらす政策を唱えて自国と同盟国を統治した」（二巻六五章七節）。なぜなら「安んじる暇を許すことができない性癖」を持った国民が「沈着に機を」待てという説得に長らく従う事は不可能であるからだ。

先にトゥキディデスの「考古学」を通じて、私達は人類史における大いなる動乱が大いなる平和を前提にして起こることを学んだ。国内の安定は権力の行使を可能とする。しかし「安んじる暇を許すことができない」人々はいつでも内輪もめに陥る危険を抱え、国内の騒乱を招く性向を永遠に改めない。トゥキディデスの歴史観を探究することで分かるのは、スパルタがペロポネソス戦争の勝者となったその原因は、スパルタの人々が一致団結と国内の安定とを掲げて一つの国を維持したからであって、対してアテナイの人々にはペリクレス亡き後、団結と安定の維持がまったく不可能だった。ペリクレスの全盛期におけるアテナイは民主主義国家ではなく、「秀逸無二の一市民による支配」の国だった。ペリクレスが同朋市民を扱う際には「市民がわきまえを忘れて傍若無人の気勢をあげているのを見ると、ペリクレスは一言放って彼らがついに畏怖するまで叱りつけたし、逆にいわれもない不安におびえる群衆の士気を立て直し、ふたたび自信を持たせることができた」。だが遂にペリクレスは死去した。すると本来の民主主義が戻ってきた。それをトゥキディデスはこう語る。

ペリクレスの後の者たちは能力において互いにほとんど優劣の差がなかったので、皆己れこそ第一人者たらんとして民衆に媚び、政策の指導権を民衆の恣意にゆだねることとなった。このことが、アテナイのごとく大きいポリスを営み、支配圏を持つ国では当然、数多くの政治的な過失が繰返されることとなり、その最たるものがシチリア遠征であった。その失敗は、彼らが敵に関して致命的な誤算を犯したために生じものではなく、本国の責任者たちが遠征軍に対して必要な軍需品等の供給を行う決断をしなかったことが大きい原因をなしていた。彼らは民衆指導権をめぐる個人的な中傷に明け暮れて、遠征軍の攻撃力をいちじるしく鈍らせ、また国内問題についてお互いが責任をなすりつけて政治的秩序を覆す最初の契機をつくったのである。しかしながら、シチリア遠征が挫折し、アテナイは海軍力の主力を失い、内政は今や内乱状態に陥りながらも、なお三年間アテナイ人の抗戦力は衰えなかった。従来の敵にシチリア諸地の軍勢が加わり、さらにアテナイ側同盟の過半は離叛して敵側につき、ついにはペルシア王子キュロスがペロポネソス側に海軍建造の軍資金を与えるに至っても、結局は市民間の内紛による内部崩壊を来たすまでは降伏しなかった。これほどに有りあまる国力をペリクレスは開戦当初すでに知っていたからこそ、ペロポネソス同盟だけを相手の戦であればアテナイ側の勝利はまことに易々たるべきことを、予言してはばからなかったのである。

なぜアテナイはペロポネソス戦争で敗北したのか。トゥキディデスによると、アテナイ人は「個人的な中傷に明け暮れて」「内乱状態に陥り」ながらも「市民間の内紛」に没頭したからである。この言説は我々が「考古学」から学んだことを次のように確認し得る。つまり権力の行使の度合は国内の安寧のいかんに依存するのだから、国外の動乱における勝敗は国内の安寧のいかんに依存する、という考えである。

逆の言い方をすれば、もし国内が仲違いしていて、また国内が騒乱の舞台となるならばすべては失われる。『戦史』第三巻でトゥキディデスはケルキュラでの革命について細部にわたり劇的に記述するために物語を中断している。トゥキディデスはこの脱線に関して『戦史』の最初の節以降に第一巻一章の冒頭および末尾を引用しつつ脱線の理由を弁じた上で、「内乱」という名詞の起源を展開する。そうして「その後になると、処々のポリスにおいてもアテナイ勢の加勢を導入しようとする民衆派領袖《りょうしゅう》と、スパルタ勢を入れようとする貴族派の紛争が生じ、そのために全ギリシャ世界が動乱の渦中に陥った」革命に関して観察した。平時には外国によって干渉される機会はなく、国内の不和という疫病を引き起こすのは戦争であった、と彼は主張している。トゥキディデスが力説する点はつまり「平和で万事順調であればポリスも個人も己の意に反するような強制の下におかれることがないために、よりよき判断を選ぶことができる。しかし戦争は日々の円滑な暮しを足もとから奪いとり、強食弱肉を説く師となって、ほとんどの人間の感情をただ目前の安危という一点に釘づけにするからである」（三巻八二章一〜三節）[25]。この「強食弱肉を説く師」である国外の動乱はアテナイに導入されて国内の動乱に転化したが、これはペリクレスの予想していなかった展開だった。そういう訳でアテナイに関して言えば、ペリクレスは必要とされていた先見の明に欠けていたことになる。

とはいえ、古代の戦争の話を今日思い返す必要がどこにあるのだろうか。もちろんある。何故といわれるならジョージ・マーシャルやチェスワフ・ミウォシュの正論を思い返そう。人類史上最も卓抜した統率力、または政治力と言い換えてもいいのだが、それは一九四八〜一九八九年の半世紀*に発揮された。多国間同盟を指導する一方の大国が、同様の同盟を指導する相方の大国を、大戦を通じて干戈を交えることなく敗退させ解体せしめたという事例は古来先例がない。人類の危機であった時代において西側陣営を導いていた戦略の根本は、いくつかの点で古代スパルタに相似している全体主義体制にして永久に不動の存在であるかのように思えた相手の内部に動乱を引き起こす、その場合にのみ人類滅亡に至ることなく勝利することができるであろう、という認識であった。この冷戦という戦いは本来なら破滅的な損害を被らなければ勝利できなかったはずで、損害を避けうる唯一の道、それは敵側の市民を仲違いさせて「市民間の内紛」を煽り、最終的には共産陣営の衛星諸国のみならずソビエト連邦内部をもまた「内乱状態」に陥れる何らかの政策を行なう場合だけだった。以上の認識はトゥキディデスの『戦史』を熟読して、ペロポネソス戦争に関するその記述を反芻し、ついでマーシャ

［訳注］　＊1948〜89年の半世紀　一般に冷戦の開始とされているのは1947年の「マーシャル・プラン」等のアメリカの諸政策や、1948年の「ベルリン封鎖」事件であり、その終わりは1989年の「マルタ会談」でアメリカ合衆国のJ・ブッシュ大統領とソビエト連邦のM・ゴルバチョフ書記長が冷戦終結を宣言した時点を以ってする。

ルやミウォシュのような人々が自らのなすべき事柄をどの様に見定めたかに思い巡らして、ようやく分かることである。したがって現代の我々にとっても古代アテナイから学び得るものがあるとしても特に驚くことではない。政治の世界に参与する軍人にとっては、結局のところ訓練を以って教育の代用とすることは決してあり得ないことを銘記していただきたい。政治の分野であれ軍事の分野であれ、トゥキディデスが提示した事柄を代用するものはない。その事柄とは物事を回顧し展望する能力、要するに考える能力である。

[原　注]

(1) 本章におけるカッコ付き引用箇所は、全てトゥキディデス『戦史』からである。補足説明がない限り、引用文は著者が独自に英訳した。ここでお断りしておくが、本章では原典を参照するにあたり N.G.L. ハモンド（Hammond）および H.H. スカラード（Scullard）共編の *The Oxford Classical Dictionary,* 2nd ed.（Oxford, 1970）及び著者ならびに爾後の編者によって提供された標準的な区分における言及に依拠している〔なお邦訳に際してはトゥキディデス『戦史』（上）（中）（下）岩波文庫、1966 ～ 67 年を主に参照し、適宜現代語訳した：訳注〕。

(2) 一九九〇年代後半に本章著者がジョン・ホプキンス大学のアンソニー・パグデン（Anthony Pagden）に質問した折、彼は二十世紀中に筆を取った最も偉大な歴史家とは誰かということを考えていたのだが、啓発という点と表現が巧みだという点の両方では誰なのかという話になると彼は鼻で笑ってこう答えた、「我々の目標は偉大（greatness）ではないな」。

(3) Robert. B. Strassler, ed., *The Landmark Thucydides A Comprehensive Guide to the Peloponnesian War*（New York, 1996）は様々な縮尺の地図が付記され、ヴィクター・デーヴィス・ハンソンの素晴らしい紹介文、トゥキディデスによる戦争の描写を補完する短いエピローグ、古代の制度や慣習、行いを詳解すべく優れた学者たちが記した 11 の解題、本文の余白に付された同時進行的な年表、数々の挿絵、用語集、古代の文献や近現代の学者による書籍をまとめた図書目録、百科事典的索引といった諸々が備わった結果、他を圧倒する名著となっている。

(4) John Keegan, *The face of Battle*（New York, 1976）passim, esp. pp. 62-70。

(5) Theophr. F696（Fortenbaugh）。

(6) 事例についてはThomas Gordon, “Discourses upon Thacitus 2.5,” in Gordon, *The Works of Tacitus, With Political Discourses upon That Author,* 4th ed.（London, 1770）, pp.149-50 を参照。

(7) Thomas Hobbes, “To the Readers,” in Thucydides, *The Peloponnesian War The Complete Hobbes Translation,* ed. David Grene（Chicago, 1989）, pp.xxi-xxii。

(8) Thomas Hobbes, “Of the Life and History of Thucydides,” in *The Peloponnesian War The Complete Hobbes Translation,* p. 577。

(9) Jean-Jacques Rousseau, *Emile or of Education,* trans. Allan Bloom（New York, 1979）, p. 239 を参照。

(10) W. Robert Connor, *Thucydides*（Princeton, 1984）, p. 3 を参照。マーシャルが同書簡をプリンストン大学に送付したのは 1947 年 2 月 22 日の日付になっている。

⑾ Czeslaw Milosz, *The Witness of Poetry*（Cambridge, 1983）, p. 81 を参照。
⑿ この名著は最近、低価格の二巻組みとなって復刻した。Winston S. Churchill, *Marlborough：His Life and Times*（Chicago, 2002）を参照。
⒀ この点は古代では広く知れ渡っていた。詳細は最近になって復刻された。Donald Kagan, *The Outbreak of the Peloponnesian War*（Ithaca, NY, 1969）, pp. 251-356（esp. pp. 254-72, 309-11, 322-24, 326-30）。
⒁ まずは Thuc. 1.103-4, 105-8, 114、1.42.2 及び Hdt. 5.74-5 and 6.89, 108 を参照。さらに次の Thuc. 2.69.1, 80-92 に目を通してから 1.101.2-103.3 との関連を読んでいくと、1.108.5 の重要性が明らかとなる。第一次ペロポネソス戦争の当時、ナウパクトスとメガラにあったアテナイの領土、それにサロニカ湾とコリントス湾に面したメガラの港は、ペロポネソス半島のスパルタ側同盟を封じ込め、かつコリントスが行なっていた東西の通商を遮断できる位置にあった。こうした点は、コリントスが海から食糧を輸入することに頼っていた以上、細事ではなかった。
⒂ Thuc. 1.46.1 with 1.27.2 を参照。
⒃ 1.78.4 の見かたで Thuc. 1.85.2, 140.2, 141.1, 144.2, 145 を、ついで 6.105.1-2, 7.18.2. の見かたで、5.14.3-15.1, 16.1-17.1 を参照。
⒄ Kagan, *The Outbreak of the Peloponnesian War,* pp. 203-356 を参照。Kagan は本章著者も同意する諸点から異なる推論を導出。
⒅ だからといって、彼がその生涯の最後に贈賄の容疑で告発されるのを免れたわけではない。Pl. *Grg.* 516a1-2, Plut. *Per.* 32-33 を参照。
⒆ 少なくともトゥキディデスが重視していた物事の一端は次を参照。Hdt. 7-134-4, 8.22, 56-64, 74-83, 108-10, 123-5 を参照。
⒇ テミストクレスの「金銭的な潔白さは世の疑いをいれる余地がなかった」点とヘロドトスが決して間違いを犯さなかった点とを対比するのを怠ることでトゥキディデスは何かを伝えたかったわけである：Hdt. 8.4, 108-12（with an eye to 74-5）を参照。
(21) 当時の政治的覇権に関するペリクレスの業績を伝える証言については次を参照。Arist. *Ath. Pol.* 25.1-28.2, *Pol.* 1274a7-10, Plut *Cim.* 14-18, *Per.* 9-14（esp.9-10）。
(22) Leo Strauss, "On Thucydides' War of the Peloponnesians and the Athenians," *The City and Man* Chicago, 1964）, pp. 139-241 を参照。
(23) この部分におけるエロス（érōs）と同起源の語についてのペリクレスの用法が重要である点を認識するには、3-45.5 及び 6.13.1, 24-3 においてこの語句が再登場する際の含みとそれ以外の同起源の語に配慮する必要がある。
(24) アテナイ人の大胆不敵さと落ち着きの無さが特有の様相を呈した点についての更なる議論については次を参照。Paul A. Rahe, "Thucydides' Critique of *Realpolitik*," *Security Studies,* 5：2, 1995, pp. 105-41。

(25) Thuc. 6.38.3を参照。動乱から解放された都市は「安寧（*hesuchazei*）」と呼ばれる。

8　クラウゼヴィッツと歴史、そして将来の戦略的世界

コリン・S・グレイ

「一切の戦争は、同じ性質のものである」[1]とはクラウゼヴィッツの言説であるが、これを説教とするならば、この説教は聖書の原句に相当するものであろう。それはまた、以下の論考における議論に対して、一貫性と統一性を与える至言でもある。

一八一八年頃に記された文章の中で、クラウゼヴィッツは、他の多くの著者と同様の野心と矜持を明らかにしている。「私の功名心は、二、三年で忘れ去られてしまうことなく、この主題に関心を寄せる人なら何人も、とにかく一度以上は手にとって読もうとする書物を書くことにあった」[2]。ここでの問題の核心は、あらゆるレベルの軍事指導者や理論家が、なぜクラウゼヴィッツの著作を忘却できないのか、その理由が二つあるということである。第一は、ある面では大まかではあるが、クラウゼヴィッツは特定の時代や交戦国の特色、あるいはテクノロジーのみに妥当する戦争理論を構築したわけではなかったということである。第二に、クラウゼヴィッツの理論立ては、彼以前あるいは以降に書かれた類似の著作よりも、明らかに優れているということである。クリストファー・バスフォードによれば、クラウゼヴィッツの「著作が読み継がれるのは、彼の研究方法が全体として、彼以降の他の著者に比べて、戦争の複雑な真理の把握に極めて接近しているため、活気ある影響力を保っている」

からだという。(3) 換言すれば、クラウゼヴィッツは、研究者や軍人が戦争の本質やどのように戦争に取り組むか、とりわけ、なにゆえ戦争が起きるのかということを理解する際の、最高の手引きにほかならないということである。

しかし、この偉大な理論家の称賛者や、彼の著作を多くの主題についての深遠で実践的な手引きと見なす人々であっても、『戦争論』の英知を聖書の言葉のようなものと混同すべきではない。それにもかかわらず、たとえばジョン・キーガンは、「クラウゼヴィッツの支持者」が、クラウゼヴィッツを「戦略を社会科学の中でもユニークなものとする絶対的な真理の所有者」であるとする考えを抱いていると主張した。しかしこの主張は間違っている。(4)

キーガンを弁護するわけではないが、クラウゼヴィッツからの引用を好んで行う人々が、不注意によって、『戦争論』からの使い勝手の良い言葉を、議論を終わらせる手段と見なしている印象を与えてしまうことがあるのは事実である。

確かにクラウゼヴィッツは、十分に満足できる戦争理論に不可欠な結論部分を記さなかった。しかし、クラウゼヴィッツの解説者に欠落している結論を補う十分な能力さえあれば、クラウゼヴィッツによる分析の一部が改善可能であることを否定することはできないだろう。それにもかかわらず、国防問題や軍事史に関する文献が世界各地に見られる一方で、戦争についての真の一般理論は極端に少ない。才能に欠けるクラウゼヴィッツの模倣者ですら十分に存在するとは言えない状況である。過去百年間でクラウゼヴィッツに近づいたと思われる唯一の戦争理論家は、才気に溢れる簡潔な研究、

Military Strategy : A General Theory of Power Control（「軍事戦略～パワー・コントロールの一般理論」）を著した、合衆国海軍のJ・C・ワイリー少将のみであると言えよう[5]。平凡さという地雷原を回避し、他方、不適切にして時代遅れという地雷原を避けるような、戦争の一般理論を創り出すことは極めて困難なのである。

さらに、一般理論の需要は、以前と同様の活況を呈しているわけではない。十九世紀を通じて、クラウゼヴィッツよりもジョミニが注目を浴びたのは、彼の長い生涯を別にしても、正当な理由があった。実際、今日に至るまで、アメリカにおける戦争への取り組み方は、クラウゼヴィッツに対する軍人達の称賛にもかかわらず、ジョミニにより多くを依拠している。クラウゼヴィッツには政策立案者や軍人が気づかずにいた問題や、それらの秀逸性にもかかわらず、今日ほどに明らかに有用ではなかった問題に対して洞察力を与えてくれる傾向がある[6]。たとえば、ペンタゴンのネット・アセスメント局長を長く務めるアンドリュー・マーシャル*は、クラウゼヴィッツを敵視しているわけではないが、「摩擦」という複雑な概念を運用化することは現実には不可能であると主張している[7]。この概念が『戦争論』の中でも、際立った業績であるということについては誰もが認めるが、それをどのように処理することができるのかというのである。

同様に、クラウゼヴィッツは、「戦争とは極めて偶然の支配する世界でもある[8]」という事実を強調しているが、その点を強く主張する理論家の間でも、彼はユニークな存在となっている。しかし、摩擦についてと同様に、戦争においては偶然が支配するという特質を理解したとしても、もし偶然が支

［訳注］　*アンドリュー・マーシャル（Andrew Marshall, 1921～）。アメリカ国防総省の相対評価局（Office of Net Assessment）局長。マーシャルは「軍事革命」（Military Revolution）と「RMA」（Revolution in Military Affairs：革命的軍事改革）の用語を峻別し、RMA を定義した。***THE DYNAMICS OF MILITARY REVOLUTION 1300-2050***（訳書：『軍事革命と RMA の戦略史』）を参照。

配しないような場合には、一体どのような現実的な意味があるというのであろうか。ワイリーは「確実な計画というものは、あらゆる軍事的過誤の中でも最悪のものである」と判断している。[9]

とりわけ、クラウゼヴィッツによる複雑で緻密な理論のような、戦争の一般理論というものが、現代の戦略的事象を扱う人々の職場の図書館からは漂流している状況を容易に目にすることができる。バーナード・ブロディが主張するように、戦略とは、「実用的でなければ無意味である。……とりわけ、戦略理論とは戦闘のための理論」なのである。[10]『戦争論』は、国防や軍事の専門家に長く読まれてきたが、実務的な助言の提供に関しては比較的少ない。もちろん、それがまた、主たる栄光でもあり、百七十年後の現在でも高い評価を得ている理由である。

以上のことを認めた上で、筆者は各論に入る前に、一九九七年のイギリスの研究者による論文、「ポスト・クラウゼヴィッツ的設定における戦略」という表題に対して、衝撃と畏敬の念を表明しないわけにはいかない。[11]「ポスト・クラウゼヴィッツ的」という発想は、一つの不条理である。太陽が昇ることをやめる設定を仮定してみることができるのだろうか。この一風変わった論考の著者は、疑わしい実存主義によって、以下のように主張した。「戦略的思考の危機は、クラウゼヴィッツ的な戦略教義の拡大により引き起こされたものである。この教義は西側諸国がおそらく直面するであろう紛争を戦うか、あるいは、解決するには不適切なものである」。[12]ジョン・キーガンは、「クラウゼヴィッツは……歴史家として、アナリストとして、哲学者として、誤っていたことが示されたのかもしれない」[13]と記すことで、無知であることを競う者たちの有力メンバーの一人とされていたが、これ以上に深刻な誤りを含む文章を考えることは難しいだろう。

それにもかかわらず、筆者は、『戦争論』に真剣に取り組んだことがない人々との退屈な学問的論争を行うことよりも、歴史の連続性と非連続性の双方を前提として、クラウゼヴィッツの戦争理論の強靱さに関心を抱いている。それゆえ、本稿の「ストーリー・アーク*(story arc)」は、その構成上、最初に歴史を解釈する際の、『戦争論』の価値をめぐる議論の概要を示すことから始めたい。そのあと、「将来の戦略的世界」とクラウゼヴィッツの戦争理論の関係について、議論を進めてゆきたい。

仮説と議論

二十一世紀におけるクラウゼヴィッツの有効性に疑問を抱くということは奇妙なことであるが、そのような懐疑論的な見方の根拠は、あまりにも脆弱なものなので検出する価値はない。確かに、懐疑論的な見方に加えて、実際には見当違いなのだがクラウゼヴィッツの戦争理論がまったく不適切であるにもかかわらず、依然として影響力を持っており、有害ですらあるという意見は存在する。キーガンはおそらく、現代における最も節度のない反クラウゼヴィッツ主義者である。彼はクラウゼヴィッツを、「これまでの中でも、最も有害な戦争哲学」を広めたと批判した[14]。キーガンの多彩な見方によれば、「クラウゼヴィッツは、戦争はどのように戦われるのか、そして、戦われるべきなのか」ということに関する文民的思考に悪影響を与えたという[15]。これらは強硬な発言であるため、それほど雄弁である必要はないが、ある程度の明確な返答を必要とするものである。本節では、議論を五つの項目

［訳注］ ＊ストーリー・アーク　メディア用語。たとえば論文構成において各様の論点を織り込み継続的な筋道で論理を構築していく手法。

に分け、それに基づいた仮説に特化して議論を進めてゆきたい。

初めに、ロバート・カプランの刺激的な著作である、*Warrior Politics*（「軍人政治」）によれば、「近代世界というものは存在しない」という。(16) これは多くの人々にとって、極めて衝撃的な命題である。歴史は周期的なものではなく、本質的に矢印のような過程で発展するものであるという主張は、結局、自由主義的信念に基づく論説ではないのだろうか。その楽観的な国民文化の影響によって、アメリカの保守的な現実主義者でさえ、未来は現在ないし過去よりも良いものになると信じているようである。物質的な側面に関して言えば、彼らは正しい。しかし、安全保障に関しては、戦争という政治目的のための組織的な暴力の存在と、それを準備するための政治は、より暗澹とした見通しを示唆している。ラルフ・ピーターは、テロリズムに対する戦争の手引きを西洋史に求めて、我々は現代の対テロリスト作戦の実際よりも、古代ローマ人から学ぶべきものが多いと示唆している。ピーターは次のように述べている。

最近の歴史に解答を求めてはいけない。それらは依然として不明瞭であり、個人的な感情に支配されている。古典的世界、とりわけローマの研究から始めるべきだろう。

ローマは今日の合衆国に最も近いモデルとなっている。道徳法に基づいて統治を行うローマは、市民に対しては寛大だったが、その発展過程および最盛期において、敵を平定することができなかった。カルタゴの完全な破壊は、数世紀にわたる地域的平和をもたらしたが、その一方で、バ

ルバロイを鎮圧しようとする、のちの帝国による試みは終始、失敗したのである。(17)

良きにつけ悪しきにつけ、数世紀にわたる進歩は、戦争の社会的文脈を大きく変えた。実際、戦争の社会的な変化は、テクノロジー中心の変化よりも重要に思われるため、現在のアメリカ国防総省において積極的に研究されている。ピーターによるカルタゴに対する継続的な平和という、ローマ方式についての暗黙の同意は、ロシアの猛将ミハエル・スコブレフ*の血腥い格言の一つを思い出させる。一八八一年、厄介なトルコマン人を平定するための方法を解説しながら、スコブレフは次のように述べた。「原則として、平和の継続は、虐殺した敵の数に直接比例するものである。敵に激しい打撃を加えるほど、敵を黙らせることができるのだ(18)」。過去十年間のチェチェンにおけるロシアのやり方は、スコブレフの姿勢のかすかな名残以上のものを示している。

近代世界は存在しないという主張は、示唆に富む誇張として理解すべきである。その本質的な構造、性質、目的において、戦争と戦略は不変である。本稿の冒頭で引用した、「すべての戦争は、同じ性質のものである」という言説を思い出してもらいたい。筆者自身、誤解を招く恐れのあるタイトルとして、*Modern Strategy*（「現代戦略」）を使用したということに責任がある。戦略は戦略であり、古代や中世、そして近代や未来にかかわらず、問うところではない。もちろん、軍事的手段の性格や、社会的、政治的、倫理的な文脈は、依然として流動的である。しかし、以下に見るように、この事実はクラウゼヴィッツの戦争理論にとって、現実的な困難を意味するものではない。

［訳注］　＊ミハエル・スコブレフ（1843～82年）。ロシアの将軍。中央アジアの征服や対トルコ戦争の英雄である。白い制服を着用し、白馬に乗馬していたので白将軍と呼ばれた猛将であった。イギリスのバーナード・モンゴメリー元帥は、スコブレフは1870年と1914年の間における世界で「最も有能な指揮官」であった、と彼の著書に記述している。

本節の二番目の筋道は、カプランにより、極めて雄弁かつ簡潔に表現されている。すなわち、「歴史を無視するほど、未来についての迷いが増大する」のである。[19] 進歩を深く信じる自由主義者や保守的な楽観主義者は、技術やその他の変化にもかかわらず、歴史、とりわけ戦略史が広く周期するという考え方に抵抗する。クラウゼヴィッツは目的論的な歴史観を抱いていたわけではなかったが、今日ではクラウゼヴィッツを厳しく批判する者や、クラウゼヴィッツの崇拝者の多くが、周期論的な歴史観に抵抗しているのである。実際、クラウゼヴィッツの欠点や、少なくとも彼の一貫した影響を非難するための共通の基盤とは、クラウゼヴィッツの思想が、新たなグローバル化した世界の成立を妨げているという点に置かれている。

約十年前、筆者は一九九〇年代が戦間期であるという、評判の良くないメッセージを含む就任講義を行ったことがある。[20] その歓迎されざる、歴史の流れについての明らかに周期論的な見方は、とりわけ冷戦後の世界が、人類の安全保障環境における持続的な改善を達成するために格別の機会を提供しているという、魅力的な見解に足並みを揃えていなかった。歴史から教訓を引き出す可能性を公言することは、今や歴史家の間では流行遅れである。[21] 筆者は幸いにも社会科学者であるため、そのような流行を無視することができる。国防問題の専門家が歴史を軽蔑することは、さらに危険である。不幸な現実とは、その多くが以下のような事実に由来する。すなわち、官僚たちやアナリストは、現在および将来の問題に関する特殊性に焦点を当てすぎるため、それらの問題が表面上、新奇であるにすぎないということを自覚できないのである。歴史に対する軽蔑へのもう一つの支配的な説明は、過去についての無知に由来するというものだ。軍人や官僚の社会に、概して彼らに欠如している技能について高い価値を認めることを期待してはならないのである。

動機がいかに深くとも、他の要因もまた合わせて、歴史の効用を認めることを妨げるものである。政治的、社会的、技術的文脈における明らかな変化は、以下のような主張を行う人々の弁解理由となっている。すなわち、歴史研究とは単なる古物収集や趣味の類であり、あるいは、楽しみであるかもしれないが、しかし現代の戦略思想や政策審議に重要な貢献を果たすものではない。さらに、政治的な革新派が、歴史的経験の主要点を認めたとしても、それは回避されるべきであった否定の記録か、世界秩序の全体に関わる安全保障に向けての、過去の一段階と解釈される傾向がある。

その上、歴史は不完全ではあるが、唯一入手可能で確実な証拠であるという要点を伝えることは驚くほど難しい。シミュレーションやゲームにはそれなりの価値があり、必要不可欠かもしれないが、紛争や戦争の現実的な経験の代替物とはなりえない。それらは歴史を通じてのみアクセス可能なのだ。良かれ悪しかれ、我々には歴史しかないのである。多面的な外観様相を示す未来学は、おそらく避け難いし必要でもあるが、しかし、それが歴史教育に依拠していなければ、実用にはならないのである。官僚たちは、新たな戦略的ジレンマは存在しないものだと実感することで、少々の屈辱を感じながら、またなんとか補助手段にはなるという安堵感を得るはずである。他者も同じ経験をしてきたのだ。確かに、現代に特有の込み入った事情は存在するが、これらの込み入った事情は戦史そのものと同様に問題とされてきた。記録に残る過去二五〇〇年間の経験から学ぶことを、意図的に回避することは、傲慢とまでは言わないまでも、最高に自惚れた人物のなせる振る舞いである。

本節の三番目の要点は、「すべての戦争は、同じ性質のものである」ことについての、クラウゼヴィッツの確信である。この極めて理にかなった命題は、決して広い理解を得ているわけではない。マイケル・ハワードは信念を持って、このクラウゼヴィッツの基本原理を次のように再解説している。

（結局、）あらゆる酌量が歴史的相違になされたのちに、戦争は他のいかなる人間の活動よりも依然として相互に類似したものとなっている。クラウゼヴィッツが主張するように、戦いは危険、恐怖、混乱という特別な環境下で遂行される。巨大な人間の集団が、一団となって自らの意思を暴力によって他者に押しつけようとするのだ。戦争ではすべてにわたって、他のいかなる経験領域におけるよりも、想像を越えた出来事が起こるのである。もちろん、社会的ないし技術的な変化により引き起こされる、ある戦争と別の戦争との間の相違は極めて大きく、それらの変化を十分に説明しえない非知性的な軍事史研究は、研究をまったく行わないよりも非常に危険なものとさえなりうる。(22)

批評家の中には、国家中心の国際政治を特徴とするウェストファリア時代とおそらく切り離せない時代の戦争において、クラウゼヴィッツ時代の戦争が存在したという間違った議論に飛びついた者もいる。そのような観点に立つ者は、一六四八年から一九四五年、ないし、おそらくは一九八九年までの戦争の経験を理解することができるクラウゼヴィッツ（の戦争理論）を称賛するかもしれないが、その一方で、広島と長崎はクラウゼヴィッツ時代を終わらせたと主張することも可能なのである。少なくとも核兵器を安全保障の手段と捉える人々の中には、原子物理学の兵器化がクラウゼヴィッツの中心的な命題、すなわち「戦争は他の手段による政治的交渉の継続に他ならない」という格言を、時代遅れなものとしたと論じた者もいた(23)。

あるいは、国家間戦争の消滅という解釈に基づいて、クラウゼヴィッツの時代を終わらせることを望む者もいるかもしれない。小国に対する有効な抑制を示した冷戦の終結と、グローバリゼーションの「重心」としての情報技術の拡散は、おそらく新たな、少なくとも、これまでとは異なる紛争のパターンをもたらした。かくして、エスニックや文化、そして宗教を含む動機が、今日の「新しい戦争」を支配するという議論が続けられているのである。そして、これらの紛争は圧倒的に、その本質から見て、内戦か、あるいは国家を超越した紛争という種類に属しているのである(24)。

しかしながら、イデオロギー的、ないし、戦争を引き起こすその他の衝動が何であれ、戦争が政治の道具であり続けるという主張を敢えて付け加える必要はないだろう。先に引用した日付は異議申し立てを受ける可能性がある。一六四八年は歴史的な指標として適切すぎるかもしれないが、一九四五年や一九八九年あるいは二〇〇一年でさえ論外というわけではない。しかし本稿にとって問題なのは、ある日付が他の日付よりも尤もらしく優れているか否かではなく、クラウゼヴィッツ時代が存在したというう曖昧な仮説が問題なのである。その仮説に従えば、プレ・クラウゼヴィッツ時代が存在したわけであるし、今や、世界はポスト・クラウゼヴィッツ時代に突入しているかもしれないのである。しかし、このような見方は、まったく間違っている。

この問題には、いくつかの原因がある。しかし、主な原因はクラウゼヴィッツの「注目すべき三位一体[25]」の誤読にある。多くの解説者は過去においてと同様に、現在でも以下のように考えている。すなわち、クラウゼヴィッツの戦争理論は、主権国家が勃興し、軍隊を政治の道具として使用する、いわゆる「三位一体の戦争」の時代のための理論であったとする考え方である。その一方で、国民は多かれ少なかれ、感情の強力な源泉であり、国家の大義の支柱であった（明らかに十九世紀以前のケースには該当しない）。しかしながら、クラウゼヴィッツの三位一体を、現代国家が軍隊を持つに至った近代社会についての解説として読むのではなく、むしろ、戦争の最も基本的な構成要素についての記述として読むならば、「三位一体の戦争」という思想はたちまち消滅する。そして、クラウゼヴィッツについての良質の研究は、『戦争論』が第一の三位一体と第二の三位一体を提示していることを、議論の余地のないほど明らかにした[26]。第二の三位一体は補助的なものであり、確かに、国民、最高司令官とその軍隊、そして、政府について限定的に言及しているが、クラウゼヴィッツによれば、それらが極めて明瞭に現実を支配しているわけではない。実際、クラウゼヴィッツ自身は、第一の三位一体を次のように明確な形で表現している。

戦争は具体的局面に応じて、その性質をいくらか変化させるので本物のカメレオンのようなものである。戦争の全体像を通して、戦争の支配的な諸傾向を見るに、独特な三位一体をなしているものである。この三位一体とは、一つには戦争を原始的な暴力、憎悪、敵愾心を伴う盲目的な本能と見なし得るもの、二つには戦争において創造的な精神活動が自由に遊歴する蓋然性・偶然性といった賭の要素、三つには戦争が純然たる理性に従う政治的道具としての従属的性質、以上の三要素からなるのである。(27)

このように、クラウゼヴィッツは、暴力と憎悪、偶然と蓋然性、理性ないしは政治という注目すべき三位一体について、永遠かつ普遍的な権威を明確に主張した。たとえ、説得力のある言葉を用いたとしても、三位一体の戦争について言及することは、馬鹿げたことであり、確かに不必要なことでもあろう。クラウゼヴィッツの理論によれば、あらゆる時代のあらゆる戦争は三位一体的なのである。実際、戦争とは三位一体的なもの以外ではありえない。それは、まさに戦争の本質であり、たとえ歴史を知らない批評家が思索を重ねたとしても、それは時間を超越した本質なのである。

クラウゼヴィッツが過去のある特定の時代のために著述を行ったとする誤解は、批評家達がクラウゼヴィッツの中心概念を粗略に扱っていることに原因がある。問題とされる概念は、戦争の性質である。クラウゼヴィッツは戦争が二つの性質を持つと考えた。すなわち、客観的なものと主観的なものとである。(28)前者の戦争の客観的な性質とは、あらゆる時代の戦争に共通する属性の総体を意味している。実際、これらの特徴、たとえば、「戦争が醸し出している雰囲気」や第一の三位一体は、戦争状態そのものが戦争をなしているものであり、それ以外のなにものでもない[29]。クラウゼヴィッツが以下のように説明していることからも、安易に誤解されることはないと思われる。「しかし戦争は、国家やその軍隊の特別な属性によって条件づけられるけれども、いくぶんかの普遍性、実際にはあらゆる理論家が特に関心を持つべき普遍的要素を含んでいるはずである[30]」。

クラウゼヴィッツは、『戦争論』第八部の第三章で歴史的概観と分析を行ったあと、その目的を明らかにしている。

以上で歴史的概観を終わる。我々の目的は各時代の少数の戦いの原則を因みに決定することではなく、各時代にどのような類の戦争や制約状況、そして独特な先入観が存在したのか示すことを欲した。したがって各時代は、それぞれ独特の戦争理論を保持してきたのである[31]。

クラウゼヴィッツが、自らの理論によって、戦争の客観的な性質を構成する、「普遍的な要素」の最も重要な部分を識別しようと努力していることは、まったく明らかなはずである。また、クラウゼヴィッツの理論によれば、「それぞれの時代には、その時代に特有の戦争が見られる」し、「それぞれの時代には……、その時代の戦争理論というものがある」と認識できる。戦争の主観的な性質は常に進化している。クラウゼヴィッツの発言をより明確に言い直すならば、一方においてクラウゼヴィッツは、戦争はあらゆる時代において永続的な性質を持つとし、他方において至極当たり前に、戦争の性格は常に変化しているのだと主張しているのである。単純な議論を誤解することは、ちょっとした達成感がある。それにもかかわらず、その多くは成功している。そして、そのような誤解が、未来の戦争の性質についての極端に誤った結論を導いてきたのである。

現代の国防に関する文献は、戦争の性格の変化について数多く言及している。稀な例外を除いて、多くの著者は戦争の変化が客観的な性質のものなのか、あるいは、主観的な性質のものなのかを明らかにしていない。他のより現代的な用語で言えば、まさに戦争の本質の変化を想定しているのか、その場合おそらく戦争は何か別のものに変化しなければならない。あるいは単に戦争の変化する性格や行為について議論しているのか、どちらなのであろうか。概して、彼らは戦争の性質と性格という、二つの大いに異なる概念について混同しているのである。彼らが、ある言葉を用いるのか、他の言葉を用いるのかということは、厳格さの問題ではなく、文体上の好みの問題のように思われる。戦争の性質の変化という主題は、戦争の性格は常に変化するという、ありふれた見方に比べて、非常に刺激的であるため、好まれる決まり文句となっているようだ。

そのような見方がナンセンスであるということは、広く認められていない。その意味するところが、戦争の性格が変化しているということにすぎない場合に、戦争の性質が変化しているという概念を不用意に広めることは、必然的に概念的無能さ、ないしは、怠惰により自己欺瞞に陥っていると認識していない人々を勇気づけてしまうことになる。リベラルな楽観主義者やその他の進歩主義者は、戦争それ自体の消滅、ないし、少なくとも全体に戦いが慈悲深い方向に変化していくというような、魅力的な大思想のための格好の標的となっている。事情に通じているはずの国防の専門家が、戦争の変化する性質について自信を持って言及する場合、大きな期待を助長するのは当然のことである。

より低いレベルの誤解においては、戦争の変化する性質についての疑いのある主張は、その意味するところが、厳密には、戦争の変化する性格についての主張であるにもかかわらず、不幸にも世界的に拡散している戦争の多様性についての不十分な分析をあおらざるを得ない。このような錯誤は、少なくとも目新しいもの、すなわち、現実に存在するものとは何か異なる事例として、政治的な動機を持つ新たな暴力の表明に多くの人々の目を向けさせる。あらゆる種類のテロリズムや内戦は、何世代にもわたって戦争現象であった。クラウゼヴィッツの戦争理論は、それらすべてに適用される。とりわけ、テロリズムや内戦などは、過去の戦争あるいは他の戦争の場合と、まったく異なる性質を持つ活動ではない。イギリス海軍のアシュクロフト少佐が、「戦争についての永遠の諸問題」について言及することは、ピーター・パレットが回想する、「時間を超越した戦争の現実性」と同様に、まったく正しいのである[32]。クラウゼヴィッツは、戦争の「普遍的な要素」の異なる特徴が、個々のユニークな歴史的エピソードにおいて独特に機能することや、「普遍的な要素」と、その時代の一時的な環境との間に、ダイナミックな関連性があるに相違ないと認識していた。同様に、クラウゼヴィッツは、彼の第一の三位一体における構成要素（熱情、偶然、理性）と第二の三位一体における構成要素（国民、軍隊、政府）の間の関係が、「変化する」ものであり、「それらの間に恣意的な関係を設定する」理論に従うことはできないことを明記していた[33]。戦争には「普遍的な要素」があり、実際に種類や時代を問わず、すべての戦争は、同一性質の事象であるとクラウゼヴィッツが主張する場合に、その主張を説得力があると判断するならば、三位一体に見られる密接な関係は抗弁不能なものとなるであろう。

本節における議論の四番目の要素は、必然的に三番目の要素から導かれる。とりわけ、クラウゼヴィッツの戦争理論は、その主題が不変的な性質を持つため、将来にわたって有効である。クラウゼヴィッツよりも優れた一般的な戦争理論は、原則的としてその多くをクラウゼヴィッツに依拠しながらも、いつの日か生み出されるかもしれない。また、クラウゼヴィッツの理論が改善される可能性も存在すると思われる。クラウゼヴィッツならば、疑いもなく後者の要点のみならず、前者の要点をも確実に是認することになろう。そして、クラウゼヴィッツは我々に、一八三〇年に記されたと思われる「未完の覚書」で、「第一部の第一章だけが、私が完全であると認め得る唯一のものである」と語っているのである。(34)

大抵の場合、クラウゼヴィッツについての批評は、彼の戦争理論の欠点を探し求めるよりも、批評を行う者自身について多くを語っている。批評というものは、批評家が生きる時代に流行している姿勢や意見を反映しており、それらの姿勢や意見が反応する戦略問題の特性や、その独自性をも反映している。『戦争論』は戦争の性質と作用についての、クラウゼヴィッツによる明確な解説を目的として執筆された。レイモン・アロンが述べているように、「戦略思想とは各世紀ごとに、あるいは、むしろ、個々の歴史的な瞬間に、事象自体がもたらす諸問題から、そのひらめきを得るものだ(35)」とすれば、フランス革命によって可能となり、ナポレオンによって極大化され、クラウゼヴィッツが直接経験した新たな戦争方法が、クラウゼヴィッツの理論的な基礎材料となったことに疑いはないのである。

しかしながら、少なくとも二つの面で、クラウゼヴィッツは当時の戦略問題を超越しようとした。一つは、その起源がイエナ・アウエルシュテットにおける屈辱的な国家的大敗という過酷な体験にあったとしても、その歴史的な適用性において、決して特異なものではない戦争の一般理論を首尾よく考案したということである。[36] 二つ目として、クラウゼヴィッツは一八二七年の精神的な危機の中にあって、現役時代の主要な戦略的経験の影響を超克することに成功し、限定された目的を持つ戦争との調和のために、自己の理論の再構築に着手したことである。[37] これらは見事な業績であった。他のいかなる理論家も、その著作において、一七九二年に十二歳でプロイセン軍に入隊し、二十三年後の一八一五年、リニー・ワーテルローの戦いまでのクラウゼヴィッツの軍人生涯を支配してきたトラウマに見られるような、戦略的事象の影響を克服したことはなかったのである。

クラウゼヴィッツによる戦争の一般理論には、なすべきことが多く残された。一八三一年のポーランドにおけるクラウゼヴィッツの早すぎた死去により、彼がなすべき多くのことが未完に終わった。『戦争論』の草稿の多く、とりわけ第二篇から第六篇は、クラウゼヴィッツの死の時点で依然として改訂を必要としていた。さらに、ベアトリス・ホイザーが最近の著書で明らかにしているように、一八二七年以降、クラウゼヴィッツの主要関心事であり続けた厄介な政治的思想に関しては、十分に解明されておらず、あるいは完全に理解されてさえいなかったようである。[38] これは一つの所見であり、不平を述べているわけではない。

それにもかかわらず、過去百七十二年間にわたって、クラウゼヴィッツの戦争理論を改善する試みが多くなされてきたわけではなかった。二十一世紀の初頭にあたり、これまでに著された中でも最高の一般的な戦争理論に、戦略的発想を求めることは、まったく妥当なことと言えよう。しかしながら、今世紀のより深刻な戦略的苦境を打開するために、クラウゼヴィッツを参照することは適切ではない。『戦争論』の質は比類がなく、その内容の妥当性は、主題の持続性とともに、将来も受け継がれるであろう。それにもかかわらず、これらの主張は、我々が自ら戦略的に思考することを免除するものではないのである。

議論の五番目の要素は、クラウゼヴィッツの理論的な遺産が、無知で不注意な、あるいは、故意による誤解からの保護を必要とする趣旨である。歴史の流れの中における戦争の重要さにもかかわらず、戦争の一般理論を構築するための最善の努力は、ほとんどなされていないし、そのように述べることさえ誇張であると言えるのかもしれない。『戦争論』のような傑出した研究は言うまでもなく、戦争の根本的な探求や解明は稀であるため、誤解を招く批評は極めて高額な代償を支払わされることにつながるのである。クラウゼヴィッツの理論が、伝えられるところでは、総力戦の興隆した「支配的な語り*（master narrative）」の時代のみに適用されることを理由に、もしクラウゼヴィッツを軍事の分野や学界から排除するとすれば、いかなる戦略家ないし反戦略家がクラウゼヴィッツに取って代わるのだろうか(39)。名称に相応する戦争哲学者は、前近代、近代、脱近代であれ、正当かつ強引に誰もが

［訳注］　＊支配的な語り　文学批評に由来する用語。ジャーナリズムの世界で頻繁に用いられるようになった。ある語りが、あらゆる他の語りを生み出すということを意味している。

納得する形で、クラウゼヴィッツの地位を奪い取るほどの者は存在しない。たとえば、マーティン・ファン・クレフェルトやエドワード・ルットワークには、確かに長所が見られるが、彼らとクラウゼヴィッツを同一視することはできそうもない[40]。

本章の議論における最後の要素は、その動機づけにおいて、より役に立つというものではないかもしれない。戦争とは依然として非常に重要であるが、戦争の基本的な性質を探求し、解明するような研究は極めて少ないし、また、『戦争論』は、明らかに不毛な分野における傑出した著作であるため、軍人や理論家はクラウゼヴィッツについての根拠の薄弱な批判が跋扈することを許すわけにはいかないのである。残念なことに、クラウゼヴィッツの戦争理論は、その誹謗者のみならず、熱狂的な崇拝者からも擁護される必要があることを認識しなければならないのである。クラウゼヴィッツの『戦争論』の中に、その崇拝者たちが望むものを都合良く見つけ出す人々は、これまでも長期間に渡って多く存在した。クラウゼヴィッツが現実の戦争、すなわち、戦争は政治的な目的のために戦われ、形成されるものであるということを理論化しようという、一八二七年以降の決意を反映させるため、草稿の多くを改訂する前に死去したという事実を考慮すれば、こうした現象は驚くに値しない。一八二七年以前におけるクラウゼヴィッツの非政治的な草稿は、その文章の中で正しい調和を以て記述されている。『戦争論』は、限定された政治的目的のための制限戦争の遂行と、決戦による敵戦闘力の破壊と無力化を意図した、したがって防御戦方式を採らないナポレオン・スタイルの作戦遂行を考察の対象としていたのである。ここにこそ、万人にとってのクラウゼヴィッツが存在すると思われたのかもしれない。アドルフ・ヒトラーはクラウゼヴィッツからの引用を好んだし、毛沢東は孫子よりもクラウゼヴィッツに多くの発想を得たのである。(41)

悪漢と英雄が等しくクラウゼヴィッツの知恵を活用するという嘆かわしい現実と同様に、実は誤ってクラウゼヴィッツを引用するのではなく、故意に『戦争論』を誤読する人びとへの再教育はあまり効果がない。しかし、不注意から『戦争論』における、より効能のある思想を誤用する人々を手助けするためには、多くのことができるし、その必要性もある。

代表的な例として、クラウゼヴィッツの「注目すべき三位一体」と、それほどには言及されることのない敵の「重心」について言えば、双方ともに啓蒙的であると同時に、それ以上のというわけではないが、素朴な誤解を広めている。最近の学問研究は、この問題に焦点をあてる手助けとなるはずである。しかし、これらが受け容れられることに加えて、最も必要な部分に光が当てられるためには、多くの年月がかかるであろう。(42) アメリカ軍が「重心」という概念を利用して、明らかにジョミニ的精神でそれを適用しようとしたと指摘することは、誇張ではないだろう。つまり、ここには直接的な実用を目的とした構想が見られるのである。摩擦や勝利の極限点や他の難解な概念と異なり、重心とは戦略的に最重要な時のために準備を整えておくことのように思われる。

さらに、半可通や無知によりクラウゼヴィッツを誤用する人々と同様に、より狂信的で熱狂的な人々からクラウゼヴィッツの遺産を守ることも重要である。もちろん、クラウゼヴィッツの戦争理論を彼自身の言葉を尊重しながら、可能な限り著者が最高に意図した通りに、それを理解することは重要である。気まぐれな翻訳や、一八二〇年代と現代との間の異なる文化的な背景、そして著者による不十分な原文の校訂を考量すると、それは至難なことであろう。しかしながら、やや冒涜的な言い方かもしれないが、クラウゼヴィッツをモーセになぞらえるべきではない。クラウゼヴィッツ自身が認めているように、また、クラウゼヴィッツの主張を検証することによっても分かるように、『戦争論』は未完の著作であった。その現実を受け容れるべきである。クラウゼヴィッツは『戦争論』における最も影響力のある思想のいくつかを、極めて粗雑に扱っている。それは、クラウゼヴィッツが自らの代表作の体系的で、トラウマ的と言ってもよい改訂を行うのに、三年に満たない期間しかなかったという事実を考慮した場合、驚くべきことではない。

さらに、この一八二七年から一八三〇年の三年間、クラウゼヴィッツはそれほど負担にならない軍事行政の職務に加えて、歴史に関する著作活動に積極的に取り組んでいた。我々はクラウゼヴィッツが意義付けしてきたことを、誠実に理解するように慎重にかつ正直に努力することから始め、そして『戦争論』をその著者と共に、常に生きた資料として見なすべきである。固有の歴史的領域における真に重要な問題に関して、クラウゼヴィッツを誤解することはほとんどありえないし、クラウゼヴィッツの議論は非常に率直でもある。

もし、本稿が他の多くの事を果たしていないとしても、少なくともクラウゼヴィッツは今や過去となった時代のために理論を形成したという、誤った考えを不面目ながらも葬り去ることは必要であろう。しかし、この誤りは進歩的な、あるいは保守的な仮説として表現されるべきではない。楽観的な自由主義者にせよ、悲観的な保守主義者にせよ、あるいはたとえば名詞と形容詞の異なった組み合わせのような紛らわしさにせよ、どのように表現しようと、正直ではあるが、誤ってクラウゼヴィッツが理論化した戦略的世界はもはや存在しないと信じる者はいるだろう。今や、分析に取り組むべきなのは、この明白に議論のある主題についてである。

クラウゼヴィッツと将来

クラウゼヴィッツは、どのように将来の戦略的世界と関わっているのか。あるいは、そもそもクラウゼヴィッツは将来の戦略的世界と関係があるのかという、大胆で挑発的な発言に言い換えることを求める者もいるかもしれない。前節では仮説と議論を示したが、普遍的とまでは言わないが、ある程度、この疑問に答えることができたはずである。歴史家は、将来起きるかもしれない事態に備えるために、教育的な効果を発揮しうる多くの事柄を知っている。それにもかかわらず、彼らは政策立案者が求める、予言的な知恵といったものに恵まれていない。何らかの慰めがあるとすれば、社会科学者は歴史家よりも予言が得意ではないということだ。少なくとも、歴史家は未来を予測できると主張することはめったにないのである。

幸運にも将来の戦略的世界の正確な特徴は、本節での議論にとって極めて関係の薄い主題である。将来の世界が戦略的な世界である限りにおいて、クラウゼヴィッツの一般的な戦争理論は以前と同様に意義が存在するであろう。では戦略的世界とは何か。それは国家や集団、そして個人が政治的な目的のために武力を用いて脅威を及ぼし合う世界を意味する。武力とは国家や国内の党派、そして国家と特別な関係を持たない社会運動や集団行動にとって、政治の手段となりうるものである。戦争あるいはその可能性が歴史に傷跡を残し続ける限り、人類は長期間クラウゼヴィッツ的世界の住人となろう。クラウゼヴィッツ自身は、未来を予測することにあまり関心が無かった。それは、現代の世界が見習うべき賢明な態度であろう。というのも、少なくとも我々は未来を推測する義務を負っているわけではなく、また自らの無謀な企てが、何らかの有用な知識に依拠するものであると偽る場合もあるからである。たとえば、動向分析というものは誤った方向へ導くことが多いことで知られている。歴史を紐解けば、流行に敏感であることは、比較的基本的な事柄であるが、一般的にはほとんど重要ではないということだ。重要なのは動向の結果であり、とりわけ密集して現れる動向が重要なのであるが、それらを遥か以前に特定することはほとんど不可能である。戦争とその重要な社会的文脈は漸進的に変化するが、世界的な基準から流行遅れとなった紛争について言及する価値があるとは思えない。この事実は、現在関心が持たれているクラウゼヴィッツの戦争理論のほとんどが将来も適用され得ることを示唆している。それは単に、いかなる種類の紛争が二十一世紀において支配的となるかが問題とされているわけではない。世界が戦略的世界である限りにおいて、それはクラウゼヴィッツにより言及された世界となろう。

次の要点は、ほとんど解釈違いを求めることになる。具体的には将来の戦略的世界に対処する準備をする際に、最高の道標となるのは過去である。しかし、歴史とは一回限りのもので、いかなる意味においても理論を検証する研究所ではありえない。そのため歴史に見られる個性は、未来への指針としての歴史の価値を制限することになる。しかしながら、将来の戦略的世界の細部は当座は未知であり、知ることはできないが、戦略や戦争、戦争行為について、我々はすでに多くのことを知っている。この知識の源泉は何か。未来についての科学的な研究か。ありえない。あて推量による直感か、他のものか。そうかもしれない。しかし、クラウゼヴィッツの見解によれば、そして筆者の見解でもあるが、将来の戦略についての理解は、戦略的経験の解釈のみから、すなわち歴史に基づいてのみ引き出すことができるのである。

もちろん批評家たちは、このような極めて保守的な見方が、反戦略的な「構成主義*」の意図をほとんど妨げることになると反対の声をあげるかもしれない。歴史上、人類は過去の過ちを周期的に繰り返すように運命づけられているわけではないと考える人々はいるが、戦略的次元なしに新たな世界を構成できると考えることは無駄な望みであると言えよう。クラウゼヴィッツは自らの理論を将来に向けて、希望や期待を土台にして形成したわけではないのである。

その代わりに、クラウゼヴィッツは可能な限り客観的で歴史的な知識を獲得するための努力については、妥協しなかった。クラウゼヴィッツは初期の草稿で、自らの態度を明らかにしている。戦争理論についての草稿を記述しながら、クラウゼヴィッツは次のように打ち明けている。

本書における学問的性格は戦争の諸現象の本質を探究し、これらの現象とそれらを構成する要

［訳注］　＊構成主義　政治学また国際関係論では、構成主義（社会構成主義）は国際関係において標準的な見方である現実主義と自由主義を廃し、国家利益は国家間の無政府状態（Anarchy）の影響から生まれるのではなく、むしろ国家のアイデンティティーや国際的規範から生まれると主張する、アメリカで発達した理論をさす。

件の性質との関連を示そうとする努力にある。その際、論理的帰結を決して避けたわけではなかった。しかし、その帰結があまりにも細い糸になってしまった場合は、私はその糸先を切断し、再びそれに相当する経験の現象に回帰することを優先させた。というのは、植物の茎が伸びすぎれば良い実がならないように、実用的な技術においては理論的な葉や花を剪定しなければならないし、植物はその本来の経験という土壌の近くに置かれなければならないからである。(43)

一八二七年十二月二十二日の日付がある十年後の書簡で、クラウゼヴィッツは、歴史的経験に基づく理論に依拠する彼の見解を明白に再確認している。クラウゼヴィッツは以下のように記している。「もし、我々が戦争術を戦争史から帰納することを望み、しかも、それが明らかに、目的に至る唯一の道であるならば、我々は歴史における戦争という現実を、重要性に欠けるものとして回避すべきではない(44)」。ピーター・パレットは、以下のように解説している。

クラウゼヴィッツの戦争に関する理論的な著作は戦争の経験、つまり既知の経験や彼自身の世代の経験に基づいている。しかし、歴史のみが伝えることができる別の形の経験にも基づいている。我々のために過去を開くことで歴史は我々が直接獲得することができ、また、時間を超越した普遍的な概念と一般化を可能とする知識の量を増大させるのである。(45)

「情報の優位」と「戦場支援のための技術情報の優位」を求める軍隊にとって、二十一世紀は、来るべき戦略的世界のまったく不可解な側面を示すことになった。しかしながら、より明るい面としては、将来の戦略的世界も、「戦争の永遠の現実」に従わざるをえないということである。クラウゼヴィッツを読み、彼が戦争の客観的性質に関する歴史的な研究から、自らの経験に基づいて引き出した戦争理論の価値を認めるならば、人類は将来発生することが確実な衝撃と突発的な事態に対処するために、測り知れないほどの恩恵を受けることになろう。

もちろん、戦争の一般理論を創造するための、別の取り組みの可能性もある。演繹的に第一の原理から始めて、文化的に自由な合理的選択を行う、「合理的な戦略的人間」を想定することも可能であるのだ。核兵器の規制を目的とした戦争理論の多くは、おそらくこのような性格であったろうし、そうあらねばならなかった。結局、歴史は核戦略について何を語らねばならなかったのか。答えは山とあったはずだが、一九五〇年代の、とりわけ歴史に無知な理論家達にとっては、そうではなかったように思われる。(46)

『戦争論』におけるテクノロジーについての、ほとんどまったくの沈黙は同書の弱点と言えるかもしれない。しかし、沈黙は、それが現代のテクノロジー崇拝に対する健全な解毒剤として役立つのであれば、むしろ長所でもある。クラウゼヴィッツの戦争理論は、交戦者が十分に武装しており、兵器の効果的な使用のための訓練を受けていることを前提としている。クラウゼヴィッツの現役勤務は、一七九二年から一八一五年まで断続的に行われたが、彼の理論におけるテクノロジー分野の欠如は、過失によるものではないことを示唆している。少なくとも、クラウゼヴィッツは、戦争の常に変化する主観的な性質を認識することによって、暗黙のうちに兵器テクノロジーの進化や自らが経験した緩やかな変化に適応した。しかし、戦争の客観的な性質は、いかなる形態においても兵器テクノロジーにとって重要なものではない。現代のペンタゴンでは友好的に受け容れられないような言葉で、クラウゼヴィッツは次のように助言している。「兵学の領域におけるもろもろの新現象のうちには、新発明や新思想に由来するものは極めて少なく、大半のものは社会の変化や新しい社会状況から生じている」[47]。共同体は武装しているので戦わない。共同体は戦いたいので武装する。軍備管理に重大な価値があると見なす人々は、この基本的な政治的ロジックを必ずしも完璧に理解してきたわけではない。クラウゼヴィッツの戦争理論は、テクノロジーの重要性を除外しているわけではないが、それらを極めて制限された形で扱っているとは言えるかもしれない。クラウゼヴィッツは、先に引用した一八二七年十二月二十二日の書簡で次のように記している。

戦争とは、他の手段をもってする政治的行為の継続にほかならない。私はすべての戦略を、この教義の上に基礎づけた。そして、この必要性を認めない者は、重要なことを十分に理解していないと断言できる。この原則はすべての戦争史を説明し、それ無くしてはすべてがまったく不条理なものとなるであろう[48]。

注目するに足る一部の国防関係者は、戦略史の過去、現在、未来を機械に関わる物語と見なしているようである。将来戦の研究は、ほとんどが兵器の効果と、それらを支える装備のための努力に限定された形となっている。この場合は怠慢によるものでもあるが、クラウゼヴィッツは、テクノロジーは主要な意義を有する問題ではないと示唆している。一九九〇年代の重要な、あるいはそれほど重要ではなかったRMA論争は、今やトランスフォーメーション*の旗の下で復活しているが、まさに、主として情報を基盤とした戦争方法の期待に焦点を当てていた。この論争と、緩慢だが容赦のない政治の勢いは、必ずしもハードウェアに拘泥することはなかったが、結局は依然として重々しいテクノロジーについての物語であった。圧倒的な脅威の存在が戦略思想を刺激するほど明らかではなかった時代には、アメリカの国防関係者に対して最も安楽な仕事、すなわち技術的な職務にのみ専念することしか期待できなかったのである。

RMA・トランスフォーメーションをめぐる議論の参加者の多くは、将来の戦略的世界について、最先端の問題に対処していると信じていたが、疑いもなく今日における他の戦略的革命を見落としていたし、依然として見落としているかもしれない。とりわけ、狭義の軍事革命―RMA・トランスフォーメーションに加えて、おそらく表面上無数の学会や研究などに見られる主題の中には、総体的観点から戦争自体の変化が存在すると論じていたものもあった(49)。マルクス主義的な専門用語を使用しながら、メリー・ケルダーは以下のように、より適確な主張を行っている。「RMAは存在したが、それは戦争の社会的関係における革命であり、テクノロジーにおける革命ではない。社会的関係におけ

［訳注］ ＊トランスフォーメーション　我が国では米軍再編と称している。アメリカ軍内の新概念、組織、テクノロジーの統合に関して一般化された用語。アメリカ軍の配置を再検討し、アメリカ軍の変革を図ることで世界の安全保障環境とアメリカ合衆国の安全保障に対応した世界戦略の転換を推進する構想。トランスフォーメーションはRMA（革命的軍事改革：意義については第三章の訳注を参照）との関連がある。

る変化は、新たなテクノロジーによって影響を受け、また、それを利用するものである」[50]。のちに彼女は、「すべての社会には、独自の性格を持つ戦争形態がある」[51]と、純粋にクラウゼヴィッツ的な見解を提示した。それらの特徴的な形態は、クラウゼヴィッツの言葉によれば、戦争の際立った主観的性質を示すだろうが、客観的な性質は普遍的で永遠なので、戦争における固有の性質を明らかにすることはできない。

合衆国の国防総省が明らかにしているように、現在の軍事改革の計画、実行、発言に関わっている人々は、クラウゼヴィッツの戦争理論について検討を加え、それが技術的要素を欠いている理由について自問するように求められているようである[52]。彼らは、イギリスの歴史家ジェレミー・ブラックによる、以下のような鋭い発言を参照することで、得られるものが多いのではないだろうか。

戦争は、その基礎部分において、多くの人々が認識しているほど頻繁に変化するものではないし、有意な変化が起こるものでもない。その理由は単に、戦争が不変なものを内包するからではない。その不変なものとは、組織集団が殺人を行うことと、とりわけ死を覚悟した上での決意を意味している。そして、戦争の物質的文化は注目を受けやすいが、その理由は戦争の社会的、文化的、政治的文脈やそれらを形成する主体よりも重要性に欠けるからに他ならない[53]。

さらに、クラウゼヴィッツの戦争理論の永続性は、以下のことを想起させる。すなわち、過去および現在も含めて、将来の戦略的世界においては、「戦争とは、つまるところ拡大された決闘以外の何ものでもない」ということだ。[54] この真理は、国防計画の担当者によって一貫して無視されてきたにもかかわらず、戦争の基本的で不変的な性質の中枢に位置するものである。『戦争論』は議論の余地のないほど、「(物理的)暴力は……あくまでも手段であって、敵に我々の意志を押しつけることが目的なのである」と主張している。[55] 敵の文化に対する敬意は、狭義の戦略文化において戦争の方式に影響を与えるかもしれないが、守られるべき規範であるというよりも歴史的な例外である。とりわけ、大国は不幸にも、利益を与えざるをえない理解可能な劣勢な敵と対決するといった困難を引き受けることがある。ある大国が特殊なイデオロギーの攻撃的な担い手であり、明らかな技術的優位の受益者である場合、傲慢さはとりわけ顕著なものとなる。

このような大国は、クラウゼヴィッツによる偶然や摩擦が果たす役割とともに、政治的な意思の潜在力に関する戦争理論を強く想い起こす必要がある。合衆国の陸軍大学における、「アメリカの『新たな』戦争方法」という最近の会議の報告書には、アメリカの将来の敵について、以下のような暴露的コメントが記されている。

アメリカによる小規模な戦争の大半は成功している。そして、その事実を将来戦にとっての基準とすることは、ベトナム戦争の経験しか頭にないマニアックな非合理主義者よりも、より生産的であると言えよう。合衆国は対等な者達と戦うことを望んではいない。「インディアン」との

戦いを望んでいるのである。かくして、未来への序曲としての過去は、アメリカ人が望むべきものとなるのだ。(56)

これ以上のコメントは不要であろう。しかしながら、合衆国の陸軍大学の教官である、スティーブン・メッツとレイモンド・ミランは、将来の戦略的世界に関して、やや異なった見方を示している。メッツは、「『愚かな』敵の時代は終わった」と指摘している。(57)

歴史家で軍人のロバート・スケールズ前司令官は、この問題に焦点を当てながら、「適応能力のある敵」という、極めて適切な主題について明敏かつ思索的な論考を著している。(58)

近年、合衆国の国防エリート達は、非対称的な脅威や戦略という流行の概念に熱中している。しかし、非対称性とは基本的に空虚な概念であり、それらを作戦化することは不可能である。本来、それが意味するところは、異なるものであるに違いない。しかし、対立概念である対称性と比較するという以外の意味はないのである。この概念の唯一のメリットは、想定される敵が、独立した意思を持つという事実を強調することができるという点にある。敵は、彼らの弱点の代償となるような戦争手法、おそらく戦争を除外した大戦略の方法の発見に努めざるをえないだろう。

クラウゼヴィッツの戦争理論は、決闘あるいは格闘技としての戦争という強力なイメージによって、今までと同様に将来の戦略的世界についても語っているのである。クラウゼヴィッツの戦争に関する定義によれば、我々は敵を無視することができないはずである。クラウゼヴィッツは、「つまり、戦争とは敵を我々の意志に屈服させるための暴力行為のことである」[59]と指摘している。さらに、敵の戦力を正確に評価することは困難であるとも警告している。

敵を打倒しようとするなら、敵の抵抗力に対して、我々の努力を適合させなければならない。敵の抵抗力は分離しがたい二つの要素の積として表わすことができる。すなわち、一つは自由に運用可能な総体的な諸手段であり、二つは意志力である。自由に運用可能な諸手段の大小は数値的なものに基づいているから（必ずしもすべてではないが）測定可能でなければならない。しかし、意志力の強弱は測定し難く、ただ動機の強弱によって評価できるにすぎない。[60]

戦力評価は不正確な業務であるという悪評があるが、驚くほどのことではない。

クラウゼヴィッツと将来の戦略的世界に関する決定的な要点は、彼の戦争理論が「普遍的な要素」によって動機づけられ、形成されているが、そのほとんどが戦略行為の領域に関するものを含んでいるということにある。主要な国家間戦争が稀になった時代において、クラウゼヴィッツの理論が時代遅れとなった主張する人々は、クラウゼヴィッツの理論的な射程を理解していないにすぎない。議論の主題を見失わないために言えば、クラウゼヴィッツの戦争理論は、時代や交戦者の独自性、あるいは、交戦国が行う戦いの性格にもかかわらず、政治的目的のための組織化された暴力のあらゆる場合に適用されるということである。クラウゼヴィッツが、組織化された国家の戦略行為を念頭に置きながら、執筆を行っていたということは間違いない。しかし、その事実は、彼の理論によって理解可能な範囲を制限するものではない。疑いもなく、クラウゼヴィッツは戦争における新たな発展を受け容れたし、やや相反する思考が見られるが、第六篇の「国民の武装」の章は、そのための彼の鋭い知覚力を示している。(61) クラウゼヴィッツの戦争理論が普遍的な射程を持っているということについての、彼自身の確信に対しては疑いの余地はない。彼が、現代の一般的な紛争形態のある部分を、明記しなかったという事実については、あまり意味がない指摘である。クラウゼヴィッツは、戦争の海洋への広がりや、航空戦、あるいは核兵器や宇宙、サイバー戦について語るべきものを多くは持たなかった。クラウゼヴィッツは自らの思索の包括性について、以下のように極めて明解に略述している。

一般的に言えば、軍事行動の目標が政治的目的と同程度に釣り合っている場合に、政治的目的が縮小するならば、軍事行動の目標もその釣り合い上縮小してゆく。それも本来の政治的目的が支配的になればなるほど、なおさらこの衰微は顕著になってゆくものである。ここにおいて、殲滅戦から控え目な武装監視に至るまで、いかなる矛盾もなく、戦争はあらゆる度合いの重要性と激しさを持つことができることになる。(62)

他の箇所においても、クラウゼヴィッツは最も重要な章を以下の言葉で始めることで、同じ点を強調している。「敵をどの程度に圧迫すべきか、彼我の政治的要求の大きさに従って決定される」(63)。クラウゼヴィッツはまた、「一切の戦争は、同じ性質のものである」と主張している。なぜならば、「戦争は政治の手段である。……戦争は必然的に政治の性格を担わねばならず、その規模は政治の尺度で測られねばならない。したがって、戦争の遂行はその大筋において政治そのものである」[64]。以上のような主張は、過去においてと同様、将来の戦争にとっても真理であるに相違ない。とりわけ、「政治家が、その本質に適合しない効果を実現しようと特定の軍事的手段および行動に期待する場合」、戦争の政治的論理が戦争の「文法」によって、緩和されることは常にありうる[65]。それゆえ、クラウゼヴィッツの理論を無効とする、将来の戦略的世界を想定することは不可能となるのである。

最後に、クラウゼヴィッツの戦争理論は極めて哲学的であるため、それを運用可能にすることは不可能ではないにせよ、極めて困難である。それはまた、我々自身の自己確信あるいは予想される戦場での勇気により勢いづく衝動と同様に、我々が将来の戦略的世界の諸問題に対処するためには極めて重要な問題である。合衆国の陸軍大学の例を再び引用するならば、「インディアン」に対する容易な軍事的勝利の継承は、将来の戦略的優越のための十分な教育的効果を提供するかもしれないし、しないかもしれない。しかし、負けることができなかった戦争、たとえば、二度の湾岸戦争やコソボ、そしてアフガニスタンでのタリバンとの戦いでさえ、政治の道具としての戦争に関するクラウゼヴィッツの主要な主張の効力を思い起こさせるはずである。一八二七年十二月二十二日のクラウゼヴィッツの書簡には、以下のようなことが書かれている。「この原則は、戦争のすべての歴史を説明する。それがなければ、すべては不条理なものと思われよう[66]」。

戦争とは極端な活動で、ドラマティックであり、費用がかかるものである。そして、時代に依存しながらも非日常的なものであるため、戦争を計画し実行する人々は、一貫して、その政治的な次元に、極めて短い猶予の時間しか与えてこなかった。「戦争は政治的交渉の一部にすぎず、……決して独立のものではない」ため、戦争の成否は、その政治的結果にのみ依存するのであり、戦場での判断に基づくものではない(67)。政治の優位、すなわち、政治的目的の優位は、クラウゼヴィッツの理論が、将来の戦略的世界の諸問題を処理するために、将来の軍人と文民の指導者に残した多くの概念や見通しの中でも、最も重要なものである。彼の帰納的で永続的な理論は、我々に極めて貴重で価値のある認識と警告を与えてくれた。クラウゼヴィッツの戦争史研究と彼の個人的な体験は、摩擦や潜在的な主要枠組みとしての第一の三位一体、偶然や危険そして不確定性の領域としての戦争の強調、政治の論理と戦争の文法の関係、重心、勝利の極限点、そして、とりわけ、政治の優位といった価値あるものを生み出してくれたのである。本稿の目的は、これらの諸概念が、無類の有用性のために、一冊の長編の書物から抽出され、良いものを選ぶ必要があると示唆することではない。むしろ、要点は単純で、クラウゼヴィッツの戦争理論は、賢明な政治的・戦略的行為にとって、最も深い意味を持つ思想を十分に備えているのである。

結　論

本稿は、調査研究よりも、議論の継続を意図したものであるため、筆者は既に結論を明示しておいた。少数ではあるが特に重要な点は、結論として強調しておく価値があると思われる。

第一に、戦争の豊かな文化的、政治的、社会的、技術的な多様性にもかかわらず、クラウゼヴィッツの戦争理論は戦争現象そのものとともに存在し続けるであろう。『戦争論』によれば、「各時代には独自の種類の戦争があり、それぞれ独自の戦争理論を有してきた」(68)。クラウゼヴィッツの理論は、戦争における普遍的な要素を追求したが、それは戦争の客観的な性質に相当するものである。他方、クラウゼヴィッツによれば、戦争の主観的な性質とは、戦争の変化し続ける性格を意味する。

第二に、クラウゼヴィッツは、彼を誤解している人々や、そうではない人々からも批判されることがおそらく運命づけられている。多くの人々は、戦争理論そのものに熱心に取り組んでいるわけではなく、まして、最も高度な戦争理論に熱中する気など毛頭ないのである。一八二七年の改訂以降におけるクラウゼヴィッツの理論に見られる解釈の基本は、戦争は政治の道具でなければならないという主張によって導かれていたが、それは多くの人々が嫌悪し、おそらくは時代遅れと見なす、必要以上に説明的で規範的な立場であった。クラウゼヴィッツと彼の理論を批判する裏付けを探す場合、第二篇と第六篇が未改訂、ないしは改訂中であること、そして第七篇と第八篇もある程度は同様の状態であったことが、クラウゼヴィッツ像を曖昧なものとしているように思われる。

第三に、少なくとも、国政術と戦略は規範的な助言ではなく常に教育を必要とすることは明らかであり、そしてその教育はクラウゼヴィッツの理論から知恵を得ようとする人々に与えられることになる。とりわけ、クラウゼヴィッツによる政治の優位という主張は、より高いレベルにおける、政治と戦争の手法の統合を意味するのだが、現実世界において、しばしば無視されることがなかったとすれば、陳腐な主張に終わったと言えよう。摩擦、偶然、不確定性についての彼の主張は、「やる気」モードで職務を遂行し、不運というものや真に狡猾な敵の存在を想像できない人々にとって、今後も本質的な警告であり続けるであろう。

戦争が、「大規模な決闘以外のなにものでもないこと」を常に思い起こす必要はない。しかし、敵がこちら側の計画を妨害することよりも、敵に対してこちら側が意図することに重点的に取り組まざるをえない職務の遂行者にとっては、敵の独立した計画というものは、将来も関心の対象であり続けるのである。

第四に、将来戦の常に変化する性格と、クラウゼヴィッツの戦争理論とは無関係であるという結論を繰り返しておくことはおそらく有効であろう。将来の戦略的世界は現在と似ているのか、あるいは根本的に変化するのかどうかは、もちろん、その時点で非常に重要性のある主題である。将来の戦略家や軍事指導者は、『戦争論』の中に、戦争についての恒久的な性質を持つ、教育的な手引きを見いだすことができれば幸運であろう。その手引きとは一点を除いて、いかなる歴史的な展開に直面しても、強固な手引きとして存在し続けるであろう。その一点とは本質的に、戦略の歴史にとって幸福な結論を導くものかもしれない。政治的目的のための組織化された軍事力の脅威や行使は、長期間にわたって有効であるように思われるので、クラウゼヴィッツの戦争理論への需要はほとんど尽きることはないであろう。

第五に、クラウゼヴィッツは自らの理論を哲学的な用語を用いて記述し、時には抽象的な形で表現したが、それは深い歴史的な研究による帰納的な証明に基づいている。クラウゼヴィッツは、理論というものは歴史的な経験、すなわち証拠と密接に関連していなければならないと強調していた。この確信は歴史家共通の立場だが、多様な信念を持つ社会科学者の多くは、演繹的であり抽象的な理論を志向するものである。そして合理的な戦略思想家が、現代戦略論を量産している状況となっている。[69]つまり戦略論の伝統は、合理的な選択という仮説に多くを依拠しており、文化的な感情移入とは無関係で、まして、歴史的な知識に負うところはほとんどない。それゆえ、クラウゼヴィッツ的な研究方法を採用することで著しい利益を得ることになろう。戦争とは、それぞれの意味で社会的な企てであり、ある思想がすべての潜在的な交戦国に適合できるわけではない。この点に関して、クラウゼヴィッツの理論的な枠組みが、文化的に制限されているという主張は興味深いものだが、その根拠は不十分なように思われる。しかし、さらに研究を続ける価値はある。[70]たとえば、ジェレミー・ブラックは、「戦争と戦争の勝利は、文化的な構成物である」と主張している。[71]その挑発的な命題は十分な考慮が必要とされるが、クラウゼヴィッツの威信の恒久的な普遍性には致命的なものにはならない。

第六に、最後になったがおろそかにできないのは、クラウゼヴィッツの著作は絶対的権威をもつ文書ではなく、規則や手続に関する教えにすぎないということである。クラウゼヴィッツの戦争理論の卓越性を良識を持って主張するには、その根拠を慎重に示す必要がある。それは、『戦争論』が、過去最高の戦争理論を提供しただけではなく、現在入手しうるものの中でも最高であるということを意味する。クラウゼヴィッツ自身が、ある部分で認めているように、必要な改訂のための時間が十分に与えられたとしても、『戦争論』の内容は決して彼が達成しえた最高のものとはならなかったのである。一貫性の欠如や省略、主要概念の展開に失敗していることなど、多くの理由によってクラウゼヴィッツを批判することはできるであろう。しかし、寛大さを示すことで物事をうまく処理できることもあり、「最上は上の敵＊」との格言を思い起こす方が良いであろう。『戦争論』は改訂途上の著作であったかもしれないが、クラウゼヴィッツは、未解決な現象の永続的な性質を十分に説明できる戦争理論を後世に残したのである。それは見事な業績であった。リチャード・ベッツが断言しているように、「依然として、クラウゼヴィッツは、数十人分の戦争理論家達に相当する価値を持っている」のである。(72)

［訳注］　＊最上は上の敵　上を目指すには、かならずしも最上を目指すのと同じやり方を必要としない、の意。

[原　注]

⑴ Carl von Clausewitz, *On War*, trans. and ed. Michael Howard and Peter Paret（Princeton, NJ, 1976）, p. 606。
⑵ Ibid., p. 72。
⑶ Christopher Bassford, "Book Review," *RUSI Journal*, vol. 148, no.1, February 2003, pp. 98-9。
⑷ John Keegan, "Peace by Other Means?", *The Times Literary Supplement*, December 11, 1992, p. 3。
⑸ J.C. Wylie, Military Strategy：*A General Theory of Power Control*（Annapolis, MD, 1989）。
⑹ この点に関しては、Beatrice Heuser, *Reading Clausewitz*（London, 2002）, p. 12 を参照。
⑺ Barry D. Watts, *Clausewitzian Friction and Future War*（Washington, DC, 1996）, p. 122n を引用。
⑻ Clausewitz, *On War*, p. 101。
⑼ Wylie, *Military Strategy*, p. 72。
⑽ Bernard Brodie, *War and Politics*（New York,1973）, p. 452。
⑾ Jan Willem Honig, "Strategy in a Post-Clausewitzian Setting," in Gert de Nooy, ed., *The Clausewitzian Dictum and the Future of Western Military Strategy*（The Hague, 1997）, pp. 109-21。
⑿ Ibid., p. 109。
⒀ Keegan, "Peace by Other Means? ", p. 3。
⒁ John Keegan, *War and Our World*：*The Reith Lectures, 1998*（London, 1998）, p. 41。
⒂ Ibid., p. 43。
⒃ Robert D. Kaplan, *Warrior Politics*：*Why Leadership Demands a Pagon Ethos*（New York, 2002）, the title of chap. 1。
⒄ Ralph Peters, *Beyond Terror*：*Strategy in a Changing World*（Mechanicsburg, PA, 2002）, p. 65。
⒅ Peter Hopkirk, *The Great Game*：*On Secret Service in High Asia*（Oxford, 1991）, p.407。
⒆ Kaplan, *Warrior Politics*, p. 39。
⒇ Colin S. Gray, *Villains,Victims and Sheriffs*：*Strategic Studies for an Inter-War Period, An Inaugural Lecture*（Hull, 1994）。
(21) この問題についての、歴史家による適切な言及については、Richard J.Evans, *In Defence of History*（London,1997）, p. 59；Peter Mandler, *History and National Life*（London, 2002）, pp. 5-6, 144-5。

(22) Michael Howard, *The Causes of Wars and Other Essays* (London, 1983), pp. 214-15。

(23) Clausewitz, *On War*, p. 87。

(24) Martin van Creveld, *The Transformation of War* (New York,1991)；Mary Kaldor, *New and Old Wars：Organized Violence in a Global Era* (Cambridge, 1999).を参照。

(25) Clausewitz, On War, p. 89。

(26) 特にEdward J.Villacres and Christopher Bassford, "Reclaiming the Clausewitzian Trinity, *Parameters*, vol. 25, no. 3, 1995, pp. 9-19 を参照。Heuser, *Reading Clausewitz*, pp. 52-6 も有益である。

(27) Clausewitz, *On War*, p. 89.（強調する文が付加されている）。

(28) クラウゼヴィッツの戦争概念における、客観的な性質と主観的な性質に関する極めて明確な解説については、Antulio J. Echevarria II, *Globalization and the Nature of War* (Carlisle, PA, 2003), pp. 7-8 を参照。

(29) 戦争の環境は、「危険、肉体的労苦、不確定性、偶然」という四つの要素から構成されている。Clausewitz, *On War*, p. 104。

(30) Ibid., p. 593。

(31) Ibid。

(32) A. C. Ashcroft, "As Britain Returns to an Expeditionary Strategy, Do We Have Anything to Learn from the Victorians?", *Defence Studies*, vol. 1, no. 1, 2001, p. 83；Carl von Clausewitz, *Historical and Political Writings*, ed. and trans. Peter Paret and Daniel Moran (Princeton, NJ, 1992), p. 3。

(33) Clausewitz, *On War*, p. 89。

(34) Ibid., p. 70。

(35) Raymond Aron, "The Evolution of Modern Strategic Thought," in Alastair Buchan, ed., *Problems of Modern Strategy* (London, 1970), p. 25。

(36) Peter Paret, *Clausewitz and the State* (New York, 1976), chap. 6 を参照。

(37) Azar Gat, *The Origins of Military Thought：From the Enlightenment to Clausewitz* (Oxford, 1989), esp. p. 199 を参照。

(38) Heuser, *Reading Clausewitz*, p. 180。

(39) Roger Chickering, "Total War：The Use and Abuse of a Concept," in Manfred F. Boemke, Chickering, and Stig Forster, eds., *Anticipating Total War：The German and American Experiences, 1871-1914* (Cambridge, 1999), pp. 13-28 によれば、近代軍事史における「支配的な語り」とは、戦争の烈度が上昇する物語を意味している。

(40) クレフェルトの主著は、*The Transformation of War.* ルットワークの主著は、*Strategy：The Logic of War and Peace*, rev. ed. (Cambridge, MA, 2001)。

(41) Heuser, *Reading Clausewitz*, esp. pp. 138-42。

(42) Antulio J. Echevarria Ⅱ, *Clausewitz' Center of Gravity：Changing Our Warfighting Doctrine-Again!*（Carlisle, PA, 2002）。
(43) Clausewitz, *On War,* p. 61.（斜体文は強調を示す）。
(44) Heuser, *Reading Clausewitz,* p. 31 から引用。
(45) Paret, "Introduction," to Clausewitz, *Historical and Political Writings,* p. 3。
(46) ブロディは 1971 年に、ワシントンの科学者と経済学者の不適切な影響力について、不満を表明していた。彼は、「地域専門家を含む政治学者」が、政治家から聞き取り調査を行うべきだったと指摘した。*War and Politics,* p. 460 n. 35。
(47) Clausewitz, *On War,* p. 515。
(48) Heuser, *Reading Clausewitz,* esp. p. 34 から引用。
(49) Colin Mclnnes, *Spectator-Sport War：The West and Contemporary Conflict*（Boulder, CO,（Boulder,CO,2002）, chap.4 及び "A Different Kind of War? September 11 and the United States' Afghan War," *Review of International Studies,* vol. 29, no. 2, 2003, pp. 165-184。
(50) Kaldor, *New and Old Wars,* p. 3。
(51) Ibid., p. 13。
(52) 公式見解については、Donald H. Rumsfeld：*Quadrennial Defense Review Report*（Washington, DC, 2001）, chap. 5；Annual Report to the President and the Congress（Washington, DC, 2002）, chap. 6；*Transformation Planning Guidance*（Washington, DC, 2003）を参照。
(53) Jeremy Black, *War in the New Century*（London, 2001）, p. 114。
(54) Clausewitz, *On War,* p. 74。
(55) Ibid.（原典を強調）。
(56) Raymond A. Millen, "The 'New' American Way of War," U.S. Army War College and Strategic Studies Institute, XⅣ Annual Strategy Conference, April 8-10, 2003, Conference Brief, p. 2。
(57) Steven Metz and Raymond Millen, *Future War / Future Battlespace：The Strategic Role of American Lnadpower*（Carlisle, PA, 2003）, p. viii。
(58) Robert H. Scales, Jr., *Future Warfare：Anthology*（Carlisle, PA, 1999）："Adaptive Enemies：Dealing with the Strategic Threat after 2010," pp. 33-55。
(59) Clausewitz, *On War,* p. 75。
(60) Ibid., p. 77。
(61) Ibid., pp. 479-83。
(62) Ibid., p. 81。
(63) Ibid., p. 585。
(64) Ibid., p. 610。

(65) Ibid., pp. 605, 608。
(66) Heuser, *Reading Clausewitz,* esp. p. 34 から引用。
(67) Clausewitz, *On War,* p. 605.（原典を強調）。
(68) Ibid., p. 593。
(69) 合理的選択仮説については、以下を参照。Hedley Bull, "Strategic Studies and Its Critics," *World Politics,* vol. 20, no. 4, 1968, pp. 593-603；Colin S. Gray, *Strategic Studies：A Critical Assessment*（Westport, CT,1 982), chap. 4；Stephen M. Walt, "Rigor or Rigor Mortis：Rational Choice and Security Studies," *Security Studies,* vol. 23, no. 4, 1999, pp. 5-48。
(70) クリス・ブラウンは、「クラウゼヴィッツによる戦争の説明は、……文化的に特殊なものかもしれない」と推察している。*Understanding International Relations*（London, 1997), p. 116。
(71) Black, *War in the New Century,* pp. vii - viii。
(72) Richard K. Betts, "Should Strategic Studies Survive? " *World Politics,* vol. 50, no.1（October 1997), p. 29。

9 歴史と戦略の本質

ジョン・グーチ

歴史家にある質問をすると、通常、その返答として別の質問を誘発することになる。戦略の本質について、我々が歴史から学び得るものに関する質問に対しても、同じことが言える。一般的なタイプの歴史の専門家ならば、その種の質問に対して、次のように答えるのが通例であろう。「我々は、歴史から何を学ぶことができるというのか」。歴史家の多くは、過去から抽出可能な「教訓」というものはないと主張する。しかし、これは実践的な手引きを求める者にとって、彼らの立場からすれば最も役に立たない答えである。むしろ、歴史の限界を理解し、過去の軍事的次元と現在との関係についての啓発を受ける際に、有用と思われるものを評価する示唆的な学として、歴史が持つ欠点に関して検討を加える価値はあると言えよう。

歴史学という学問は、ある部分科学としての性格を共有している。しかし、過去を理解することと、未来について助言を行い、あるいは方向性を示唆することを区別する場合、歴史学は明らかに最善の学問とは言えない。多くの戦略家は、自らの主題を科学として捉えてきた。そして、歴史学は、経験という事実の上に基礎づけられた知識の集積であるという点において、科学としての前提を共有している。そのため、戦略と歴史は親戚関係にあるかのように思われるかもしれない(1)。

しかしながら同時に、研究者は十分に理解していることだが、過去の戦略著述家が回避し、あるいは無視してきた問題が現在広がり始めている。我々が所有する事実は、再現可能な事実のみである。そして、このような事案を取り巻く状況は、非常に重要な二つの問題系を内包している。一つは、我々の過去についての知識と理解可能な領域は、必然的に制限されるということである。戦略著述家が被るその制限は明確なものではないし、我々の歴史的な知識の内容を形成する解釈に適切に対応するとは限らない。

もう一つの問題は、我々の歴史に関する知識が、歴史的な世界の各々の異なる部分において、程度の差はあるが、常に増大しているということである。新しい知識や古い知識についての新たな解釈の結果、過去の形は変化し続けるのである。これまでに書かれたすべての歴史は、中間レポートであり、それ以上のものでは決してありえない。この事実は、「役に立つ」戦略的知識を得るために、過去に取り組むすべての人々が、覚えておいた方が良いことであろう。戦略問題を扱った最近の歴史研究から、二つの事例を引用してみたい。これらの事例は、過去を正しく理解するということについて、いかに慎重でなければならないかということを示しており、そのような慎重さがなければ、極めて質の高い歴史的推論でさえも、誤った結論に至ることを示唆している。いわゆる「ドレッドノート型戦艦革命」は、過去四十年以上にわたって、近代海軍史における極めて重要な出来事の一つとされてきた。それは、〝ジャッキー〟フィッシャー提督*が第一海軍卿であった一九〇四年から一九一〇年にかけて、ドイツ皇帝の海軍計画を封じ込めるために立案し、実現させたものであった。そのために採用された

*フィッシャー提督（John Arbuthnot Fisher,1841 ～ 1920）。ジョン・アーバスノット・フィッシャーは、ジャッキー・フィッシャーの名で知られる英海軍軍人。帆船時代に海軍入りし艦船勤務から始め、60 年を越す軍歴で第一海軍卿（他国の軍令部長相当）に登りつめた。ドレッドノートや空母、巡洋戦艦他の艦艇建造から戦術考案、海軍人事改革、教育改革など英海軍に多大な貢献をした。

戦略兵器は、高速の巨砲全装戦艦であり、海軍が最優先の戦略目的と位置づけたのは、マハン的な艦隊決戦であった。

近年の研究は、この歴史的な「知識」の断片は、多くの誤解に基づくフィクションであったと指摘している。実際、フィッシャーは大型戦艦よりも、巡洋艦や潜水艦、小艦隊による術策を好み、ドイツよりもロシアをイギリス海軍の仮想敵国として位置づけていたのである。(2)

さらに注目すべき事例は、第一次世界大戦の原因を戦略的に分析する際の中心に位置づけられ、一九九一年の湾岸戦争において、ノーマン・シュワルツコフ将軍による陸上攻勢のモデルともなったシュリーフェン・プラン*が、作戦計画としては存在せず、ドイツ帝国の軍事予算獲得をめぐる権力闘争において、一つの装置として作用したにすぎなかったという見解である。(3)

戦略史は他の歴史的な知識と同様に、事実の集積とそれらの解釈を内容とする。それゆえ、より多くの事実を所有するということは、より多くの知識を得たということを意味する。そして、知識の量が解釈を改善する限りにおいて、それらはまた、より良質の知識につながる。しかし、知識の量が少ないからといって、可能な解釈が禁じられるわけではないし、必ずしも、それが劣った知識を意味するものでもない。このように、戦略的な知識を求める者は、確かな事実に基づく知識により解釈のための知識が裏付けされるまで、不安定な基盤の上に立たされていることを容易に知ることになるのである。

現代史の一例として、一九七二年十二月に行われた、北ベトナムに対する爆撃攻勢である「ライ

［訳注］ ＊シュリーフェン・プラン　1905年アルフレート・フォン・シュリーフェン参謀総長の元でフランス・ロシア両国に対する二正面作戦を実行するドイツの作戦計画としてドイツ参謀本部で立案された。この計画はまずフランスを攻撃して敗北させ、ついでロシア軍に全力でもって攻撃する。フランス軍が主力を置く独仏国境地帯を直接攻撃するのを避け、ドイツ軍の主力が中立国ベルギーに侵攻し、イギリス海峡に近いアミアンを通過。その後は反時計回りにフランス北部を制圧していき、独仏国境の仏軍主力を背後から包囲し殲滅するというものであった。

ン・バッカーⅡ」爆撃作戦*がある。空軍史家は、北ベトナムやソ連あるいは中国の原資料の不足に直面して、ハノイへの爆撃が、その後間もなく行われたパリ和平協定における北ベトナム側の調印に直接貢献したと主張した(4)。それほど大げさな表現でもなく、この爆撃は明らかに有効であった。しかし実際には、「ライン・バッカーⅡ」爆撃作戦の目標は、少なくともハノイではなく、南ベトナムのチュー大統領に向けられていたようである。そして、爆撃はヘンリー・キッシンジャーのモスクワと北京に対する保障に比べると平和をもたらす手段ではなく、アメリカの最大の目的は、ベトナムからの撤退と、いかなる形であれ、チュー政権を再建するための、「適切な間合い」の確保にあった(5)。

　歴史知識の不完全性についての健全な警告に直面して、都合の良い事実の不完全な集積の結果にせよ、利用可能な事実の不完全な解釈の結果にせよ、情報に通じた読者は、次のことに気づくであろう。それは現代史の戦略に関する著述の多くに見られる最も顕著な特徴は、他の領域の歴史家が確かに疑いもなく敬遠しがちな問題に現代史の歴史家が取り組んできたという自己過信である。このような専門職の歪曲化の理由は、もちろん、十九世紀前半に現れた哲学的な実証主義にその原因を求めることができる。それは、まったく分かりやすい理由に基づいて、教育学の要求と結びつくことで生き残り、二十世紀を通じて陸軍大学や士官学校等で隆盛を極めることになった。そして、それは多かれ少なかれ、ナポレオンからヒトラーにかけての戦略史の叙述の在り方のみならず、最初は、その成果を使いつくし、その後は応用した司令部一般幕僚の創設の原因ともなったのである(6)。

　多くの戦略著述家による過去への取り組みは、極めて実用的なものであったので、彼らが歴史から

［訳注］　*「ラインバッカーⅡ」爆撃作戦　ラインバッカーはアメリカンフットボールの用語である。ニクソン大統領はベトナム戦争における和平協定を結ぶ目的で、ハノイ周辺の北ベトナム軍の基地等とベトナム北部に対し、B52 爆撃機による絨毯爆撃を行った。この戦略爆撃作戦をアメリカンフットボール用語にたとえて称したものである。

引き出す「教訓」は、一般の多くの歴史家にとっては、奇妙であるか凡庸なものに思われていた。前者の教訓の一例は多数派を代表している。普仏戦争での大敗後、多くのフランス人を鼓舞した現代史に対する関心の高まりの中で、著名な軍事評論家の一人であったボナール将軍*は、これまでに知られていなかったナポレオン戦略の「秘密」を発見したと主張した。その秘密は、最も効果的な戦闘を指導する情報を皇帝に提供する全般前衛部隊にあると言うのである。のちにボナールは考えを変えて、ナポレオンによる戦略的防勢と反撃の遂行が、戦略の最高形態であると断定した。(7)

この種の研究は、より高度のレベルでだが、依然として戦略史の叙述で固執されている。ウィンストン・チャーチルの戦時における統率は、おそらく極めて引き合いに出される事例の一つであろう。(8) これは歴史の文献の他の項目の中で、もとりわけ目立つというほど活気のあるものでない。実際、ある政治史家が、ソールズベリー第三侯爵*やウッドロー・ウィルソン*の外交政策の「秘密」を明らかにしようとすることなど、あまり考えられないことである。

歴史が戦略の運用原則の証拠を提供するという発想は、「賢明な政府により採用される軍事政策の重要基盤」や「十三の戦略要点」を提示する、少なくともジョミニ男爵の十大要因まで記憶を遡る、より堅固な戦略叙述という神殿*の中に存在する。このアプローチにより推奨される手法に基づいて戦争を遂行する危険は明白であり、憂慮されるべきものである。ジョミニの時代でさえ、国家は「完璧な軍隊を養成するための十二の重要な条件」を満たすこ

［訳注］　*アンリー・ボナール将軍（1844～1917年）。フランスの将軍。*La manœuvre d'Ie´na. E´tude sur la strate´gie de Napole´on et sa psychologie militaire du 5 septembre au 14 octbore* 1806（「イエナの攻略：1806年9月5日から10月14日におけるナポレオンの戦略と戦場心理に関する研究」）を1904年に出版した。　*ソールズベリー第三侯爵（1830～1903年）。イギリス保守党の政治家。三度首相を務めた。　*ウッドロー・ウィルソン（1856～1924）。政治家・政治学者。第28代大統領を務める。1918年1月8日に「14カ条の平和原則」を発表し、国際連盟の実現に貢献した。1919年に脳梗塞を患い、執務不能を隠してイーディス夫人が執務を代行した。　*この神殿の用語はレトリックであり、ジョミニにより1838年に出版された *Précis de L'art de la Guerre*（戦争術概論）、特に本書の第三章戦略を指している。

とができたが、それでも戦場で敗北することはあり得たのである。[9] しかしながら、このような手法は、流行遅れとはなっていないようだ。フラーによる八つの戦いの原則は、一九一二年の時点における六つの原則に、一九一五年には二つの原則が加えられたが、一九二四年の *British Field Service Manual*（「イギリス軍野外勤務令」）にも登場し、多少は逐語的に、現代の後継である *Army Field Manual*（「陸軍野外令」）の第一巻、*The Fundamentals*（「基本篇」）の第一部、*The Application of Force*（部隊運用）にまで影響を与えている。

　このような状況が長く続いていることに直面している軍事史家は、それらの有用性を認めるためには熟慮する必要がある。確かに、そのような教訓が、陸海空の兵士にとって価値があるものとされている証拠は、容易に入手可能である。イギリス軍が行った最近の戦役*と二人の部隊指揮官の例をあげると、一九八二年五月四日の巡洋艦シェフィールドの損失に直面して、〝サンディー〟ウッドワード提督は、「本職は、戦いの原則、とりわけ、主導性の発揮を思い出した」と述べ、陸軍では、ジュリアン・トンプソン旅団長が、「戦いの原則」のコピーを机の前の壁に貼りつけ、重要な原則を忘れないように努めたというのである。[10]

　しかしながら、軍事的事象の理解と解明に関心を持つ歴史家は、このような教訓を平凡なものと考える。ジョン・C・カーンズは、一九四〇年のフランスの敗北についての権威だが、「軍事文献は、おそらく常に最初の原則に立ち返ることで、決まり文句を表明するよう運命づけられているのではないか」と、戦略と歴史の関係についてかなり正確に述べている。[11]

［訳注］　＊フォークランド紛争　フォークランド諸島の領有を巡り、イギリスとアルゼンチンの間で1982年3月19日から3ヶ月にわたって行われた紛争。

戦略に関する歴史的叙述の多くは教訓、規則、格言、指針について詳説しているが、歴史についてはまったく正確に語っていない。それは、同語反復的な論理に従っているので、ほとんど説明にはなっていないか、まったく何も説明していない。一般に成功につながる「規則」を適用すれば、それでうまくいったとするが、結局は大いに道を誤らせることになる。

歴史的説明に関して在来の戦略的分析を誤った顕著な例は、ハリー・サマーズ大佐のベトナム戦争についての研究である、*On Strategy*（「戦略論」）であろう。戦場での作戦を支配する原則、すなわち、兵力の集中、兵力の経済的使用、そして機動の遂行について説明したあと、サマーズは次のような結論を下した。すなわち、アメリカ軍指揮官はクラウゼヴィッツの「重心」を明確に理解していなかったため、これらの原則を正しく適用できなかったというのである。(12) ベトナムにおけるアメリカの失敗の原因は、それよりもさらに複雑なものである。実際、ベトナムに関する最近の文献を読むと、以下のような印象を受ける。すなわち、戦場の指揮官は効果がないか、おそらくは効果がなかったと思われる戦略を採用する一方で、ワシントンの政府は、これといった戦略指導もまったく下さなかったというのである。(13) この結論は、のちに論じる歴史と戦略の相互関係について有益な道筋を開くことになる。

これまで述べてきた戦略へのアプローチの結果は歴史ではなく、せいぜいのところ歴史的な講話にすぎない。確かに、それらは専門知識を学ぶ若い将校のための、職業訓練の手段として価値がある。しかし、そのような過去についての研究が、偉大な指揮官を生み出すことになるかどうかは多くの問題がある。ジョージ・S・パットン将軍が、新婚旅行にクラウゼヴィッツの『戦争論』を持参したという逸話は有名だが、彼は同書について、「蚤がたかっている犬をけしかけるような、難解な注解に溢れている」と妻に不平を述べていた。[14] 第二次世界大戦における野戦軍指揮官としてのパットンの成功は、彼の戦略史に関する研究に多くを負っていたのかもしれない。対照的に、アルフォンス・ジュアン元帥*は、第一次世界大戦後の陸軍大学の教官からは、何も学ばなかったと明言していた。

二人の人物の間に、サー・リチャード・オコーナー*将軍が位置している。彼は、一九四〇年代の北アフリカで、ロドルフォ・グラツィアーニ元帥*の軍に対して機動力を発揮して包囲することにより、第二次世界大戦時のイギリス軍に驚嘆すべき勝利をもたらした最初の人物となった。オコーナーは、のちの陸軍元帥バーナード・ロー・モントゴメリーとともに、一九二〇年から二一年に幕僚大学の第二次戦後課程を修了していた。彼は勝利の手法の源泉について聞かれたときに、次のように答えた。

> それは誰かが教えていたことだと思うが、戦術思考に対する正しい方法であろう。私は奇襲があらゆる戦術の基礎であり、敵に対する奇襲に成功すれば、それ以上のことができなくても、半分は成功したことになると思う。[15]

［訳注］　＊アルフォンス・ジュアン（1888 ～ 1967 年）。アルジェリア生まれのフランス軍元帥。第一次世界大戦に参加して右腕を失う。その後陸軍大学に入学し抜群の成績で卒業した。第二次世界大戦の時ドイツ軍の捕虜となり、ヴィシー政権により解放され、北アフリカのフランス軍を指揮する。北アフリカ戦線にイギリスとアメリカ両軍が進攻した際に連合国軍に寝返った。　＊サー・リチャード・オコーナー（1889 ～ 1981 年）。イギリス軍将軍。第二次世界大戦において彼は西方砂漠部隊指揮官として、エジプトのイタリア軍主力を撃破する。　＊ロドルフォ・グラツィアーニ（1882 ～ 1955 年）。イタリアの将軍。第二次世界大戦前と大戦中に北アフリカ遠征軍を指揮した。1920 年代にリビアにおける反乱に対する「平定作戦」中に反乱軍捕虜を虐殺したと言われている。

実際、オコーナーの成功の原因には、第一次世界大戦における甚大な犠牲者についての驚きや、戦場に機動と奇襲を再導入しようとする決意、自動車化による機動の可能性についての特別な理解があったように思われる。

歴史が為し得るかもしれないことに関して、何らかの示唆を与える前に、戦略研究を進めるに際し、正確に歴史ができることについて、まず棚板を片付けて、そろそろ立証しなければならない頃合いである。歴史は表意文字である。それは二度とない事実を再現し、解釈することで、過去を研究するものである。それは、科学ではない。あるいは限定された意味においてのみ、そのように見なされるかもしれない。さらに予言性に乏しく、普通の歴史家ならばお粗末な予言者になってしまうのである。たとえば、リチャード・エヴァンズ教授は、一九八七年十二月に次のように表明した。「(ドイツの)再統一は、まったく現実的な可能性がない。そして、その方向に歴史の議論を進めることは、政治的空想に耽ることを意味する」[16]。しかし、間もなく歴史は彼の間違いを証明した。軍事史家の実績も、このような非軍事史の歴史家と同様である。

とはいえ、軍事史家の実績は戦略分析家よりは上位に位置している。一九九一年の湾岸戦争の形態について発言を求められた際に、著名な戦略著述家や評論家の多くが、見苦しい発言と成り行きまかせに発生した間違いの下に彼ら自身埋もれてしまう結果となった。ある数量モデルの専門家は、両軍の人的損害を、多国籍軍は八千から一万六千、イラク軍は六万と予想したが、その数字は数桁間違っていた[17]。

歴史は、戦略研究が科学であることを、自明にして周知のことと見なしてはいない。これまでの議論をさらに深めるつもりがなければ、我々はむしろ、レフ・トロツキーの懐疑主義を取り上げた方が良いのかもしれない。トロツキーは彼特有の痛烈さで、「錠前屋の科学と同様に、戦争の科学も存在しない」と述べている。それにもかかわらず、場合によっては特定状況の積み重ねの結果として、主としてテクノロジー戦略が実際には科学の属性のある部分を有していることを認めるべきであろう。[18]

我々の研究命題は、やや曖昧である。なぜなら「戦略」という用語の定義が多様化してきているからである。それゆえ、この極めて使い勝手の良い言葉は、誤った方向で用いられることもある。しかしながら、多くの例外があることを理由に、いかなる定義をも排除することは、ある優秀なアナリストが言うように、至極当然な批判を招くことになる。すなわち、自らが語ることについて正確に理解していなければ、いかなる意味においても、それについて正確に語ることはできないのである。[19]

戦争を研究し、専門家が自発的に認め、かつ受容可能で機能的な定義の類を使用している歴史家は、軍事力の行使による問題解決の方法として戦略を定義することが最善と考えている。あらゆる歴史的主題と同様に、戦争の研究は出来事の再構成とその過程の再現を必要とする。また歴史家は、出来事が生起して結果を形成する影響力が及ぼす状況を、可能な限り正確に決定することを求めるものである。

歴史事象は決して繰り返さないであろう。しかし、それがどのように戦略環境に影響を与え、過去における戦略の結果を確定したかについて理解することで、そこから洞察を引き出すことは可能である。しかしながら、原因から結果について論じる古典的な歴史手法は、結果について部分的にしか説明しない。それを通じて、国家や政治的・軍事的リーダーが戦略を形成し、行使する過程を理解することは、依然として調査の途上にある非常に重要で歴史上の中心的な問題、すなわち戦略は如何に現実に行われるのかということについて明らかにすることができる。[20] このように、歴史の表意文字としての性格は、歴史事象は同じことは二度と起きないという、正確であるが無意味な観察を正当化する理由としてよりも、むしろ、戦略について考えるための積極的な補助手段として役立たせることができるのである。

歴史は戦術を考察することで戦略について語ることができるとする、前向きな考え方を始めることは、道理に反するような、またカテゴリー化するアプローチに対立するもののように思われる。そして、そのようなアプローチとは定義に過重な負担を与え、戦術と戦略を区別するものでもある。確かにマハンは、それが自分にふさわしいことではないと確信していた。マハンはある記者に「私には戦術を徹底的に研究する時間も傾向も無い」と語っている。[21] しかし、ただ単に政治家は危険を覚悟で戦術を無視する。そしてまた、異なる仕方で軍人や歴史家もそうするのである。一つは、オコーナーの例が示しているように、戦術について深い認識を持つことは、通常レベルでの戦略的成功に変えてゆくことができる。他方、戦術は、それが実践的な実験の対象になるという点で、戦争の在来的な意味における、「科学的な」側面を示しているのかもしれない。兵器テクノロジーの進歩や、それらが戦場において戦略に与える影響は、他の種類の歴史的「事実」よりも、より容易に検証可能である。

一九一七年から一八年のイギリス大陸派遣軍の影響を受けた戦術改革については、これまでに多くのことが記述されている。歴史家は戦術が革命的な軍事改革にまで至ったのか否かについて議論することに、ある種の専門家としての喜びを見いだすかもしれない。そして、それらが火力統制や測図の改善、緻密な計画といった一連の日常的な手段における変化の結果であり、また、訓練を通じて事前に準備することが、最高度の重要性を持つということについて理解した結果であったという事実には興味をそそられる。

同時に、これらの改善の結果、イギリス陸軍やフィリップ・ペタン元帥の下で同様の経験を重ねていたフランス軍は、ドイツ陸軍を完敗の瀬戸際に追い込む、一九一八年八月から十一月の戦役を遂行することができたのである[22]。一九一八年の連合軍の成功と一九一五年および一九一六年の彼らの失敗の対比は、大部分、時定表に基づいた攻撃に信頼を置く戦術構想と、突破を目的とした戦略の最初の誤った組み合わせの結果である。この誤った組み合わせは、その後、累積的な圧力を重視する戦略に、新たな戦術能力を結びつけることで是正された[23]。専門職の軍人は、この教訓に注目するかもしれないが、歴史の専門家は、それは勝利についての特殊な説明であって、成功のための一般的な処方ではないとことを強調している。

第二次世界大戦時のイギリス軍の戦いにおける戦術と戦略の正確な関係については、第一次世界大戦の前兆と同様に未だに精査されていない。しかし、そこには明らかに、いくつかの目立った不調和が見られた。戦車と歩兵の協同方式、それはモントゴメリーがイギリス本国軍の訓練に先だってオコーナー将軍が指揮する西方砂漠軍で完成させた方式であり、ノルマンディー上陸作戦直前にこの方式を用いることを選定した彼の決定は、全体としてイギリス軍の戦術ドクトリンの多くを混乱に陥れた。イギリス軍の機甲部隊の背後にある体制と戦術概念は、「ノルマンディー作戦のための戦闘訓練も想定していないし、組織化もされていない」ことを示していた(24)。

失敗は免れたが、これらの事実は成功を遅らせたか、妨げる可能性があった。この種の歴史を軍事専門職の職務に役立てることは困難である。たとえば、モントゴメリーは自らの部隊に共通のドクトリンの解釈を強要できたか否かという問題について、専門家の間でも激しい意見の対立が見られることに注意した方がよいだろう(25)。歴史家が、この問題に決着をつけるまで、一九四四年から四五年の第二一軍集団において、戦術と戦略の間に深刻な不一致が生じたのか否か、あるいは仮にそれが生じたと解釈しても、その原因について説明することは困難であろう。

戦略に対する「科学的な」アプローチの認識論的問題の一つは、その定義が輪郭部で曖昧になるということである。そのため、戦術は作戦に融合させることが可能となるが、その作戦は、限定された一定期間に渡って、不連続かつ限定された戦域において単独であれ統合であれ、主要な陸・海・空軍力の運用として、おそらく最も効果的だと見なされよう。換言すれば、戦域とは作戦が遂行される場所を意味するのである。戦略を初期の定義通りに考慮するならば、我々は依然として、まさに戦略の領域にどっぷりとつかっている。我々は現在においても、戦争の基本的な領域である戦略との関わりを持ち続けているのである。このことは、バーナード・ブロディが賢明にも六十年以上前に、「戦争では戦闘に勝利することではなく、戦役に勝利することが問題である」[26]と記していることからも、それだけで賢明な軍事史家や知覚力に優れた軍人をわざわざ納得させる必要はないであろう。ジョージ・C・マーシャル将軍が第一次世界大戦中、道路や鉄道、河川に関する基礎教育を受けたあとで、過去二年間は、「海洋に関する基礎教育を受けることになったため、はじめからもう一度学ばなければならなかった」と一九四三年に述べたように[27]、このマーシャルの見解に内在しているものは、そうした事実があまり注目されておらず、不十分にしか表現されていないという事実である。そして、その内容は、戦略地誌は実際、時代とともに変化するが、その主因は技術的な変化にあるということだ。結果として、新たな戦略環境が出現し、新たな戦略問題が課されることになる。

以下の二つの異なる事例は、このような事実を十分に説明している。トランス・カスピ海鉄道の完成は、ロシア軍の補給路をイギリス遠征軍の黒海への到達範囲を越えてアフガニスタンにまで伸ばしたが、その結果、十九世紀末のイギリスの戦略家は、クリミア戦争を繰り返すことにより英露の緊張を解消する、他のいかなる構想も放棄せざるをえなくなった。それにより、想定される戦域の一つが、インドに形成される別の戦域に置き換えられるように地図上を移動し、その現実的な可能性が、一九〇七年まで、国防問題の意思決定に関わる英国政府機関を大いに悩ませたのである[28]。他の時代とは異なるテクノロジーの時代に言及すれば、W・T・R・フォックスは、一九四八年に「原子力の発明は、緩衝地帯としての（ヨーロッパ）大陸の軍事的役割をほとんど無効にした」と記したが、それは部分的な真理にすぎないことが判明した[29]。

歴史家にとって最大の関心事は、戦域戦略は共通の普遍的な論理に基づいて形成されるのか否か、そして、どの程度そうなのか、あるいは、戦域間の相違点が少なくとも類似点と同様に有意ではないのか否かということに向けられなければならない。第二次世界大戦における二つの主要な戦役、すなわちドイツ軍の北アフリカ作戦とソ連に対する攻勢は、戦域戦略では兵站が主要な考慮すべき問題となることを示唆している。この二つの戦役は、道路輸送による補給が計算可能な距離を越えると、その結果は軍事補給品の枯渇と必然的な敗北を招くことを明示している。(30)

しかしながら、歴史家は「戦域戦略の論理」は明確に定義されたものではなく、前進すればするほど敗北の可能性が高まるという命題に、もっともな異論を唱えることができるにすぎない。(31) たとえば、太平洋における戦争は、疑いもなく合衆国に巨大な兵站上の難問を突きつけた。ルイ・アレンが述べているように、日本を敗北に追い込むには、「未曾有の規模の濠を横断する、大陸的規模での攻囲」を必要とした。(32) しかしながら、アメリカ軍がモスクワからベルリンまでの距離の概ね六倍に相当する距離を、勝利に満ちて進軍したという事実は、そのような「普遍主義者」および戦域戦略概念の擬似科学的見解と矛盾するのである。

太平洋の戦域に関する議論に少々の時間を費やす価値はある。なぜならば、それは、このレベルの戦争において効果を示し始める戦略問題の多様性と、異なる戦域に影響を与える別の環境の存在というものを例証しているからである。日本人に開かれている選択の多様性ゆえに、一九四一年十二月以前に彼らの攻撃の方向を予想することは極めて困難であり、あるいは、気晴らしに近いこととなっていた。このような状況は、一九四一年六月以前の独ソ国境とは異なっていた。独ソ国境では、攻撃の場所ではなく、攻撃の時期が問題とされていたのである。当初はシンガポールやボルネオといった帝国領が、日本軍による最も可能性のある攻撃目標とされた。しかし、ドイツがロシアを攻撃したあと、インドおよび極東のイギリス軍司令官たちは、日本軍の南方への攻撃の可能性について懐疑的となった。彼らは、ソ連の切迫した状況が、日本軍による攻撃の対象となりうると考えたのである。

一九四一年十二月以降、戦域戦略の案出は日本に開かれていた各様の選択肢の列挙や戦略の一般原則に照らして、個々の戦略の意味について評価するという問題ではなくなってしまった。代わりに、日本は開戦に踏み切ることで選択の自由を失い、その行動の限界を決定することがより容易になった。活動範囲と輸送力、消耗と補充、そして、損耗と持久力は、計画立案者が計算可能な問題となった。あるいは、その計算を基礎にして、彼らは少なくとも得られる情報に基づく予測を提示できたのである。影響を及ぼす新たな要因は、より確実に可能性のある指令を列挙することを可能とし、あるいは統合情報委員会のメンバーが一九四三年に行ったように、「日本がさまざまな状況の下で実行する可能性があることについて、合理的な評価を下せる」ようになったのである。[33]

ある程度の計算が可能な序列が、敵の選択の範囲についての確かな戦略的命題と判断の混交物として、戦域戦略に取り入れられたという見解についてもさらなる根拠を見出すことができる。たとえば、日本軍は一九四五年におけるアメリカ軍の九州上陸の予定地域を正確に予想しており、中国軍はアメリカ軍の仁川上陸を予想し、結局は無視されたが、北朝鮮に対し高度な警告を与えていた。[34]

今や議論は戦略行動の最高段階、すなわち国家戦略ないし「大」戦略のレベルに入っているが、軍事的観点から書かれた理論的ないし基準的な多くの文献の中心部分でさえも、歴史はそれ自体がほとんど欠落しており、遠ざけられてしまっている。その代わりに、政治学者の学界が大戦略の多くの領分を占有している。マイケル・ハワードは大戦略を、「戦時における国家の政治的目標を達成するために、同盟国や可能であれば中立国を含む、富、人的資源、工業力といった国家的資源を動員し展開すること」と巧みに定義している。(35)

大戦略は、国家が自由にできるあらゆる手段を利用して、政治的目標を追求するため、政治がその核心に存在する。この事実こそがクラウゼヴィッツ（の理論）が命脈を保ち続けていることを説明できるのである。クラウゼヴィッツの時代を超越した考察は、依然として多くの戦略研究者の尊敬と称賛を受けている。それはまた、クラウゼヴィッツの支持者が、専門的で技術的な戦略の側面よりも、戦略の政治的側面を強調する明白な熱意に依るものでもある。(36) しかし、依然として疑問は残る。すなわち、大戦略における「政治」とは正確には何を意味するのか、あるいはどのように存在するのか。そして、大戦略は実際、過去においてどのように政治的であったのか。

大戦略における政治とは、資源の配分を決定し、その使用の究極目標を定めることである。その結果は、事象という観点から言えば、敵を打ち破るために遂行される作戦であり、戦闘の実施ということになる。しかし、大戦略は非軍事および軍事の双方の手段を用いるため、ガブリエル・コルコがベトナム戦争について考察しているように、勝利は「まさに戦闘の結果ではない」のである。(37) 大戦略とは、一つの過程として、結局のところ、その形成に関わる担当者の間における力の配分の結果として位置づけられる。このような重要な問題は、重要な疑問を浮上させる。二十世紀の戦争史は、その多くが際立った二つの問題を提起した。すなわち、高級文官と高級軍人との間の最善の均衡とは何か。そして、「最終段階」の政治は、どの程度、戦時の軍事戦略に影響を与えるべきなのか。

第二次世界大戦に関する研究は急速に進んでいるが、第一次世界大戦は依然として、先にあげた二つの問題の最初の研究にとって、古典的な位置を占めている。第一次世界大戦中、軍隊指揮官は偶然にも、第二次世界大戦時には見られなかった権限を手にした。フランスでは、マルヌの戦いに先立って、政府がパリから離れたことは、ジョゼフ・ジョッフル将軍に権力を与える結果となった。そして、戦争半ばまで、政治家はその権威を回復することはなかったのである。[38]

イギリスでは、「平時体制」から国家総動員体制への速やかな移行と、ハーバート・アスキス首相が自由党の抑制とリベラルな理想を掲げたことに対して、連立内閣の協力を得ることに著しい困難が生じていた。その結果、野戦元帥のサー・ジョン・フレンチやサー・ダグラス・ヘイグなど、西部戦線におけるイギリス大陸派遣軍の指揮官に対して、強力な政治的権威を行使することができなかったのである。そして、一九一七年のパッシェンダール戦役の惨憺たる結果により、アスキスの後任であるデヴィッド・ロイド＝ジョージが本格的な活動に着手することで、ようやく文官と軍人の関係が変化し始めた。[39] ドイツでは、軍部の権威がいずれにせよ大きかったが、皇帝は直接あるいは間接に、誤った目的を追求する将軍達を支援する結果となった。[40]

かくして、連合軍の将軍たちは、先例がないほどの活動範囲を手に入れた。そして、彼らの戦略行動の可否に関する議論が今日に至るまで続けられているのである。将軍達の果たした政治的役割が戦争に与えた影響という観点から見た場合、彼らの間に見られるこの表面的な類似性には、重要な論点が存在し、見過ごすことができない。フレンチ、ヘイグ、ジョッフル、ペタン、フェルディナン・フォッシュ等は、それぞれ独自の戦略構想に基づいて職務を果たし、その戦略構想により作戦を遂行した。

ヘイグは狭義の軍事的アプローチを採用し、一九一六年から一七年の間、先入観に満ちた基本的構想に基づく作戦を採用した。彼は、自分の司令部における人員の大幅な変更を容認せざるを得なくなって、初めてそのアプローチから離れた。その結果、ヘイグは軍事的アプローチと作戦構想についてより精通するようになり、戦争末期の数ヶ月間に、自らの指揮方法を変更したことから判断して、いくらか賢明になった(41)。

ジョッフルは一九一四年から一五年にかけて、一様に積極的で犠牲の多い攻勢戦略を採用した。ペタンは、フランスが正当な報酬を求めるのであれば、明らかに勝利の代償を支払った軍隊として戦争を終結しなければならない、とするジョッフルの信念を共有していた。その一方でペタンは、一九一七年には生き残り戦略を追求し、一九一八年には機動作戦の全面戦を唱導した。フォッシュは可能な限り人的損害を低く抑えることに関心を抱いていたが、戦線を段階的に拡大して、全戦線に対する圧力を増大させることでドイツ軍を押し戻すことを選んだ(42)。

以上のような戦略の歴史的な意義は、内在する利点や重要性は別にして、それぞれ異なるものであり、一部は状況への対応の結果であり、一部はそれを担当した人物による産物であった。そして、それぞれが戦争に特定の性格を付与し、その性格が戦場を越えて拡大し、政府の協議にまで影響を与えることで大戦略が形成されることになった。おそらく期待外れなことかもしれないが、ガイ・ペドロンチーニが指摘しているように、歴史事象は繰り返さないものである。つまり、これら三人の指揮官を異なる状況下に置くことはできないし、その指揮官とその戦略がいかに行われる可能性があったかについても我々は知ることはできないのである。

第一次世界大戦と第二次世界大戦の大戦略を比較することは、最も一般的で表面的な手法を用いても、以下のような二つの事実を明らかにする。第一に、大戦略を構築するという行為の本質は、概して同じであった。それでも、第二に、状況が変化すると、結果として対処すべき問題も変化したのである。一方で、世界戦争を遂行することは、解決すべき問題の複雑さが非常に増大することになる。ところが他方、国際政治の特殊な状況と、軍事同盟国とイデオロギー上の敵であるソ連の存在は、戦争の遂行と戦略形成を新たな局面へと導いた。(43) このような状況がもたらした明白だが議論の余地のある問題の顕在化は、一九四四年から四五年にかけて実施されたアイゼンハワーによる「広域戦線」戦略であった。また、さらに熱心な議論の対象となったのが、日本に対する原子爆弾の投下であり、その目的についての論争は今なお盛んに続けられている。(44)

第二次世界大戦終結前の数ヶ月間の歴史は、これまでのケースには見られないほど、最終局面が、大戦略におけるより重要な位置を占めるようになったことを示唆している。イラクにおける最近の出来事は、政策立案者が、これまでの間に以上のようなことをむしろ見失ってきたように思わせるものがある。

第一次世界大戦よりも第二次世界大戦における大戦略の形成が、より複雑であるのと同様に、いかに政治指導が実施されたか、またいかに大戦略が現実的になされたか、その多くの事例が多様になった。[45]それらが実際に行われたモデルとなる事例は、あらゆる領域に拡大した。すなわち、歴史家と政治学者によって、幅広い支持を得たチャーチルによる専門家会議から、スターリンの非民主的な中央集権体制、そして、ナチスの政治制度を特徴づける分離と亀裂に、中間レベルで対応する機能的官僚機構に対するヒトラーの躁病的な支配まで、全域にまたがったのである。[46]

しかしながら、このような研究の目録は完璧とは言えない。なぜならば、一九四〇年から一九四五年のイタリアにおけるムッソリーニの戦争指導については、最新の研究がまったく見られないからである。大いに議論されるべき問題であると言えよう。日本の戦争指導と政治指導における天皇の役割についても、再び基本的な不一致が発生している。[47]これらのうちのある事例が、よく考えられた政治形態が順守すべき理想的な形態と見なしうるかどうかに関して断言することは歴史家の仕事ではない。それにもかかわらず、彼らは、特殊な政府の形態は軍事力の発達や行使に著しい影響を与えるというマハンの見解や、民主主義が最良の政治形態であるという彼の遠回しの仄めかしに、かなりの同意を示す場合がある。[48]

あまりにも熱心だが、情報不足に基づく歴史の使用に対する差し止め願を心に留めながら、「我々は戦略の本質について、歴史から何を学ぶことができるのか」という疑問に対して、最初に示唆した答えよりも、より意味のある答えを提示することは依然として可能である。歴史は具体的な事例によって、多くのことを示唆するとともに、異なる結果をもたらす異なる環境下での異なる種類の行動様式を提供する。

歴史を生産物として消費することは、豊富で様々な食事により戦略家の心を満足させるかもしれない。その一方で、歴史を方法として捉えることは、過去について考えることが最も問題なく、現在および将来についての考え方を告知する方法であるということに波長を合わせることで、戦略家の心を教育することになる。そうすることで、普通の良識から愚かさまで生じさせる若干の戦略著述の傾向について警鐘を鳴らすことができるのである。

最後の事例として、スターリンの戦略における五つの「恒久的な作戦上の要素」の一つは、「指揮官の組織能力」であった。スターリンにとっては、この要求は結局、暗黙に要求される素質に付随する機能の明確化以外のものではなかった。この課題を熱心に追求することで、あるオーストリアの将校は、戦争の六大原則の最初に、「あらゆる階級における聡明かつ（部下を）鼓舞する指揮統率力」を位置づけた。(49) これは、大学の世界においてと同様に、軍隊の階級社会においても身につけることが困難な能力の一つであることは疑いのないところであろう。しかし、歴史について熟知することは、決してそれを育成するための最悪の道ということではないのである。

結　論

歴史の専門家は現在と将来の道筋を引き出すため、問題のない貯蔵庫として歴史知識を利用するに際し、本稿で述べてきたように、その利用に伴う様々な困難について、堅実な警鐘を鳴らす学問研究上の義務感に縛られている。すなわち、過去半世紀以上に渡って歴史学界の指導的立場にある多くの権威者のように、自由に想像力を働かせるよりも、むしろそれに制限を課す歴史的著作の実例を示しているのである。

たとえばG・F・R・ヘンダーソンによる狭義の戦史は、かつては、陸軍大学で最も好まれ、現在もまったく廃れたわけではないが、依然として過去における相違点よりも、類似点を得ようと努力することに対して警告を発している。より人気があり幅広い読者を持つ歴史家達は、まったく異なるジャンルで著述活動を行っているが、思いがけない危険を抱えた、軽率で批判力を欠いた著作を提示している。少なくとも、ベイジル・リデル・ハート卿の著作の一部は、過去には「確かな教訓」など見られないし、まして、「間接的アプローチ」についての教訓を見いだすこともできないという警告を促すことに貢献している。(50)

しかしながら、健全な警告を受けることで、過去を研究する根本的な理由は、まったく自明のものとなる。我々が現在と未来に向き合う際の手引きとなるのは、理論的な思索よりも、具体的な知識により得られるものがすべてである。強く興味をそそられるその魅力は言うまでもなく、そこから学ぶことができるのは、ほとんど尽きることのない時間の連なり、出来事、状況、そして具体的な事例を提供する豊かさと複雑性である。この財産は幸いにも永遠である。約四十年前に冷戦が最高潮に達しつつあったとき、ウォルター・ミリスは、「核兵器の開発以来、軍事史の史料の多くは適用できなくなった」と主張したが、それはかつて真実であったかもしれないが、今日では確実にそうではなくなった。(51) もちろん、すべては、過去の史料をどのように利用するかに依存し、また、狭義の「有用性」という機械的な概念を、ヘンダーソンと彼の同調者達にどのように直接打ち返すかに依存している。最後に、決して些細なことというわけではないが、今日では以前にくらべて、大いに軍事史や海軍史の史料が利用可能となっており、それらの多くは、とても良質なものになっているということである。

図書館の書棚をやや注意深く見渡せば、過去についての新たな視点を導入し、古い視点を一新するための活動と発展のパターンが示されていることが分かるであろう。「戦争と社会」モデルは、三十年以上も前に、多くの歴史家により採用されたが、その当時もそれ以後も、一部の視野の狭い歴史の専門家からはまったく馬鹿にされたが、依然として将来にわたり有益な洞察を含んでいる。戦略思想史に関する古くからの研究業務は、ここ数年に渡って、軍事ドクトリンを取り入れ、また軍事制度に関する文化および「伝統的」な外交史の両者と結合して拡大してきた。その結果、第一次世界大戦の始まりに関する我々の理解は、とりわけ深められたのである。軍事的効率性およびネット・アセスメントは、軍事史の舞台にとって比較的新参者ではあるが、従来の歴史展望を拡大してきたし、同時に、現在および将来の歴史の見方にも影響を与えることになろう。戦闘の効率性は戦術レベルの作戦に新たな光を投げかけた。それは一世紀以上も前に、軍事分析のための資料となり、過去における事実を明らかにしたが、もし、新たな手法がなければ、その意義と意味は部分的なものか、まったく曖昧な状態であり続けたであろう。

以上のような、多岐に渡る形式の軍事史が、さまざまな分野あるいは時代を扱っているが、このような軍事史の内容と同様にそれらの軍事史が如何に役立っているかが非常に重要なのである。そして、この学際的な軍事史が如何に研究されているかに注目することは、その軍事史が叙述する内容を自分のものにすることと同様に、重要なことである。そして、そのような著作の読者が軍人にせよ、文民にせよ、歴史家が分析を行う際に用いる知的体系を、初めから排除する能力を身につける必要はない。その知的体系は専門職の学者にとって重要であり、魅力的であるかもしれないが、そのような文脈化するスキルを認識し、それらが、より広い理解にとって、どのように役立つのかを考えることが不可欠なのである。知識を得るための読書は、一般人にとってと同様、専門職の軍人にとっても重要である。そして、過去は、そのような知識の最大の宝庫である。そのためには、時間とノートとやや優れた記憶力さえあればよいのである。それに対して、洞察力を得るための読書には、より困難な要求が課されることになる。なぜならば、ある著作が何を求めているのか、また、その著作が既存の文献の中の何処に当てはまるのかという批判的な認識を必要とするからである。しかし、それは、より大きな見返りをもたらすものでもある。(52)

歴史を知ることは容易なことである。そして、軍事史に関する文献の主題と著者の多様性は、楽しみと、そこから得られる報酬を共に我々に与えてくれるのである。

歴史を研究することは、少々困難なことかもしれないが、実り豊かなことでもある。そこには概して、制限された形で異文化を経験してみる観光客と異文化の中へ旅立とうとする旅行者との違いがある。そして、後者は通行人に示されている異文化の外観の根底に存在し、また外観では理解し得ないものを習得することができるのである。両者ともに価値があるし、必ずしもジョージ・S・パットンのように、新婚旅行にクラウゼヴィッツの『戦争論』を持参するまでもなく、軍事史から学ぶ機会を提供してくれるのである。

［原　注］

(1) J. J. Davies, *On Scientific Method*（London, 1968）, p. 8；A. F. Chalmers, *What Is This Thing Called Science?*（Oxford, 1978）, p. 9。

(2) A. J. Marder, *From the Dreadnought to Scapa Flow,* vol. Ⅰ, *The Road to War, 1904-1914*（Oxford, 1961）；Nicholas A. Lambert, *Sir John Fisher's Naval Revolution*（Columbia, SC, 1999）。

(3) Terence Zuber, *Inventing the Schlieffen Plan：German War Planning 1871-1914*（Oxford, 2002）。

(4) たとえば Richard P. Hallion, *Storm over Iraq：Air Power and the Gulf War*（Washington, 1992）, p. 21。

(5) Jussi Hanhimaki, "Selling the Decent Interval：Kissinger, Triangular Diplomacy, and the End of the Vietnam War," *Diplomacy & Statecraft,* vol. 14, no. 1, 2003, pp. 159-94。

(6) David Alan Rich, *The Tsar's Colonels：Professionalism, Strategy, and Subversion in Late Imperial Russia*（Cambridge, MA, 1998）。

(7) Eugene Carrias, *La pensee militaire francaise*（Paris, 1960）, pp. 281-2。

(8) この種の分析の適例としては、Eliot A. Cohen, *Supreme Command*（New York, 2001）, pp. 153-201 を参照。

(9) Baron Antoine Jomini, *Summary of the Art of War*（Westport, CT, 1971）, pp. 49, 68, 43。

(10) Admiral Sandy Woodward and Patrick Robinson, *One Hundred Days*（London, 1992〔Fontana, ed.〕）, p. 21；Julian Thompson, *No Picnic：3 Commando Brigade in the South Atlantic, 1982*（London, 1985）. それに先行して、ウッドワード提督は戦略的思考の在り方について、以下のような論考を著していた。J. F. Woodward, "Strategy by Matrix, *Journal of Strategic Studies,* vol. 4 no. 2. 1981, pp. 196-208。

(11) John C. Cairns, "Some Recent Historians and the 'Strange Defeat' of 1940, *Journal of Modern History,* vol. 46 no. 1, 1 974, p. 80, fn. 18。

(12) Harry G. Summers, Jr., *On Strategy：A Critical Analysis of the Vietnam War*（New York, 1984）, p. 39。

(13) Geoge C. Herring, *A Different Kind of War：LBJ and Vietnam*（Austin, TX, 1994）, pp. 178-9。

(14) Christopher Bassford, *Clausewitz in English, The Reception of Clausewitz in Britain and America 1815-1945*（New York, 1994）, p. 78。

(15) General Sir Richard O'Connor に対するインタービュー。音響記録は Department, Imperial War Museum 2912/02。quoted by Charles James Forrester, "Great Captains and the Challenge of Second Order Technology：

Operational Strategy and the Motorisation of The British Army Before 1940," M. A. dissertation, University of South Africa, 2001, pp. 68-9 を引用。

(16) John Lukacs, "What Is History?" *Historically Speaking*, vol. 4, no. 3, 2003, p. 10。

(17) Michael J. Mazaar, Don M. Snider, and James A. Blackwell, Jr., *Desert Storm：The Gulf War and What We Learned*（Boulder, CO, 1993）, p. 86。

(18) Leon Trotsky, *Military Writings*（New York, 1971）, p. 119. トロツキーはまた、次のように述べている。「軍事学は、自然なものでもなければ、科学でもないので、自然科学には含まれない」。*Ibid.*, p. 110。

(19) Edward N. Luttwark, *Strategy：The Logic of War and Peace*（Harvard, 1987）, pp. 69-70, 91。

(20) Eliot A. Cohen and John Gooch, *Military Misfortunes：The Anatomy of Failure in War*（New York, 1990）。

(21) Robert Seager II and Doris D. Maguire, eds., *Letters and Papers of Alfred Thayer Mahan*（Annapolis, MD, 1975）, vol. 3, p. 178。

(22) Peter Simkins, "Co-Stars or Supporting Cast? British Divisions in the 'Hundred Days,'1918," in Paddy Griffith, ed., *British Fighting Methods in the Great War*（London, 1996）, pp. 50-69。

(23) Simon Nicholas Robbins, "British Generalship on the Western Front in the First World War, 1914-1918," Ph. D. dissertation, University of London, 2001, pp. 335-49。

(24) Tim Harrison Place, *Military Training in the British Army, 1940-1944：From Dunkirk to D-Day*（London, 2000）, P. 153。

(25) 肯定的な立場に立つ研究として、David French, *Raising Churchill's Army：The British Army and the War against Germany 1919-1945*（Oxford, 2000）, p. 261. 否定的な観点からの研究として、Harrison Place, *From Dunkirk to D-Day*, p. 164。

(26) Bernard Brodie, *Sea Power in the Machine Age*（New York, 1969）, p. 437。

(27) Jeter A. Isely and Philip Crowl, *The U. S. Marines and Amphibious War*（Princeton, 1951）, p. 3。

(28) John Gooch, "The Weary Titan：Strategy and Policy in Great Britain, 1890-1918," in Williamson Murray, MacGregor Knox, and Alvin Bernstein, eds., *The Making of Strategy：Rulers, States, and War*（Cambridge, 1994）, pp. 282-3。

(29) Lawrence Freedman, *The Evolution of Nuclear Strategy*（New ork, 1983）, p. 49 から引用。

(30) M. Van Creveld, *Supplying War：Logistics from Wallenstein to Patton*（Cambridge, 1977）, pp. 142-201。

(31) Luttwark, *Strategy,* p. 141。

(32) Louis Allen, "The Campaigns in Asia and the Pacific," in John Gooch, ed., *Decisive Campaigns of the Second World War* (London, 1990), p. 165。

(33) John Gooch, "The Politics of Strategy : Great Britain, Australia and the War Against Japan, 1939-1945," *War in History,* vol. 10, no. 4, 2003, pp. 424-47。

(34) John Ray Skates, *The Invasion of Japan : Alternative to the Bomb* (Columbia, SC, 1994), p. 102 ; Shu Guang Zhang, *Intelligence and Strategic Culture : Chinese-American Confrontations, 1949-1958* (Ithaca, NY, 1992), p. 93 ; Shu Guang Zhang, *Mao's MilitaryRomanticism : China and the Korean War, 1950-1953* (Lawrence, KS, 1993), p. 72. 35) Michael Howard, *Grand Strategy,* vol. 4, *August 1942-September* 1943 (London, 1972), p. 1。

(36) Roman Kolkowicz, "The Rise and Decline of Deterrence Theory," *Journal of Strategic Studies,* vol. 9, no. 4, 1986, p. 5. コルコヴィッチは、とりわけバーナード・ブロディに言及している。

(37) Gabriel Kolko, *Vietnam : Anatomy of a War 1940-1975* (London, 1985), p. 545。

(38) J. C. King, *Generals and Politicians : Conflict between France's High Command, Parliament and Government, 1914-1918* (Westport, CT, 1951)。

(39) David French, *British Economic and Strategic Planning, 1905-1915* (London, 1982) ; John Turner, *British Politics and the Great War : Coalition and Conflict 1915-1918* (New Haven, CT, 1992), pp. 109-11 ; David French, *The Strategy of the Lloyd George Coalition, 1916-1918* (Oxford, 1995), pp. 148-70。

(40) Holger Afflerbach, "Wilhelm II as Supreme Warlord in the First World War," *War in History,* vol. 5, no. 4, 1998, pp. 427-49。

(41) Gerard J. De Groot, *Douglas Haig 1861-1928* (London, 1988), pp. 50-3 ; Tim Travers, *The Killing Ground : The British Army, the Western Front and the Emergence of Modern Warfare, 1900-1918* (London, 1987), pp. 85-100 ; Robbins, *British Generalship on the Western Front,* pp. 320-3。

(42) Guy Pedroncini, "Trois marechaux, trios strategies?," *Guerre mondiale et conflits contemporains* annee, vol. 37, no. 145, 1987, pp. 45-62。

(43) この主題を扱った極めて多くの文献の中でも、とりわけ注目すべきものとして、Mark A. Stoler, *Allies and Adversaries : The Joint Chiefs of Staff, the Grand Alliance, and U. S. Strategy in World War II* (Chapel Hill, NC, 2000)。

(44) J. Samuel Walker, *Prompt and Utter Destruction : Truman and the Use of Atomic Bombs against Japan* (Chapel Hill, NC, 1997) ; Richard B. Frank, *Downfall : The End of the Imperial Japanese Empire* (New York, 1999)。

(45) 第一次世界大戦の発生時における各国の意思決定のシステムは、異なるものであったが、第二次世界大戦におけるほどの相違は見られなかった。Ernest

J. May, "Cabinet, Tsar, Kaiser：Three Approaches to Assessment," in May, ed., *Knowing One'sEnemies：Intelligence Assessment before the Two World Wars*（Harvard, 1984), pp. 11-36。

(46) Ronald Lewin, *Churchill as Warlord*（London, 1973）；Richard Lamb, *Churchill as War Leader：Right or Wrong?*（London, 1991）；Cohen, *Supreme Command*, pp. 153-201；Albert Seaton, *Stalin as Warlord*（London, 1976）；Alan F. Wilt, *War from the Top：German and British Military Decision Making during World War II*（London, 1990）；Geoffrey P. Megargee, I*nside Hitler's High Command*（Lawrence, KS, 2000）。

(47) Herbert P. Bix, *Hirohito and the Making of Modern Japan*（London, 2000）；ビックスと同様の立場に立つ先駆的な研究として、David Bergamini, *Japan's Imperial Conspiracy*（New York, 1971）。

(48) もちろんマハンは、軍事力の特殊な形態について語っているのであり、また、権力の維持と行使に際しては、「民主政治」が「一般的に軍事支出に対して好意的」ではないという事実によって苦しめられるとも指摘している。A. T. Mahan, *The Influence of Sea Power upon History 1660-1783*（London, 1965), pp. 58-9, 67。

(49) John I. Alger, *The Quest for Victory：The History of the Principles of War*（Westport, CT, 1982), p. 162。

(50) Michael Howard, "What Is Military History?," *History Today*, vol. 34, 1984, p. 6；Jay Luvaas, "Military History：An Academic Historian's Point of View," in Russell F. Weigley, ed., *New Dimensions in Military History：An Anthology*（San Raphael, CA, 1975), pp. 24-7。

(51) Walter Millis, *Military History*（Washington, DC, 1961), p. 15。

(52) ジェイ・ルーヴァースは、書物の中には学ぶために書かれれば、教えるために書かれたものもあると考察しながら、この問題について言及している。Luvaas, "Military History," p. 31 を参照。

［編者］

ウイリアムソン・マーレー

Williamson　Murray

アメリカの歴史学者。オハイオ州立大学名誉教授。防衛分析研究所上席研究員。1963年イェール大学歴史学部卒業。5年間の空軍士官勤務を経て、イェール大学大学院に進学、1975年ph.D（歴史学）学位取得。専門は軍事史、軍事理論。

リチャード・ハート・シンレイチ

Richard Hart Sinnreich

アメリカの軍事問題研究家、コラムニスト。退役軍人。1965年ウエストポイント（陸軍士官学校）卒業。オハイオ州立大学修士号取得。陸軍指揮幕僚大学、陸軍大学卒業。ベトナム戦争に従軍。中隊長から旅団長までを経歴。陸軍士官学校、陸軍指揮幕僚学校等で教鞭をとる他、政府・軍中枢スタッフ任務を歴任。1990年退役後も防衛関連機関、シンクタンクなどに参画。軍事関係論稿多数。

［監訳者］

今村伸哉（いまむら・のぶや）

軍事史研究家。1960年防衛大学校卒業。国士舘大学大学院研究科修了。陸上自衛隊幹部学校指揮幕僚課程卒業。師団司令部幕僚、陸上自衛隊幹部学校教官、オランダ国防省軍事史課・ライデン大学・ウィーン大学客員研究員、防衛大学校教授、在日米軍アジア研究所アナリスト、日本文化大学教授などを歴任。
主な著書・訳書：『戦略戦術兵器事典』全三巻（監修、共著、学習研究社、1995～97年）、『現代戦略思想の系譜～マキアヴェリから核時代まで』（共訳、ダイヤモンド社、1989年）、‘Introduction of the Japanese Arquebus and its Tactics’ *in ACTAS No.24*（Lisbon, 1998）、『軍事革命とRMAの戦略～軍事革命の変遷』（芙蓉書房出版、2004年）

［訳者］

小堤盾（こづつみ・じゅん）

軍事史研究家。1986年早稲田大学卒業。同大学大学院文学研究科博士課程満期退学。金沢工業大学国際問題研究所元研究員、早稲田大学・武蔵大学などの非常勤講師を歴任。主な著書・訳書：『戦略思想家事典』（共著、芙蓉書房出版、2003年）、『クラウゼヴィッツと戦争論』（共著、彩流社、2008年）、『戦略論大系⑫デルブリュック』（芙蓉書房出版、2008年）

蔵原大（くらはら・だい）

歴史研究家。2003年早稲田大学大学院人間科学研究科博士課程満期退学。同年独立行政法人国立公文書館非常勤勤務。主な著書：『中国古代の歴史家たち』（共著、早稲田大学出版部、2006年）

The Past as Prologue
The Importance of History
To The Military Profession
Edited by Williamson Murray
And
Richard Hart Sinnreich

32 Avenue of the Americas, New York, NY 10013-2473, USA

歴史《れきし》と戦略《せんりゃく》の本質《ほんしつ》（上）

歴史《れきし》の英知《えいち》に学《まな》ぶ軍事文化《ぐんじぶんか》

●

2011年2月25日　第1刷

編者………ウイリアムソン・マーレー
　　　　　リチャード・ハート・シンレイチ

監訳者………今村伸哉《いまむらのぶや》
装幀者………佐々木正見
発行者………成瀬雅人
発行所………株式会社原書房
〒160-0022 東京都新宿区新宿 1-25-13
http//www.harashobo.co.jp
振替・00150-6-151594

本文組版………有限会社ファイナル
本文印刷………株式会社平河工業社
装幀印刷………株式会社明光社印刷所
製本………東京美術紙工協業組合

ISBN978-4-562-04649-2